Tan adorables

Oriana Fallaci

Tan adorables

Miss Fallaci a la conquista de América

Traducido del italiano
por Carlos Gumpert

Alianza editorial

Título original: *Gli adorabili*

Publicado originalmente por Rizzoli, Milán, Italia

Questo libro è stato tradotto grazie a un contributo del Ministero degli Affari Esteri e della Cooperazione italiano.

Este libro ha sido traducido gracias a una ayuda del Ministerio de Asuntos Exteriores y de la Cooperación italiano.

Primera edición: febrero de 2025

Diseño de colección y cubierta: Manigua
Fotografía de portada: © Bernard Gotfryd/Premium Archive/Getty Images

Calle Valentín Beato, 21
28037, Madrid
www.alianzaeditorial.es

ISBN: 978-84-1148-879-2
Depósito legal: M. 24.559-2024
Printed in Spain

Índice

AVA GARDNER
Los hombres equivocados

HERMOSAS Y ENAMORADAS

FUERA DE TODO ESQUEMA

APÉNDICES

Los artículos de los que proceden estos textos fueron publicados entre 1954 y 1959 en la revista *L'Europeo;* para referencias más concretas, consúltese la página de fuentes al final del volumen. Para contextualizarlos mejor, se ha preferido mantener la grafía de la época.

AUDREY HEPBURN
Una chica triste

1. La anti-Marilyn

Las vacaciones romanas de Audrey Hepburn y Mel Ferrer dieron comienzo a las siete de la mañana del miércoles 29 de septiembre de 1954, cuando, temblorosos y espantados, los dos cónyuges llegaron a la estación Termini en el tren procedente de Ginebra. Decenas de periodistas y fotógrafos los esperaban bajo la marquesina: ni siquiera el viejo Charlot, cuando llegó por primera vez a Roma, había conseguido reunir a tantos. Allí estaban todos los corresponsales de los periódicos europeos y americanos, los representantes de las agencias más importantes; célebres fotoperiodistas que se habían visto convocados por nerviosas llamadas telefónicas y convulsos despachos desde las oficinas de Londres y Nueva York. El matrimonio de los dos actores había pillado a todos por sorpresa y los corresponsales tenían órdenes de enviar posibles entrevistas y fotografías cuanto antes, costara lo que costase. Uno de ellos, más aplicado que los demás, llegó a Ginebra en avión y consiguió un asiento en el «coche cama» que llevaba a los Ferrer a Italia. Durante veinticuatro horas estuvo parado delante del compartimento de la pareja del momento, suplicándoles que le dejaran hablar con ellos. En la frontera había comprado una cesta de flores y dos botellas de champán y se las había hecho llegar a los recién casados, junto con una tarjeta de felicitación: todo en vano. Tanta insistencia solo había contribuido a aterrorizar a los Ferrer, quienes, tímidos por naturaleza, cuando llegó el momento de bajar en la estación de Roma, se refugiaron en un vagón de tercera clase, donde permanecieron escondidos aproximadamente media hora. «¿Dónde están?», refunfuñaban los periodistas. «Se ve que han tomado un avión». «Se están burlando de nosotros». Al final, Dick Erman, de Associated Press, los descubrió a través de una ventana. «Please», gritó entonces el reportero. «*Please,* salgan ustedes. No pretendemos hacerles daño». Y el matrimonio Ferrer, derrotado, se decidió a bajar del tren.

Ella llevaba una capa rosa, con un pañuelo del mismo color. Iba despeinada y sin maquillaje, silenciosa. Él llevaba un traje gris arrugado y, para recuperar la compostura, intentó gastar una broma: «Tenemos un perro guardián con nosotros. Estamos de luna de miel y no buscamos publicidad. ¿Prometen dejarnos en paz?». «No», respondieron los periodistas, que los siguieron hasta la salida. Fuera se hallaba el Mercedes gris del productor Forges Davanzati. Audrey y Mel montaron rápidamente en él y el vehículo partió a toda velocidad hacia Vigna Sant'Antonio, la villa a tres kilómetros de Albano que los recién casados habían elegido para su estancia. Los periodistas no se desanimaron. Subieron a sus automóviles y empezaron a correr tras ellos, en procesión. Fue la persecución más cinematográfica que ningún personaje pudo soñar jamás. De vez en cuando el Mercedes gris se detenía y el conductor bajaba con gesto de enfado. «¿Queréis parar de una vez?», gritaba. «No», le contestaban los otros, y se reanudaba la carrera. Al salir de Roma, sin embargo, los Ferrer lograron despegarse y su coche se introdujo, sin ser visto, por la puerta de entrada de Cinecittà. Durante dos horas, Audrey y Mel permanecieron encerrados en un estudio, bebiendo coñac para recuperarse; y cuando empezaron la segunda etapa del viaje, ya estaban solos y en paz. Pero en Vigna Sant'Antonio el rostro de Audrey volvió a palidecer y los ojos de Mel echaban llamas: allí estaban los perseguidores, esperándolos. Entonces los Ferrer entraron en la casa, desempacaron las veintitrés maletas, se cambiaron de ropa y convocaron a los fotógrafos para posar en el jardín: rígidos, algo avergonzados, cogidos del brazo o con las manos a la espalda, como los príncipes de sangre real cuando anuncian un compromiso. Mel no abrió la boca. Audrey se limitó a decir: «Es curioso lo que me está pasando. Cuando vine a Roma, hace dos años, nadie me hizo el menor caso».

En el verano de 1952, la chica que en el curso de un año habría de convertirse en una de las actrices más famosas del mundo era casi una desconocida. *Roman Holidays* era su primera película. Lo único que se sabía de ella era que Colette la había elegido para interpretar *Gigi* en Broadway, que provenía de una familia adinerada y que estaba comprometida con James Hanson, un joven londinense de aspecto bastante insulso, director de una agencia de transportes en Inglaterra y Canadá. La baronesa Van Heemstra, madre de Audrey, impulsó el enlace al enterarse de que Gregory Peck estaba cortejando a su joven compañera de reparto. En Roma se decía que Peck estaba enamorado de Audrey y que le prestaba una atención excesiva para ser una mera compañera de rodaje. Los rumores ganaron credibilidad cuando Audrey rompió el compromiso y la esposa de Peck se fue a París con sus hijos. En aquel momento Audrey Hepburn aún no conocía a Mel Ferrer. Solo lo había visto una vez en una película en la que interpretaba el papel de un médico negro *(Harlem Tragedy),* y lo consideraba únicamente *a fine actor,* un buen actor: todo, menos atractivo como hombre. Su encuentro con Mel Ferrer no tuvo lugar hasta un año después, cuando el actor, que pretendía montar en Broadway la obra *Ondine* de Jean Giraudoux, sugirió su nombre. Aquella muchacha frágil y delgada, *half boy and half girl,* como él mismo se expresó, parecía hecha a medida para personificar a Ondina, la niña-espíritu, la ninfa que vive en las aguas de un lago y se enamora de Hans, el caballero que afrontará la muerte por haber osado amar a una criatura inmortal. Audrey aceptó y el éxito fue memorable. Los críticos se devanaron los sesos para inventar adjetivos hiperbólicos, llenos de exaltación. Hepburn era *charmante, fashionable, stylish, soignée, ravissante.* Hepburn era la gracia, la elegancia. Hepburn era una artista y había creado un nuevo tipo de mujer: la mujer-niña, la mujer-duende, la mujer sin curvas, la anti-Marilyn Monroe. En una época enloquecida por las curvas, Hepburn impuso su figura efébica y desnutrida, de caderas muy estrechas y pechos aplanados. Dior creó sobre ella un nuevo estilo de moda.

Fue en el apogeo de su éxito cuando Audrey se enamoró de Ferrer. La nueva pareja de Audrey era doce años mayor que ella, que tenía veinticuatro. No era excesivamente popular, por más que hubiera trabajado bastante como actor y director de cine, teatro y radio. No era guapo y lo afligía una calvicie prematura que constituía uno de sus muchos complejos: cuando «rueda» tiene que llevar peluquín. No era ni rico ni elegante: no era raro verlo vestido con el mismo traje que tenía un desgarro remendado en la solapa de la chaqueta. No era brillante: era metódico, silencioso, con extrañas rigideces de *big brow,* un intelectual presuntuoso. Además, estaba casado, se había divorciado varias veces y tenía cuatro hijos: Pepa, de trece años, Mela, de doce, Christopher, de once, y Mark, de diez, todos con Frances Pilchard, con la que se había casado dos veces y de la que vivía separado. «Y sin embargo», dice Audrey con candor, «me enamoré de él a primera vista. Corría tras él como una colegiala». Decidieron casarse cuando él aún no había obtenido el divorcio; por eso Audrey se fue a Suiza fingiendo un agotamiento nervioso y Mel aceptó rodar una película en Cerdeña. Todos los sábados él tomaba el avión y se dirigía a Bürgenstock, donde Audrey se alojaba con la escritora Anita Loos, que hacía de carabina. A los demás les decía: «Voy a visitar a mi tía».

La romántica historia la contó el matrimonio Ferrer la tarde del miércoles, durante una rueda de prensa celebrada en un hotel romano, tras muchas vacilaciones e incertidumbres. Audrey entró con aire decoroso, del brazo de su marido. Llevaba un vestido de lana gris muy ajustado que le dejaba los brazos y el cuello al descubierto y que provocó de inmediato numerosos comentarios. Era una niña pequeña; no: era una gran dama. Era sofisticada; no: era muy sencilla. Parecía un efebo; no: era sexi. Mel la sostenía con ternura, vagamente paternal, y fueron a sentarse juntos en un sofá, con aire de asistir a una ceremonia. «Me recuerda a la rueda de prensa de *Roman Holidays»,* dijo alguien, notando la actitud remilgada de la señora Ferrer; y lo que hacía más vívida la comparación fue el hecho de que muchos periodistas, que habían participado como extras en esa escena de la película, estaban de nuevo frente a ella con libreta y lápiz en mano. Justo en ese momento Audrey reconoció a Paul Hofmann del *New York Times,* a Bill Pepper de la United Press, a Reynolds Packard del *New York Daily News,* y su expresión cambió de repente. Estalló en una carcajada infantil y apuntando con el dedo índice hacia ellos exclamó: «You! And you! And you! Oh, Mel, is it not exciting?». El hielo se había roto y todos se apiñaron a su alrededor, intercambiándose preguntas y respuestas. No, no creían que su carrera pudiera interferir en su matrimonio: tenían la intención de permanecer siempre juntos y tener muchos hijos. Sí, ella sabía cocinar, aunque no sea una cuestión imprescindible; ambos comen muy poco: Mel, pan negro y tortillas; ella, carne cruda, verduras y ciruelas hervidas, para mantener la línea. ¿Y qué pensaba de la línea H? Que era preciosa, le gustaba muchísimo. ¿Sabía que Dior la había creado inspirándose en su figura? Pues no, en realidad, y sospechaba que al decirle eso querían burlarse de ella. De lo contrario, debería sentirse *very much flattered,* muy halagada. ¿Es que su vestido de novia no había sido diseñado por el sastre francés? Qué va: lo había diseñado ella misma, siempre diseña su propia ropa, estudió pintura en la academia. Pero desde luego le habría encantado llevar un modelo del señor Dior si los modelos del señor Dior no fueran tan caros. ¿Y cuánto pesaba? Cincuenta kilos. ¿Cuánto medía? Un metro setenta. ¿Qué circunferencia tenía su cintura? Cincuenta y un centímetros. Alguien le pidió incluso su opinión sobre la sentencia del caso Montesi. «¿Qué?», preguntó entonces con asombro. Desaparecido todo rastro de timidez, parecía una niña pequeña que, entre risas, levantaba su carita sin rastro de maquillaje y se despeinaba su pelo castaño, muy corto, como el de un chico. Mel la miraba con ojos tranquilos y rara vez intervino.

Los días siguientes no conllevaron para Audrey y Mel emociones aparentes. La villa de Vigna Sant'Antonio (que es donde Gregory Peck vivió con su familia durante su estancia en Roma) les ha sido cedida por un mes y el matrimonio Ferrer tiene intención de pasar allí el mayor tiempo posible desde que supieron que el alquiler les cuesta medio millón. Ni uno ni otra son derrochadores, prefieren manejar con prudencia sus ganancias y su ideal de vida es tranquilo, estrictamente burgués. Se levantan temprano por la mañana: Mel va a trabajar a Cinecittà en la película *Proibito* y Audrey se queda en casa leyendo, dibujando, ordenando las habitaciones. No acuden a restaurantes ni a locales nocturnos, no reciben visitas: un agente de policía se encarga desde las siete de la mañana hasta medianoche de que nadie intente cruzar la puerta sin ser invitado. Aún han de pasar cuatro semanas en Roma; el 1 de noviembre partirán hacia Ámsterdam, donde nació Audrey y donde viven todos sus familiares. Luego ella irá a rodar una película a Inglaterra y él a Hollywood. Sus contratos los mantendrán a menudo separados y todavía no saben dónde podrán levantar su hogar.

2. Dos cabezas y una almohada

Cuando le preguntan si es cierto que Audrey Hepburn y él están a punto de divorciarse, Mel Ferrer ni siquiera se enfada. Se echa a reír. «Dígame: ¿tengo el aspecto alguien que está en medio de una crisis matrimonial?», pregunta en italiano; y su rostro amable y enjuto adquiere una expresión juguetona, con un destello ingenioso en los ojos. «Audrey y yo somos como las dos mitades de una nuez encerradas en su cáscara», añade con aire de confiar un secreto, y se asoma de inmediato al vestíbulo del hotel para pedirle confirmación a su mujer. Audrey no está allí. Ha salido a pasear por los Campos Elíseos y Mel la espera impaciente; en parte porque no quiere que lo entrevisten solo y en parte porque está preocupado. En París nieva, y «esa locuela» anda siempre con la cabeza descubierta, un vestido ligero y zapatos de vestir, no hace falta más con un tiempo así para pillar un resfriado. «Ya sabe usted: Audrey tiene veintiséis años, pero es como si fuera una niña. Incluso para las cosas más pequeñas tengo que estar encima de ella», dice, observando a su alrededor con mirada inquieta.

Audrey ya ha llegado, pero él no la ve. Se ha acercado por detrás, de puntillas, y aparece de repente ante él, increíblemente pequeña con su abrigo negro, su cabecita despeinada por el viento, su cara delgadísima enrojecida por el frío, su amplia boca sin pintar que se abre en una sonrisa alegre. «Bonsoir, mon mari», exclama con voz infantil, un poco estridente. «Te he comprado un suéter, ¿quieres verlo?». Él se levanta de un salto, ya más tranquilo, la observa abrir el paquete, escucha sus palabras atropelladas sin interrumpirla. «Es un jersey de pura lana, *darling,* lo elegí en gris porque te sienta bien el gris. ¿Has trabajado mucho, cariño? ¿Qué tal está Renoir? Me he pasado la tarde dando vueltas para encontrar este color. Estoy hambrienta. ¿Lo preferías azul, *chéri?*». Al final se calma, se sienta, pide una limonada, me reconoce, me saluda con alborozo, pregunta de qué estábamos hablando. Y en cuanto se lo contamos, se pone seria. Sus inmensos ojos marrones, dibujados con inexperiencia por el lápiz, adquieren una expresión casi dolorosa. «Otra vez con esa historia tan horrenda», se queja, «esa horrenda historia que se inventaron en el extranjero o quién sabe dónde y de la que se hicieron eco hasta los periódicos de Milán; ¿por qué se portan tan mal? Han llegado incluso a decir que buscamos cualquier oportunidad para no estar juntos. Mel, querido, díselo tú, que no nos separamos ni un minuto». Mel asiente gravemente y saca una pequeña agenda. Desde que se casaron escribe todos los días en su diario, y aquí está la crónica de los últimos tiempos.

Durante cuatro meses vivieron en Roma, donde filmaron *Guerra y paz.* La mañana del 23 de octubre partieron juntos y vinieron a París. Él tenía las pruebas de vestuario para la película de Renoir que está rodando con Ingrid Bergman, *Eliana y los hombres.* Ella tenía que rodar con Fonda, pero prefirió seguirlo. Estuvieron en París durante dos días y luego continuaron hacia los Estados Unidos. Una vez en Hollywood, se quedaron allí durante una semana con los niños, Marc y Pepa, que viven con la segunda mujer de Mel. Juntos partieron hacia Europa y se separaron en Zúrich. Ella fue a Roma para rodar las últimas escenas de *Guerra y paz,* él a París para empezar su película. La separación apenas duró una semana. Luego Audrey se reunió con su marido en París. «Si por lo menos nos hubiéramos peleado, si hubiéramos tenido una discusión en público», se lamenta ella. «Pero nada. ¿Cómo pueden decir que queremos divorciarnos?». Se le quiebra la voz en la garganta, parece estar a punto de llorar. «Han llegado a publicar incluso fotografías de una falsa discusión», refunfuña Ferrer. Y alude al reportaje aparecido en un periódico italiano en el que se veía a Audrey llamando a alguien en vano, y a Mel subiendo a un autobús. «Ella lo llamó», aclaraban los pies de fotos, «pero él no le contestó y se alejó en el autobús». Ferrer niega con la cabeza y cuenta la versión exacta. No habían discutido. Salían del hotel cuando un fotoperiodista se les acercó y les pidió que posaran. «¿Qué he de hacer?», preguntó Ferrer. Y el otro: «Nada. Caminar». Él se dirigió hacia un quiosco y Audrey le gritó que comprara una revista en cuya portada aparecía Elsa Martinelli, su actriz favorita. Mel le dijo: «De acuerdo» sin darse la vuelta. Luego pasó un autobús. El fotógrafo le pidió a Mel que subiera. Mel hizo el gesto para complacerlo. «Eso fue todo», concluye Ferrer con resignación.

Lo cierto es que hay pocos actores que sean objeto de tantos malentendidos como los cónyuges Ferrer. Sería inexacto decir que es un matrimonio popular y que los fabricantes de escándalos los miran con benevolencia. A muchos no les gusta este *ménage,* y la razón es que Audrey y Mel son diferentes a otras parejas de la pantalla y no hacen nada para despertar la simpatía de quienes llevan la voz cantante en los ambientes del cine. En primer lugar, no se comportan como sus colegas de profesión. No tienen en cuenta las exigencias publicitarias. No tienen trato con otras estrellas. No participan en cócteles. No van a clubes de moda. Desde que están en París solo han estado dos noches en un *night-club* y una vez en el Lido, donde hay un famoso espectáculo de estriptis, «porque son esas cosas que hay que ver una vez en la vida por lo menos». No visten con elegancia. Nadie ha visto nunca a Audrey con un abrigo de pieles. A ella no le importa, no lo necesita, ni se lo ha comprado. Fuman muy poco. Nunca se emborrachan. Ni siquiera tienen coche. «¿De qué nos sirve?», dice Audrey. «Yo no sé conducir. Mel no es de esos a los que les gusta fanfarronear con un coche exclusivo». No son especialmente proclives a los periodistas. No hacen confesiones sobre su vida privada. Muestran una actitud polémica con los actores que viven en Beverly Hills. Audrey solo ha estado una vez en Hollywood, que le dio gloria y riqueza, cuando estaba filmando *Sabrina,* y permaneció allí lo mínimo indispensable, ni un día más. «Soy europea», dice con orgullo; y el propio Ferrer, ciudadano americano, admite estar completamente europeizado. Prefieren vivir en Roma o París. Hablan italiano y francés perfectamente. Usan estos dos idiomas incluso cuando están juntos, un detalle que ciertamente no le gusta a Louella Parsons. Su hogar no está en Hollywood, como les gustaría a sus productores, sino en Bürgenstock, cerca del lago de Lucerna, y es allí donde van a descansar, rechazando toda compañía.

«Estamos muy bien solos. ¿Quién necesita a más gente?», dice Ferrer. De esta intimidad absoluta los curiosos se sienten excluidos; y de ahí, según explica, nacen los chismes. Se ha llegado a decir incluso que hay fuertes celos profesionales entre ellos y que es esa la causa de la discordia. Es indudable que los celos profesionales son un veneno que no debe subestimarse entre personas que realizan el mismo trabajo, pero en el caso de los Ferrer la insinuación no está justificada. Tienen ambiciones demasiado diferentes como para chocar. A ella le gusta ser actriz. A él la actuación no le interesa en exceso. Prefiere dirigir y escribir libros. Si acepta actuar es porque le pagan bien. También se ha dicho que sus formas de ser son demasiado independientes como para llevarse bien. En cambio, nunca se había dado un caso en el que dos personalidades tuvieran tanto en común. Ambos provienen de un estrato social elevado. La madre de Audrey pertenece a la aristocracia holandesa. El padre de Mel es un profesional adinerado, una de sus hermanas es cirujana y la otra periodista. Además, ambos son sofisticados, se divierten pasando por intelectuales, les gusta ahorrar el dinero que ganan. Está claro que el catálogo de sus dificultades familiares no es corto. No resulta fácil, por ejemplo, ser actor cuando la gloria artística de tu mujer supera la tuya; la posición del príncipe consorte siempre es un poco embarazosa. Al mismo tiempo, no es fácil para una chica de veintiséis años aceptar el papel de madrastra. De sus anteriores esposas, Mel Ferrer tiene cuatro hijos a los que quiere mucho y Audrey debe compartir necesariamente su cariño con ellos. El hecho de que hayan conseguido superar tantas dificultades es una señal evidente de que se quieren.

Los columnistas que inventaron la noticia del divorcio acusan a Ferrer de dominar a su esposa y de haberle cambiado el carácter con su nefasta influencia. «Es evidente que he cambiado de carácter», contesta Audrey, mirando con ternura a su marido. «Me ha hecho más concienzuda, más segura. Pero es falso que pretenda dominarme. Lo único que quiere es protegerme. Y claro que se ocupa de mi trabajo. ¿Por qué no debería hacerlo? Es mi marido. Yo, además, no entiendo mucho de negocios». Hay un episodio que le da la razón, y tuvo lugar en Londres, donde Mel estaba rodando una película. Audrey fue a visitarlo al estudio y se topó con un fotógrafo que le pidió una instantánea. «Claro», respondió ella, y se colocó delante de la cámara. El fotógrafo estaba a punto de tomar la foto cuando Mel gritó: «No». «Hoy no», dijo Audrey entonces, y se alejó rápidamente. Los periodistas publicaron la noticia. «Él le prohíbe incluso que le saquen fotografías», dijeron. No sabían, explica Ferrer, que se trataba del fotógrafo que había difundido en América el fotomontaje en el que solo aparecía la cabeza de Audrey. El cuerpo, vestido con un diminuto bañador, era el de Terry Moore: «Audrey no reconoció a ese señor, pero yo sí, y no podía permitir que volviera a burlarse de ella».

Hay que tener en cuenta la vida y la apresurada carrera de esta joven de veintiséis años demasiado afortunada para comprender hasta qué punto ha influido en ella su matrimonio con un hombre como Ferrer, tres veces divorciado y doce años mayor. Al contrario de lo que muchos creen, Hepburn no tuvo una infancia y adolescencia felices. La baronesa Van Heemstra ya estaba divorciada y tenía dos hijos cuando se casó con el señor J. A. Hepburn, uno de los dirigentes del Partido Fascista Inglés; y Audrey solo tenía cuatro años cuando su madre se divorció por segunda vez y su padre se marchó, dejándole solo un apellido. La falta de un padre la torturó durante mucho tiempo junto con el miedo a ser fea («Siempre estuve convencida», dice, «de que mi figura era demasiado larguirucha, mi boca demasiado ancha, mis dientes demasiado irregulares, mi nariz demasiado grande, mi pelo demasiado liso»). Y cuando los alemanes invadieron Holanda, donde ella vivía con sus hermanastros y su madre, el hambre y el terror también contribuyeron a hacerla tímida y asustada. Una vez terminada la guerra, lo único que quedaba de esplendores pasados era un título nobiliario, y Audrey tuvo que esforzarse para encontrar un trabajo. Fue bailarina «de respaldo» en un club nocturno y en diversos programas de variedades, posó para vallas publicitarias y durante dos años su carita de ratón ensalzó la eficacia de la Lacto Calamina, una crema que borra las arrugas. Luego llegó el éxito repentino y Hepburn se convirtió en una diva.

«Ciertos golpes de suerte pueden ser muy peligrosos para una chica de veinte años», dice Audrey. «Y no sé qué habría ocurrido si no hubiera conocido a Mel. Estaba como borracha, no era consciente de lo que me estaba pasando. Todo el mundo parecía empeñado en demostrarme que yo era la actriz más extraordinaria que había tenido el cine desde Greta Garbo y me vi cargando yo sola con el peso de una celebridad que no había buscado. Mel me devolvió a la realidad. Restauró mi equilibrio perdido. Me enseñó a no enorgullecerme. Me ayudó a soportar las críticas que siguieron a los elogios. Ya no podría vivir sin él. Además, ha habido demasiados divorcios en nuestras familias como para aceptar uno más».

Quienes la conocen afirman las mismas cosas. Es Mel quien la asesora en los contratos, quien elige su ropa, quien insiste en que no se cambie de pelo, en que no se maquille. («No lo necesita», dice). Él es quien la convenció de retomar los estudios de danza para poder conseguir el papel principal en una película musical, *Funny Face [Una cara con ángel].* Y ahora que Audrey lo ha conseguido, se siente más feliz que su esposa. «Audrey bailará y cantará con Fred Astaire: una ocasión extraordinaria», repite con satisfacción. Dado que la película se rodará en París, donde también él está a punto de empezar otra sobre la vida de Modigliani, ya han decidido dejar el hotel y buscar casa. «La verdad», refunfuña él, «nunca he oído hablar de un marido y una mujer en vías de separación que estén buscando una casa para vivir juntos».

3. Una esposa europea

Sola, melancólica, con una expresión de descontento en sus grandes ojos color avellana, Audrey Hepburn ha vuelto a Roma, y su inconfesada tristeza impresiona a quienes creen en el drama que le atribuyen los cronistas de Hollywood. Audrey llegó al aeropuerto de Ciampino el 8 de enero. Llevaba una gabardina blanca forrada de visón y tenía otra vez el pelo muy corto, después de habérselo dejado crecer para poder llevarlo suelto sobre los hombros en *Ariane* y en *Una cara con ángel.* Parecía más delgada y esbelta que de costumbre, su peinado masculino resaltaba los huesos de su rostro ligeramente pálido y Mel Ferrer no estaba con ella. Retenido en Hollywood por compromisos laborales, tampoco se reunirá con ella en África ni en Europa. «Es la primera vez que vengo a Italia sin mi marido desde que nos casamos», observó Audrey con amargura. «Y yo soy una esposa europea, no puedo tolerar ciertas separaciones con la desenvoltura de las mujeres americanas».

Ha venido a rodar su nueva película, *Historia de una monja,* que cuenta la historia de una chica belga que se hizo monja por vocación y que por vocación volvió a la vida seglar; entre otras cosas, es una historia realmente acaecida. El libro de Kathryn Hulme, que vivió esta experiencia, es ahora un *best seller.* Audrey lo había elegido por esto y también porque era una película sin amor, durante la cual no se vería obligada a intercambiar ni besos ni abrazos, ni aparecer sexi, ni lucir trajes de fiesta destinados a dictar moda porque, salvo contadas escenas, vestirá constantemente el hábito monacal. En Roma trabajará en los ensayos junto con Zinnemann, que es el director, luego se marchará con el equipo al Congo, donde permanecerá durante un mes, y después irá a Bélgica, donde nació y donde se desarrolla gran parte de la película. Ninguna otra historia podía ser más adecuada para ella en estos momentos que la de Kathryn Hulme, una historia de dolor y conflictos internos, muy adecuada para una mujer que esconde un dolor secreto. Al bajar por las escalerillas del avión se esforzó por mostrarse jovial. Cuando un amigo se lanzó hacia ella para abrazarla, su reacción fulminante fue tenderle rápidamente la mano y murmurar una frase fría y amable. Luego se dirigió al Hotel Hassler, que ha escogido porque allí también viven Fred Zinnemann y su esposa. Y a partir de ese día se volvió cada vez más inaccesible y extraña.

Nunca se ríe. Rara vez sonríe, frunciendo apenas los labios sin pintar, e incluso ha dejado de maquillarse los ojos, que era su forma más llamativa de coquetería. Habla muy poco, rechaza las entrevistas, lleva una vida aburrida. Por la mañana, a las ocho, un coche azul viene a recogerla delante del hotel y la lleva a Cinecittà, ya vestida de monja. No es la primera actriz que vemos vestida de monja: con el velo en la cabeza y el crucifijo en el pecho hemos visto ya a Anna Magnani, Deborah Kerr, Silvana Mangano, Ingrid Bergman, y quién sabe a cuántas más. Pero Audrey lleva ese velo y ese crucifijo con una naturalidad que casi da miedo. En Cinecittà no se acerca a nadie; cuando deja de trabajar en el estudio, se encierra en el camerino, adonde le llevan el almuerzo porque no le gusta entrar en el restaurante. Come muy poco. A las siete de la tarde el coche azul la lleva de vuelta al hotel. Se encierra en su habitación, cuyas ventanas dan a la escalinata de Trinità dei Monti, y sale únicamente para sacar de paseo a su perrito, que se llama Famous, Famoso, un nombre bastante significativo, elegido por ella.

Audrey ama a su Famous, a quien trata como a un niño. Lo llama «Baby», lo besa, le peina atándole una cinta de raso en el mechón de su cabeza; y cada día es una cinta de color diferente, como se hace con los niños. Sus paseos con Famous no duran mucho. Audrey elige calles solitarias o los prados desiertos de Villa Borghese, y camina con la cabeza gacha porque teme que la reconozcan; la otra mañana tuvo un ataque de nervios porque la señalaron con simpatía. Luego regresa y espera la llamada telefónica desde Los Ángeles: no consigue dormir a menos que hable con Mel. Las conversaciones son breves porque la llamada a Los Ángeles cuesta doce mil liras cada tres minutos y los cónyuges Ferrer detestan malgastar el dinero. Pero las conversaciones son tiernas: Mel se interesa por la salud de su esposa como si tuviera sarampión; se dice que en la voz de él se aprecia un temblor aprensivo continuo. Audrey lo tranquiliza contándole lo que hace. La semana pasada estuvo en París para encargar ropa a Givenchy, que es su sastre favorito, y todo el mundo sabe lo mucho que disfruta Audrey Hepburn encargando ropa; pero esta vez no ha disfrutado. El único residuo de coquetería que queda en ella es su obsesión por verse fea; y por eso fotografiarla se ha vuelto tan difícil como saber si Margarita de Inglaterra sigue enamorada de Townsend. Después de cada fotografía quiere ver la hoja de prueba, y casi siempre la rompe: rompió en pedazos muchas hermosas fotografías en color porque le sobresalía demasiado un diente y su nariz le parecía grande. Cede a algunos caprichos: exigió que en el rodaje solo estuviera el fotógrafo que conoció rodando *Guerra y paz* y en quien confía porque solo vende fotografías aprobadas por ella. En agradecimiento, el fotógrafo le regaló una muñeca; pero ella respondió que odia las muñecas: «No pueden moverse, tienen siempre la misma expresión, me parecen niños muertos». Las nobles romanas que, sacando las uñas, compiten por el honor de aparecer vestidas de monjas en la película (el oficio de figurante es el último grito de la alta sociedad) la invitan en vano a cotillear en sus fiestas y cócteles.

Es la tercera vez que Audrey Hepburn viene a Roma y nadie la había visto nunca así. La primera vez fue en el verano de 1952, cuando rodó *Vacaciones en Roma,* y en ese momento era una adolescente entusiasta, comprometida con el señor James Hanson. La boda estaba prevista para septiembre de ese mismo año y ya habían sido invitadas doscientas personas. Sin embargo, ya fuera por culpa de Gregory Peck, de quien se dice que sentía una simpatía excesiva por ella, o porque

Audrey no encontró tiempo para participar en la ceremonia (como decían ridículamente los ingenuos), la boda nunca se celebró y Audrey anunció el 14 de diciembre que el compromiso había quedado roto. «Sería poco correcto», dijo, «casarme con Jimmy cuando estoy más enamorada de mi carrera que de él».

La segunda vez vino en octubre de 1954 para pasar su luna de miel con Mel Ferrer, con quien se había casado en una ceremonia civil en Bürgenstock, Suiza, luciendo una corona de rosas pálidas sobre su ya definitivo pelo negro muy corto. Audrey tenía los ojos morados por el esfuerzo de escapar de los fotógrafos, pero parecía feliz. Nunca había estado tan enamorada como entonces de ese hombre alto e introvertido, que le había gustado desde el día en que lo vio en la pantalla, en Chicago. Mel ya tenía hijos y fama de pendenciero, pero el matrimonio parecía perfecto. Alguien dijo: «Se parecen porque los dos son listos, ambiciosos y viven para el teatro y el cine». Mel Ferrer dijo: «Se casó conmigo porque nunca le impediré ser actriz y la ayudaré con todas mis fuerzas». Audrey dijo: «Lo conocí, me gustó, lo amé. Quiero muchos hijos. Uno se casa para tener hijos. Los niños no constituyen un obstáculo para una carrera». Vivían en plena campiña romana, entre las gallinas, y permanecieron allí durante la realización de *Guerra y paz.* En ese momento Audrey se maquillaba cuidadosamente, charlaba con todos, comía con apetito y no tenía nada en contra de las muñecas.

Nadie se dio cuenta, más tarde, de que algo preocupaba a la señora Ferrer. Los dos fueron juntos a París, donde ella rodó dos películas de éxito, y regresaron a Bürgenstock durante sus periodos de descanso. El descontento no empezó a nublarle los ojos hasta el verano pasado, cuando Mel Ferrer viajó a Alemania para rodar la película *Fräulein,* una historia de posguerra ambientada en Maguncia, a orillas del Rin. En ese momento se separaron y ella se fue sola a Nueva York, donde había florecido su amor por Mel. Se reunieron el pasado mes de octubre en Hollywood, donde también pasaron los días de Navidad y Nochevieja. Vivían en las colinas, en la casa del productor Edwin Knopf, y ella parecía disfrutar trasladando muebles y cambiando cortinas, pero había algo inusual en ella. «Audrey», dijeron quienes llevaban años sin verla, «ha perdido su acostumbrada jovialidad». Los periodistas empezaron a indagar. ¿Por qué no estaba contenta? Gusta a todo el mundo, todos la halagan, nunca se equivoca en la elección o en la interpretación de una película, es rica. Ninguna otra diva gana tanto como ella: ha llegado a pedir 380 000 dólares por película, más de doscientos treinta millones de liras. Mel Ferrer tiene una gran habilidad para gestionar el talento de su mujer. Además, gracias a un complicado e ingenioso método que estudiaron juntos durante largas noches mientras sus colegas más pródigos iban a bailar y divertirse, Mel consigue evitar que pague los astronómicos impuestos que pagan otros.

No hay discusiones entre Mel y ella. No tiene sentido siquiera hablar de rivalidad. Mel Ferrer tiene más ambiciones como director que como actor; precisamente en Hollywood había ganado una batalla importante. MGM le había confiado la tarea de dirigir *Mansiones verdes,* que se ambienta en gran parte en los bosques de Ecuador, y que tiene a Audrey como protagonista. Fue Audrey quien le consiguió tal encargo: la MGM quería darle el papel principal en la película y ella había respondido que solo aceptaría si Mel era el director. Siempre habían soñado con hacer una película así; Audrey debería estar satisfecha. ¿Qué ocurría entonces? Los periodistas insistieron en sus indagaciones. Viven una vida nómada, es cierto. Pero son dos nómadas voluntarios: ninguno de los dos sabe quedarse quieto en un sitio fijo. Desde que salió de la Universidad de Princeton para llegar a ser escritor y se convirtió por el contrario en bailarín, cronista de radio y actor, Mel Ferrer aprendió a vagabundear entre América y Europa. En cuanto a Audrey, aprendió pronto a correr detrás de trenes y aviones, a vivir en hoteles y en casas de alquiler: tenía solo dieciséis años cuando dejó Bruselas y se fue a Londres a estudiar danza y a ser modelo. Luego fue a la Riviera para rodar *Montecarlo Baby.* Luego fue a Nueva York para interpretar *Gigi* en Broadway, cuya gira la obligó posteriormente a moverse por casi todos los cuarenta y ocho estados norteamericanos. Luego empezaron las idas y venidas entre Hollywood, Roma y París: el viajar lo lleva en la sangre.

No tienen hogar, eso es verdad. Se aburrieron de la casa de campo de Bürgenstock y quisieron vendérsela a Lauren Bacall. Pero saben muy bien que algún día construirán uno. En Roma, París, Londres y Nueva York acumulan tapices, muebles antiguos y sillones. Audrey dice: «Los usaremos. No me pregunten dónde ni cuándo, pero los usaremos». ¿Sufre porque (como algunos afirman) Mel la domina hipnotizándola con su personalidad? «Soy una criatura frágil y necesito que me guíen. Las cualidades de Mel son tan extraordinarias que estoy orgullosa de seguir sus consejos», dice Audrey. Y añade que la igualdad entre los cónyuges no tiene sentido, ella no es una estadounidense sedienta de igualdad de derechos: cree en las opiniones de su madre, holandesa, y de su padre, angloirlandés, para quienes una esposa debe obedecer a su marido. (Pero los padres de Audrey están divorciados).

La verdad salió a la luz una tarde de diciembre cuando se estrenó en Hollywood *Adiós a las armas,* la película de Selznick basada en el libro de Hemingway. Fue una gran velada de gala. Todos los actores importantes estaban allí. Audrey acudió acompañada del abogado Greg Bautzer, amigo de Mel, porque Mel detesta estos actos sociales. Estaba más silenciosa que de costumbre y parecía aún más evanescente con su vestido blanco y recto que la ceñía sin resaltar sus formas. La multitud que aguardaba a sus ídolos frente al teatro le regaló más aplausos que a ningún otro. Audrey respondió con una educada sonrisa y fue a sentarse en las primeras filas. La sala estaba abarrotada. Hacía calor: el invierno californiano no se parece al de Nueva York o al de París. Pero nadie cree que el incidente se debiera al calor o a una imaginaria indigestión de las ostras que, según su encargado de prensa, Audrey había comido al mediodía. De hecho, durante la proyección de la película se mostró serena. Fue hacia el final, cuando Jennifer Jones interpreta la escena en la que da a luz al niño, cuando Audrey empezó a manifestar signos de inquietud. Greg Bautzer se percató de que inclinaba la cabeza, escondiendo los ojos detrás de la mano enguantada y suspirando. Para animarla, le ofreció un cigarrillo e hizo ademán de encenderlo. A la tenue luz de la llama, se le aparecieron dos ojos llenos de lágrimas. Audrey rechazó el cigarrillo, y puso los dedos en el brazo del abogado: «Sáqueme de aquí, por favor. Estoy a punto de desmayarme».

Todos vieron a Bautzer levantarse, sujetándola de las axilas, y sacarla a rastras como si estuviera inconsciente. Audrey solo se recuperó al aire libre cuando llegó Mel, avisado por teléfono. «No es nada. Solo que me he emocionado un poco. La escena era muy realista», comentó Audrey. ¿Una actriz como ella que se desmaya al ver una escena realista? Audrey, explicaron algunos mejor informados, sintió que se le rompía el corazón al ver a una mujer dando a luz a un niño, porque ese era su drama: no tener hijos y, tal vez, no poder tenerlos nunca. Cuando el periodista Henry Gris le hizo la siguiente pregunta, casi con crueldad: «Audrey, ¿pero tú quieres tener hijos?», el rostro de Audrey se ensombreció y durante unos segundos fue incapaz de responder. Luego, como la auténtica actriz que es, contestó: «En cualquier momento. Estoy dispuesta a renunciar a mi carrera para tener hijos. Mel los quiere. Solo dándole un hijo puedo hacerlo completamente feliz». Parecía sincera y casi serena, pero, en los días sucesivos, ya no quiso volver a hablar de su desmayo. Y por eso, dicen, ya no ríe, ya no disfruta comprando ropa, peina a su perrito como un niño y se muestra tan sola, melancólica y extraña.

JAMES DEAN
Hermoso y salvaje

4. Al mundo del cine la muerte no le sienta bien

Eran las 17:50 horas del 30 de septiembre de 1955: una calurosa tarde californiana de finales de verano. El automóvil, un Porsche descapotable de color aluminio y diseño aerodinámico, circulaba por la carretera asfaltada que conduce de San Luis Obispo a Salinas: la Highway 41. Había un chico al volante: fornido sin excesos, con los hombros algo encorvados, mono blanco y gafas. El viento le alborotaba el pelo, de un rubio rojizo, con largos mechones desordenados, y le azotaba el rostro: ancho, cuadrado, con ojos pequeños e inquietos, una boca dulce de niño malhumorado. Cualquiera lo habría reconocido: desde hacía dieciséis meses reinaba en las pantallas, fascinaba a miles de mujeres, valía millones de dólares. Una sola película había bastado para darle la gloria, se le auguraba un extraordinario porvenir. Se llamaba James Dean; «Jimmy» para los amigos y los colegas de profesión. El Porsche corría por la larga recta desierta y Jimmy parecía contento. Era un buen coche: rápido, de hermoso aspecto. Lo había comprado hacía poco y le había costado siete mil dólares, unos cuatro millones de liras. Durante toda una tarde había circulado por Hollywood para que todos lo vieran: los elogios lo habían sonrojado. Ahora lo llevaba a Salinas para participar en una carrera en pista, y su mirada azul, detrás de los cristales, brillaba de emoción. No había nada en el mundo con lo que Jimmy disfrutara tanto como con una carrera de coches. El retumbar del motor, el viento que abofetea las mejillas, la sensación de devorar la carretera eran cosas que lo consolaban de toda desgracia.

«It is like a good baby» (es como una buena chica), le dijo Jimmy al hombre sentado a su lado. El hombre era el mecánico encargado de asistirlo durante las carreras. Tenía treinta y dos años, una cara redonda y bigote. Venía de Alemania. Se llamaba Rolph Wütherich. «Like a sweet girl» (como una dulce muchacha), repitió Jimmy, y pisó el acelerador, con aire de felicidad. El velocímetro marcaba sesenta millas por hora, noventa y seis kilómetros. «Hi!», gritó Jimmy, agitándose en su asiento. Era su grito de alegría. Rara vez lo hacía. Pero si gritaba «Hi!», estaba satisfecho de verdad. El cuentakilómetros marcaba sesenta y cinco millas. Pronto alcanzó las setenta. «Puedes pedirle lo que quieras. Le haces un gesto con la cabeza y ella te obedece», le dijo Jimmy a Rolph Wütherich. Hablaba en voz alta porque el viento dispersaba el sonido de sus palabras. «¿Me oyes?», gritó Jimmy. El mecánico asintió con una media sonrisa. Jimmy era un corredor sin tacha, pero Rolph temía que estuviera exagerando. Era extraño lo que Rolph Wütherich sentía cuando Jimmy estaba al volante. Rolph, la verdad, sentía miedo, una especie de premonición. Debería habérselo dicho más de una vez, pero siempre dejaba que se le escapara la oportunidad. Jimmy parecía muy feliz cuando estaba al volante. Lejos del automóvil tenía una expresión triste, mortificada, como la de un perro que, con las orejas caídas, espera que alguien le arroje un hueso. Se quedaba así con la cabeza gacha, la mirada oscura, y no decía ni media palabra. Pensaba y fumaba. Si alguien intentaba sonsacarle algo, se ponía hecho una furia. «¡Al infierno!», gritaba, y volvía a caer en una apatía exhausta. Pero cuando montaba en un automóvil, la mueca de decepción desaparecía y empezaba a sonreír de nuevo. ¿Cómo decirle que fuera más despacio? Habría sido peor que arrebatarle de las manos un juguete a un niño.

Jimmy respiró hondo y volvió a pisar el acelerador. Setenta millas, ochenta, noventa. Ahora el Porsche parecía una bala de plata, lanzada por la carretera con la potencia de un cohete. Dos empleados de una gasolinera, Tom Frederick y Tom Dooley, lo miraron asustados y sacudieron la cabeza. «Ese va como un loco», dijo Tom Frederick. «Si sigue así, no llegará a Salinas», dijo Tom Dooley. Noventa y cinco, cien millas: unos ciento sesenta kilómetros por hora. Si la policía lo sorprendía, Jimmy pagaría una buena multa. Pero Jimmy no pensaba en eso. «*Gosh!* Mira qué bien va mi pequeña», le dijo a Rolph. Rolph guardó silencio, nada entusiasmado. Acababan de dejar atrás Bakersfield, faltaban siete millas hasta Salinas. En la Highway 41 no había nadie, solo ellos y luego un coche que venía en dirección contraria. Eran las 17:59 horas. Se acercaba la intersección entre la 466 y la 41. «Más despacio», ordenó Rolph. Jimmy respondió con un gruñido. Odiaba reducir la velocidad cuando volaba tan bien. «Más despacio, te estoy diciendo». El viento estiraba ahora los mechones rubios del chico. La cara de Jimmy estaba entumecida y sus gafas parecían dos pequeños trozos de hielo. «Hi!», dijo Jimmy, soltando apenas el acelerador. Entonces se percató del coche que se acercaba hacia ellos.

Era un coche gris e iba bastante rápido, pero no tanto como su Porsche. Cerca del cruce tomó la curva de la izquierda para incorporarse a la 466. Ahora estaba muy cerca, tan cerca que podía distinguir claramente el rostro del joven que lo conducía. Jimmy frunció el ceño, calculó la distancia y frenó ligeramente. «Debería parar él», dijo. Fueron sus últimas palabras. El impacto fue horrendo. Sonó como la explosión de una bomba. Cuando Rolph Wütherich, que había salido disparado a un lado de la carretera, logró abrir los ojos, sintió que se desmayaba. El Porsche era un montón de hierros retorcidos. Y Jimmy estaba dentro, atrapado entre el asiento y el volante. Tenía la espina dorsal partida en pedazos, los brazos rotos, el rostro convertido en una máscara de sangre. Murió poco antes de que la ambulancia lo dejara en el hospital de Paso Robles, sin recuperar el conocimiento. Tenía veinticuatro años, siete meses y veintidós días.

Al mundo del cine la muerte no le sienta bien. Es contraproducente, antipática. Cuando un actor fallece, hay un momento de dolorosa consternación y ya está. Se deja enseguida de hablar de él. Sus películas se retiran de las carteleras: a la gente no le gusta ver a alguien muerto en la pantalla. Es mejor reemplazarlo por alguien que quizá sea menos atractivo pero que esté vivo y respire. Ese fue el caso de Jean Harlow, que murió de cáncer cerebral en 1937; de Carole Lombard, que pereció en un accidente aéreo; de Lupe Vélez, que se envenenó con somníferos; de Leslie Howard, cuyo avión fue derribado durante la Segunda Guerra Mundial por cazas alemanes que creían que transportaba a Churchill, y de todos los demás: María Montez, Robert Walker, Suzan Ball, John Garfield, Bob Francis, John Hodiak, Carmen Miranda, Susan Peters, pese a que hubieran recibido el amor de las multitudes como monarcas o divinidades. Por lo tanto, lo que está sucediendo con James Dean no tiene precedentes. Ha pasado un año desde el día en que su Porsche se estrelló en el cruce entre las carreteras 466 y 41 y su nombre, lejos de caer en el olvido, ha ganado mayor popularidad. Hay que retroceder con la memoria hasta el lejano 1926, cuando murió Rodolfo Valentino, para encontrar un fenómeno similar al que se está produciendo hoy en los Estados Unidos. Pero entonces la reacción resultó menos desconcertante. La tragedia que se desencadenó con la apendicitis perforante del gran amador culminó en el funeral que tuvo lugar en Nueva York, durante el cual catorce personas murieron aplastadas por la multitud, cientos de personas resultaron heridas, sesenta y cuatro niños se perdieron y el acontecimiento se hizo merecedor de la crónica de uno de los más grandes narradores de los Estados Unidos: John Dos Passos. Después el pesar se fue apagando bajo los velos de las inconsolables «viudas». Valentino estaba muerto y los americanos se resignaron a saber que estaba enterrado. Sus películas fueron retiradas de circulación. Los ingresos se derrumbaron.

En el caso de James Dean sucede algo muy distinto. Sus películas siguen teniendo éxito comercial. Los comentarios que las oficinas de control siguen haciendo sobre las recaudaciones son precisos: «Buenas, muy buenas, a pesar del certificado de defunción». Los estadounidenses no parecen resignados a creer que Jimmy yace bajo un bloque de granito rosa en el cementerio de Fairmount. Se comportan, en muchos casos, como si estuviera vivo. Tres mil cartas dirigidas a su nombre llegan cada semana a las oficinas de la Warner Bros. Dos mil llegan al domicilio de sus familiares. Cada semana se envían diez mil fotografías «autografiadas» a sus admiradores. No pasa un día sin que un periódico le dedique un artículo conmemorativo y los titulares de los reportajes son los siguientes: «Jimmy Dean no ha muerto», «Dean sigue viviendo *inolvidado* e inolvidable», «El regreso de James Dean: preparémonos para recibirlo». Sobre la base de este fenómeno, la especulación comercial adquiere rasgos colosales. Un volumen de fotografías titulado *James Dean's Album* vendió en veinticuatro horas seiscientos mil ejemplares. Otras dos publicaciones no han tenido menos éxito: *El verdadero James Dean, Sus palabras desde el más allá.* Cada una vendió medio millón de copias. Los trescientos ejemplares que llegaron a Italia se agotaron inmediatamente después de ser expuestos en los quioscos. Su padre, Winton Dean, está escribiendo una biografía completa y recibirá a cambio un buen montón de dólares. Otra la está preparando Nicholas Ray, quien lo dirigió en *Rebelde sin causa.* Un poema con música titulado *Su nombre era Dean* está a punto de ser publicado en Nueva York junto con la *Historia oficial de James Dean,* de la que se han anunciado un millón de copias. Bustos de bronce y yeso del actor están a la venta desde hace varios meses en las principales librerías de Estados Unidos. Los de bronce cuestan veinte mil liras cada una, y los de yeso, trece mil. Se han vendido casi cuatrocientos mil. Las chicas los colocan en sus habitaciones entre dos velas encendidas. Las velas son un regalo con la compra del busto.

El Porsche de aluminio, debidamente restaurado, se exhibe bajo una carpa en Paso Robles. Inmediatamente después del drama, las solicitudes de compra ascendieron a millares, se ofrecieron cifras fabulosas y el primero en llegar hizo un negocio excelente. En la carpa puede leerse este cartel: «Vehículo en el que James Dean encontró la muerte. Entrada 25 centavos». Veinticinco centavos son menos de doscientas liras: una emoción que no resulta nada cara. Por otros 25 centavos puedes sentarte al volante y apoyar la cabeza en el asiento contra el que Jimmy se rompió las vértebras cervicales. Con un tercer suplemento se te permite tocar las manchas de sangre que van diluyéndose con el tiempo y que los organizadores se ven obligados a retocar de vez en cuando con un poco de pintura. Las chicas americanas no se dan cuenta de que es un juego inmoral y cruel. Lo hacen con una especie de estremecimiento, casi como si fuera un ritual. Siempre hay cola delante del Porsche abollado.

La ropa de Jimmy, reducida a diminutos fragmentos, se vendió a precios de mercado negro. Inmediatamente después de su muerte, los ladrones irrumpieron en su apartamento y se llevaron hasta los calcetines. Cada fragmento se compró por nada menos que un dólar, algo más de seiscientas liras. Se ha fundado la James Dean Memorial Foundation, una asociación que se ha impuesto la tarea de ayudar, incluso económicamente, a jóvenes con aptitudes artísticas. Todos pueden ponerse en contacto con ella. La dirección es: Hotel Excelsior, Suite 208, 45 West 81 Street, Nueva York. El escultor Kenneth Rendell ha esculpido un pésimo medallón de mármol que el senado académico de la Universidad de Princeton ha decidido colocar en el Aula Magna, junto a los de Beethoven, Thackeray, Keats y Lincoln. Los espiritistas se están poniendo las botas. En las columnas publicitarias de los periódicos se publican avisos como el siguiente: «Conexiones con el alma de James Dean todos los días». En cada sesión participan treinta personas por lo menos y cuando el médium pregunta: «James Dean, ¿estás ahí? Da un golpe, Jimmy», todos le hacen entre lágrimas preguntas parecidas a estas: «¿Es cierto que te suicidaste, Jimmy? ¿Es cierto que no te gustaban las mujeres, Jimmy? ¿Has perdonado a Pierangeli, Jimmy?». Un club de gente inconsolable, encabezado por la señorita Betty Burr, amenaza con tomar decisiones terribles el 30 de septiembre, aniversario de su muerte. He aquí la carta, firmada por trescientas chicas, que llegó a la policía hace un mes: «El 30 de septiembre elegiremos un acantilado aislado y, al volante del coche de nuestros padres, nos arrojaremos al mar: todas juntas».

Todo esto que ocurre es realmente extraño. En vida, James Dean no tuvo mucha suerte con las mujeres. Solía enamorarse inútilmente. O bien, si la muchacha correspondía a su cariño, en el último momento prefería a alguien que valía menos que él. Eso fue lo que le ocurrió con Anna Maria Pierangeli, quien, en vísperas de su boda, se casó con el cantante Vic Damone. Eso fue lo que le ocurrió con Natalie Wood, su compañera en *Rebelde sin causa,* que, al tener gustos demasiado sofisticados, había preferido reducir la relación a una amistad platónica. Lo mismo le ocurrió con Ursula Andress, una aspirante suiza a estrella con un contrato de siete años con la Paramount que lo dejó plantado por John Derek, el chico guapo de las patillas. Las mismas madres de las chicas a las que cortejaba lo consideraban odioso e incivilizado. «¿Casarte con ese camisa sucia? Jamás», dijeron. Le pusieron el sobrenombre de *dirty shirt,* camisa sucia. Tras su muerte, sin embargo, todas estas chicas lo adoran Ursula tuvo una crisis histérica que le duró tres meses, Natalie fue ingresada en una clínica para tratarse un colapso nervioso. Las desconocidas que tuvieron la oportunidad de pasar una noche con él, desde la dependienta de Macy's hasta la heredera californiana, escriben descaradas memorias en las que cuentan detalles que normalmente no se publican.

Una joven texana de dieciocho años afirma que estuvo casada con él durante cinco meses y se está llevando a cabo una investigación para determinar si es cierto. Otra afirma haberle dado dos hijos. Cuatro están encerradas en un hospital psiquiátrico debido al desequilibrio mental provocado por su pérdida. Una señora con ambiciones poéticas, Marcia Seller, tuvo que aceptar el divorcio después de escribir el siguiente poema en memoria de Dean: «Me dijeron que habías muerto, / no lo creí. / Anoche soñé con tu sonrisa / ligera, como música del alma, / la luz de tus ojos, / el beso de tus labios, / y comprendí / que no se puede morir / cuando el espacio, el tiempo, la Eternidad / no pueden velar un recuerdo inmortal. / Sigues siendo / ese niño dulce, loco, adorado / que yo, que todas / abrazábamos en la oscuridad / de un cine cualquiera / con la mirada fija en tu imagen viva. / Y como un perpetuo milagro, / dondequiera que estés, Jimmy, / puedes volver a por mí, a por todas, en la oscuridad». Por último, son muchas las que, sin resignarse a creer que esté muerto, le escriben cartas desesperadas suplicando que se ponga fin a la pesadilla en la que los mantiene «la falsa noticia» de su fallecimiento. Se trata de una leyenda creada por un periodista sin escrúpulos, quien difundió el rumor de que Dean no había muerto. Estaba escondido en el campo, con el cerebro trastornado y el rostro desfigurado hasta el punto de causar repulsión. En su lugar, en el cementerio de Fairmount se hallaba el cuerpo de un autoestopista que falleció en el accidente.

Ciertas cosas resultan repugnantes para la sensibilidad de la gente civilizada. Y, sin embargo, tienen, al mismo tiempo, su propio significado. Desde que el cine entró en la vida y en las costumbres de la gente, jamás un actor fallecido había mantenido su popularidad con tanta violencia. Tanto hablar en torno al mito de James Dean no surge solo de un fenómeno de histeria colectiva y de una cínica campaña publicitaria que la productora está llevando a cabo para lanzar su última película, *Gigante.* También se deriva de un interés espontáneo. James Dean, en efecto, no fue solo un actor espléndido. No se limitó a crear una nueva apariencia del *sex appeal* masculino: la del chico malo arisco y desaliñado que va por ahí vestido como un mendigo y se baña una vez a la semana, si es que llega a tanto. Era un personaje de nuestro tiempo, del mismo modo que Rodolfo Valentino, con su pelo engominado y sus camisas impecables, fue el personaje de hace treinta años. No gustaba solo porque tenía éxito. Gustaba porque era un chico inquieto y, sobre todo, infeliz. Ese rostro pensativo y descontento, esos ojos oscuros de cachorro frustrado, esos andares desganados, los arrebatos repentinos, las carcajadas sollozantes nacían de una inquietud que comparten muchos jóvenes de hoy. Su constante angustia era la misma que la de mucha gente de su edad que se ve envuelta, por su ansia de apresurarse, en aventuras que los superan. Su personalidad y su comportamiento reflejaban las dudas y dramas de nuestra generación. Toda su breve vida transcurrió a la sombra de una soledad y una ansiedad que nos son familiares. Aunque solo sea por eso, vale la pena contar su historia: la de un personaje extravagante, pero, al mismo tiempo, significativo y actual.

La historia de James Byron Dean empieza en Marion, Indiana, el 8 de febrero de 1931. Jimmy nació a las dos de la mañana. Pesaba ocho libras y diez onzas. Los honorarios de la partera ascendieron a quince dólares. Su padre, Winton Dean, era un mecánico dentista, alto y delgado, de carácter cerrado y costumbres severas. Su madre, Mildred Wilson, era hija de un granjero de Gas City. Era de baja estatura y de proporciones pequeñas. Tenía el pelo negro y un carácter apacible. Mildred y Winton se conocieron en un baile y se casaron cuatro meses después. Él era de religión cuáquera; ella, metodista. El matrimonio se celebró según el rito cuáquero y no fue lujoso. Winton Dean no era rico. Por esa razón, después del nacimiento de Jimmy, ella no quiso traer más hijos al mundo. Consideraba inmoral criar hijos sin dinero. Si nacían, debían tenerlo todo. En este sentido, los primeros años de Jimmy fueron los de un niño feliz. Los Dean, que se habían mudado a Los Ángeles en 1936 por el trabajo de Winton, vivían en un apartamento amueblado de cinco habitaciones. Jimmy tenía su propia habitación y muchos juguetes. Pero no le gustaban los juguetes. «Muy pronto», cuenta Winton, «se volvió demasiado mayor para los trenes eléctricos y los ositos de peluche. Tenía otros intereses. Por ejemplo, le gustaba hablar con personas mayores que él. Se pasaba la mayor parte del día en compañía de su madre».

Mildred era una mujer llena de imaginación. Inventaba deliciosos pasatiempos para Jimmy. Una de sus habilidades consistía en improvisar comedias teatrales. Había pintado un telón, le había colocado una cortina de seda azul y utilizaba las muñecas como actores. Ella ponía la voz de mujer, Jimmy la voz de hombre. Representaban durante horas y horas. Otro pasatiempo era el juego de los deseos. Por la noche, antes de acostarse, Jimmy escribía un deseo y luego metía el papelito debajo de la almohada. Cuando se quedaba dormido, Mildred sacaba el papel y lo leía. Si era un deseo posible, a la mañana siguiente lo hacía realidad para Jimmy. Jimmy era un niño razonable. Nunca pidió cosas absurdas, excepto el día en que escribió que quería un estanque. Mildred y Jimmy se querían mucho. Eran amigos, más que madre e hijo. Él decía: «Si te mueres, yo quiero morir contigo. Meteré la cabeza en un cubo de agua y me ahogaré». Mildred estaba enferma. Lo había acostumbrado a la idea de la muerte. «Un niño», decía, «debe saber». Y Jimmy lo supo muy pronto: antes de lo que Mildred temía.

Tenía ocho años cuando Mildred sintió que su enfermedad empeoraba: un cáncer de pecho. Winton daba la impresión de estar entristecido, pero no trastornado. Mandó llamar a la abuela de Jimmy, que vivía en Santa Mónica, y le rogó que cuidara de su esposa. Emma Dean solo permaneció en Los Ángeles dos semanas. Al final de la segunda semana, Mildred murió. Jimmy no estaba en casa cuando sucedió. Cuando volvió del colegio, su padre se lo contó en el umbral. Winton era de pocas palabras. Se limitó a decir: «Mamá ya no está con nosotros». Jimmy no contestó. Se le quedó mirando, abrió mucho sus ojos azules y se mordió el dedo. «Ya por entonces», dice Winton, «no hablaba nunca de sus dolores». Luego pidió que lo dejaran quedarse allí hasta que se llevaran a su madre. Si lo secundaban, explicó, no metería su cabeza en el cubo de agua. Se comportó con gran entereza para un niño de su edad. Permaneció junto al cuerpo de su madre todo el rato y, antes de que se cerrara el ataúd, le arregló el pelo de la frente. Luego tomó su cortaplumas y le cortó un mechón. Durante ocho días durmió con el rizo debajo de la almohada. Más tarde, alguien, mientras hacía la cama, lo perdió. Pero él no lloró. Se limitó a negar con la cabeza cuando su abuela le ofreció otra cosa como recuerdo. «Si no quieres decírmelo ahora, puedes escribir una nota y meterla debajo de la almohada, como hacías con ella», dijo la abuela. Jimmy guardó silencio y no metió ninguna nota debajo de la almohada. Su juego de los deseos había muerto con su madre.

Algún tiempo después del funeral de la señora Dean, se celebró un consejo familiar para decidir dónde viviría Jimmy. «No tuve más remedio que deshacerme de Jimmy», dice Winton. «Estaba muy endeudado por la enfermedad de mi mujer y no habría sabido con quién dejar al niño mientras estaba en el trabajo». Después de muchas discusiones, se acordó que Jimmy se iría a Fairmount, junto con la hermana de Winton, Ortensia, y su marido, Marcus Winslow. Los Winslow eran buena gente, bastante ricos y generosos. Vivían en una hermosa casa de catorce habitaciones construida sobre un terreno de ciento sesenta y ocho acres. Alrededor de la casa se levantaban sus propiedades: el granero, los cobertizos para los animales, los campos cultivados con trigo y un estanque rodeado de árboles. Se lo habían comprado todo con grandes sacrificios, trabajando duro como agricultores.

Ortensia, una mujer agraciada de rizos negros, era presidenta de la Woman's Christian Temperance Union, una sociedad religiosa contra el alcoholismo. Los domingos tocaba el piano en la Friend's Sunday School. Marcus, graduado en el Earlham College, una institución escolar cuáquera cerca de Fairmount, era un hombre corpulento y jovial que había sido atleta en su juventud. Fairmount, situada en Indiana, es una pequeña población de 2 600 habitantes, de lo más agradable. El entorno en el que Jimmy vivió durante su adolescencia puede reconstruirse bastante bien porque no ha cambiado mucho en los últimos quince años. Los edificios públicos se extienden en dos manzanas a lo largo de la calle principal. Las instituciones de la ciudad incluyen un colegio de primaria, un instituto de secundaria, una estación de bomberos voluntarios, tres iglesias cuáqueras y una iglesia bautista, un depósito ferroviario y algunas granjas. Son muchos los habitantes de Fairmount que se llaman Dean y casi todos están emparentados. Los primeros Dean llegaron a Fairmount en 1815. Procedían de Inglaterra y se habían lanzado en un primer momento a la aventura del Lejano Oeste, luchando contra los indios. De toda la parentela, a los Winslow, que mantenían vínculos muy afectuosos con otros miembros de la familia, era a los que mejor les había ido económicamente. El hecho de que Jimmy suspusiera una boca más que alimentar no parecía preocuparlos. Además, siempre habían querido un niño: en aquel momento solo tenían una niña, Joan, de catorce años. De modo que lo acogieron como a un hijo. Incluso le cedieron su dormitorio porque a Jimmy le gustaban esos muebles de arce.

Jimmy tenía nueve años cuando llegó a Fairmount. Llevaba consigo una maletita, una Biblia y el volante de un coche que había recogido un día entre la basura. Era un niño robusto, bastante bajo para su edad, con una carita divertida. Pero no era un niño alegre. A menudo, mientras hablaba, rompía a llorar, y si le preguntaban el motivo, respondía: «Me he quedado sin madre». Para que se distrajera, Marcus y Ortensia lo enviaron de inmediato al colegio y lo hicieron participar en la vida de la granja. Le asignaron también sus pequeñas tareas: ordeñar la leche, buscar los huevos abandonados por las gallinas, dar de comer a las vacas. A finales de año sabía incluso conducir un tractor. Además, hacía deporte. Para él, Marcus transformó el granero en un gimnasio y le enseñó a hacer cabriolas en el trapecio. Luego le enseñó a jugar al hockey. En invierno, el estanque helado era una excelente pista. Marcus instaló luces eléctricas para que Jimmy pudiera practicar incluso en la oscuridad. No era raro que el niño se quedara allí hasta tarde, tras el anochecer. Ya entonces era un chico inquieto, que nunca abandonaba nada antes de haber aprendido a fondo. Hubo pocas cosas a las que no se enfrentó, a riesgo de salir lastimado. A los doce años, durante una fiesta del condado, intentó montar un toro Brahman y cayó al primer galope. Tuvieron que llevarlo al hospital con una pierna rota. A los trece años descubrió un libro sobre yoga y durante dos semanas practicó la doctrina, conteniendo la respiración hasta desmayarse. Tuvieron que aplicarle respiración artificial durante cinco horas. Más tarde descubrió la música y aprendió a tocar el tambor y el clarinete al mismo tiempo. También sabía tocar el violín; pero dado que se lo había enseñado su madre, no quiso seguir practicando. El colegio se le daba bien: sacaba buenas notas en Historia del Arte y en Psicología. Se las apañaba bastante bien en Álgebra. Su maestra, Myrtle Gilbreath, habla de él como uno de sus mejores alumnos. «Sabía hacer un poco de todo», afirma. «Lo entendía todo. Tenía una mente extraordinariamente aguda».

Su pasatiempo favorito, sin embargo, eran los motores. Todos los días pasaba por delante de la tienda de motocicletas de Marvin Carter en Main Street y se quedaba mirando. Recibió una gran alegría cuando Marcus le compró una Whizzer, una bicicleta motorizada, por su decimotercer cumpleaños. Jimmy descubrió luego que la Whizzer no corría mucho y, sin decir nada en casa, la cambió por una moto usada. Cuando llegó a la escuela secundaria, ya tenía una motocicleta potente. Corría como un loco, tumbado en el sillín, como había visto hacer a los corredores de Indianápolis el día en que Marcus lo llevó a ver una carrera. Le gustaba frenar bruscamente. Ortensia le imploraba en vano. «Jimmy», decía, «si no dejas de correr, enfermaré del corazón». Era como si Jimmy oyera llover. No tenía miedo. Nunca tuvo ningún accidente. «Si se hubiera caído alguna vez por lo menos», dice Marcus Winslow, «las cosas habrían sido diferentes. Quizá habría aprendido a temer la velocidad». Por lo demás, ellos mismos se dieron cuenta de que no tenía sentido insistir demasiado. Jimmy no parecía un niño como los demás. Era extraordinariamente sensible. Bastaba con una nimiedad para que cambiara de humor. Se pasaba días enteros sin hablar. A veces estallaba en ataques de histeria. En el colegio los niños lo dejaban de lado. «Soy antipático, lo sé. Y me tratan con desprecio porque no tengo padres», decía. Ortensia lo consolaba en vano explicándole que no era antipático y que claro que tenía un padre. Además, los tenía a ella y a Marcus. ¿No los llamaba acaso Pop y Mom?

Jimmy respondía abrazándola y prometiendo que haría cualquier cosa para complacerla. Con este propósito empezó a asistir a las reuniones de la Woman's Christian Temperance Union. Leía las motivaciones de las medallas de plata que se concedían a los alcohólicos que habían dejado de beber. Como es natural, lo hacía de mala gana, no le interesaban en absoluto aquellas historias de desdichas y de vicio. A las motivaciones las llamaba las «odas del diablo». Y un día en que se celebraba una fiesta importante, hizo una de las suyas. La fiesta tenía lugar a la misma hora que una carrera de motocicletas en la que Jimmy esperaba participar. Jimmy pidió a la tía Ortensia que lo liberara y ella se negó: «Tienes que venir. Sabes que me he comprometido». Jimmy asintió, con los labios apretados. Se puso su traje nuevo (odiaba los trajes nuevos, siempre llevaba una camisa a cuadros y vaqueros) y caminó hacia la sala de reuniones. La sala estaba llena de señoras vestidas con ropa de domingo. En la mesa presidencial estaba tía Ortensia, y en primera fila, los exalcohólicos que iban a recibir el premio. Además de leer la motivación, Jimmy tenía que recitar un poema. Pero su gesto era sombrío. Sus pensamientos estaban en otra parte. De vez en cuando llegaba desde Main Street el rugido de las motos que participaban en la carrera y él se revolvía en su asiento y resoplaba. Cuando llegó el momento de subir al escenario, se levantó lentamente, como si tuviera roto un hueso, y se encaminó con paso indolente. Los exalcohólicos lo miraban con ojos llorosos, las damas lo miraban con maliciosa curiosidad. Jimmy se plantó frente al micrófono y se metió las manos en los bolsillos, con expresión de despecho. «Y ahora nuestro James Byron Dean nos recitará una oda: *Nunca más caeré en el abismo del vicio*», anunció Ortensia con voz temblorosa. La cara de Jimmy no le hacía presagiar nada bueno. Jimmy sacó las manos de los bolsillos, se rascó la cabeza y abrió la boca para recitar el primer verso. En ese mismo momento un niño empezó a llorar. «Hi!», exclamó Jimmy entre risas, y en lugar de declamar se quedó escuchándolo con mucha atención. Luego volvió a rascarse la cabeza y bajó del escenario silbando. «Estaba segura de que sucedería algo así», dice Ortensia narrando el episodio. «No se le podía pedir a Jimmy lo que no tenía ganas de hacer».

En Fairmount, Jimmy se sentía como un extraño. La vida provinciana, con sus chismes y su conformismo, no estaba hecha para él. No entendía por qué la gente se preocupaba tanto por los asuntos de los demás. Sentía que no tenía nada en común con ellos. Soñaba con largarse. Estaba seguro de que más allá de Fairmount había un vasto mundo lleno de sensaciones, de aventuras, de gente por conocer. La única persona con la que podía hablar sin aburrirse era el reverendo James de Weerd, pastor de la iglesia bautista. El doctor De Weerd era un héroe para los niños de Fairmount. Durante la Segunda Guerra Mundial sirvió en la infantería y luchó en Cassino. Regresó a casa con el pecho lleno de esquirlas de una explosión de metralla y la chaqueta cubierta de medallas. Joven, alegre, educado, con una sonrisa jovial constantemente dibujada en sus labios carnosos, caía bien a todo el mundo. Su conversación rebosaba familiaridad. Su mezcla de evangelización y cultura fascinaba a Jimmy, para quien era el único hombre del pueblo digno de estima. De Weerd había viajado, era un sacerdote moderno y criticaba abiertamente la mezquindad de Fairmount. Sus sermones conquistaban a los fieles y los asustaban al mismo tiempo. No era uno de ellos, como tampoco lo era Jimmy. Tenía gustos modernos y costumbres refinadas. En la mesa cenaba con manteles de lino, y cubiertos de plata y hablaba de filosofía mientras su madre tocaba melodías de Chaikovski en el piano. Jimmy podía hablar de todo con él: de las carreras, que eran su pasión, de coches y de su propia maldad. Le decía que estaba convencido de que era malo, de que su madre no debería haber muerto, de que su padre no debería haberlo abandonado tan abruptamente. Le confió que nadie lo amaba, que lo menospreciaban, como a un huérfano mantenido por sus tíos. De Weerd intentaba consolarlo hablándole de la inmortalidad del alma y explicándole que cuando la gente está convencida de que es mala significa precisamente que no lo es. Para entretenerlo, lo llevaba a menudo a Indianápolis para ver carreras automovilísticas; una vez le presentó a Cannonball Baker, que era un corredor famoso. Jimmy quedó impresionado y, a su regreso, dijo que el asunto de la inmortalidad del alma no era un cuento, pensándolo bien. Por ejemplo, alguien que corría tan rápido en un coche tenía que creer de verdad, porque en esas carreras se podía morir y era un consuelo pensar que, después de muerto, algo quedaría, y tal vez incluso podrías volar hacia el cielo.

De Weerd no se escandalizó: educaba al niño poco a poco, lo ayudaba a sentirse alguien. Por ello le enseñó a jugar al baloncesto, deporte en el que Jimmy tenía todas las cualidades para sobresalir. Como en todas las ciudades del Medio Oeste, en Fairmount enloquecían por el baloncesto. El mejor jugador del equipo estaba considerado como un personaje a la altura del alcalde. Jimmy se dio cuenta de que aquello era una forma de hacerse notar y se entregó de lleno a los entrenamientos. En el gimnasio no tardaron en darse cuenta de que aquel chico feo, miope y taciturno de diecisiete años era alguien a quien había que tratar con respeto. El propio Paul Weaver, el entrenador, dijo que Jimmy se convertiría en un campeón. El primer artículo periodístico dedicado a James Dean apareció en la sección de deportes del *Fairmount News* el 8 de marzo de 1948. En el partido que decidía el campeonato, Jimmy había acumulado cuarenta puntos en tres cuartos. El periodista lo llamó «una prometedora amenaza para los equipos de baloncesto».

«El caso era que resultaba realmente desconcertante», dice De Weerd. «Aún no había aprendido del todo algo cuando se lanzaba de cabeza enseguida a otra actividad. Después del artículo del periódico, en efecto, abandonó el baloncesto para siempre. Quería aprender salto con pértiga. Esta vez todos le tomaron el pelo. Le explicaron que era demasiado bajo, demasiado fornido para un deporte apto para personas longilíneas. Además, llevaba gafas. Jimmy dejó que dijeran lo que quisieran y en su primer campeonato de atletismo estableció un récord que aún está vigente en Fairmount. Luego abandonó el salto con pértiga. Había demostrado a los demás y a sí mismo que podía hacerlo. Ya no le interesaba. Quería pasar a la interpretación y por eso se inscribió en la National Forensic League, donde se estaba preparando un espectáculo difícil: *Madman* de Dickens. Estudiaba de noche, en la cama, a la luz de la lámpara. Quería sorprender a Marcus y Ortensia. Pero cuando llegó el día de la función y le entregaron la medalla de oro de la Liga, Marcus y Ortensia se limitaron a una breve felicitación.

No conocían *Madman,* no mostraban gran interés en que Jimmy quisiera ser actor. Había otros problemas que preocupaban a la familia. Ortensia estaba esperando un hijo y confiaban en que esta vez fuera un niño. El bebé nació unos meses después. Era un varón y le pusieron el nombre de Marcus Jr. Para Jimmy supuso una profunda herida. Con ese mocoso cerca, todo cambiaría para él. «Markie», como lo llamaban, le robaría todo el afecto de Marcus y Ortensia. De modo que se volvió celoso, intratable. Dejó de trabajar en los campos e incluso de estudiar para actor. Ya no quería llamar a sus tíos Pop y Mom, como había hecho hasta entonces. Se pasaba tardes enteras encerrado en su habitación y se peleaba con todos en el colegio. Acabaron expulsándolo.

Sucedió durante la clase de Teatro. Jimmy estaba leyendo una oda de Byron y la leía con demasiado énfasis. «No sudes demasiado, Dean. Todos sabemos que tienes un gran talento, igual que John Barrymore», le dijo en tono burlón el profesor Paul Smart. Jimmy se mordió el labio y no respondió, pero los otros estudiantes empezaron a burlarse de él. «Buenos días, John Barrymore, buenas noches, John Barrymore». De repente, Jimmy lanzó el libro por los aires y empezó a gritar. Parecía enloquecido. Gritó que todos estaban en contra de él, que lo despreciaban por ser huérfano. John Brickey, un chico alto y corpulento, se acercó a él con expresión amenazadora. «Cierra el pico, Dean. Nos tienes hartos con tu epilepsia». Jimmy lo miró a los ojos. Al lado de John Brickey, tan imponente, parecía un pollito. Odiaba a John Brickey: la noche anterior había llevado al cine a la única chica que se portaba amablemente con él, Lorna Hume, una rubia coqueta. «Cierra el pico tú, ladrón de mujeres», respondió Jimmy. Luego se arrojó contra su rival y lo golpeó con todas sus fuerzas. Parecía una furia, lanzando puñetazos como un boxeador. Cuando el profesor intentó separarlos, Jimmy lo agarró por la chaqueta y empezó a golpearlo también. El director entró en la sala mientras Paul Smart, aturdido, se limpiaba la sangre de la boca. «Alumno Dean», tronó. «Sal de este colegio y no vuelvas nunca más por aquí».

Jimmy salió con la cabeza gacha, tambaleándose como un borracho. Montó en su motocicleta y aceleró en dirección al cementerio de Fairmount.

5. El primer amor

Jimmy permaneció toda una tarde ante la tumba en cuya inscripción podía leerse «Mildred Wilson Dean - 1909-1939». Las lágrimas empañaban sus gafas. Se dejaba caer sobre la grava mientras repetía: «¿Por qué tuviste que morir? Sabías que quería morir contigo». Al final se acercó el guardián y le dijo que se fuera. «Vete a casa, muchacho, y tómate una buena taza de café». «¡Vete al infierno tú con tu café!», gritó Jimmy, dándole un puñetazo en el pecho. Luego volvió a montar en su motocicleta y se dirigió hacia la granja Winslow. Era la hora de cenar: la expulsión se había producido al mediodía. Era indudable que Marcus y Ortensia ya estaban al corriente. Jimmy se sentía como si tuviera las piernas de plomo. Entró deslizándose contra la pared, como un ladrón. «¿Eres tú, Jimmy?», preguntó Ortensia desde la cocina. «Hum», dijo Jimmy, deteniéndose. Marcus estaba en el salón leyendo el periódico. Para llegar a su habitación, Jimmy tenía que cruzar por la sala, pero eso significaría enfrentarse a Marcus, y él habría dado la vida por no hacerlo. Así que se sentó a la mesa y esperó a que estuviera lista la cena. Fue una buena cena, pero todos comieron en silencio. No se hablaba de cosas desagradables en la mesa y Jimmy intentó prolongar aquellos minutos tanto como fuera posible. Cuando Ortensia se levantó, Jimmy se ofreció a ayudarla a lavar los platos. Ortensia se negó con un movimiento de cabeza. Así que había llegado el momento. No quedaba otra que cruzar el salón para ir al dormitorio. El tío Marcus todavía estaba allí, con el periódico en la mano. Jimmy se encaminó hacia las escaleras con la cara pálida, temblando. Estaba en el primer escalón cuando Marcus lo llamó. «¡Jimmy!». El chico sintió que un escalofrío le recorría la espalda. «¿Por qué no coges tu rifle y te vas a cazar mañana?».

Eso era todo lo que Marcus tenía que decirle. Para cualquier otro chico habría sido un alivio. Pero Jimmy se sintió herido. Lo habían echado del colegio y no le decían nada. Ni a Marcus ni a Ortensia les importaba nada de él. Ni siquiera lo regañaban. Lo trataban como a un extraño. Jimmy era así: siempre se tomaba las cosas por el peor de los lados. «Está bien», contestó, y siguió subiendo las escaleras. Cuando llegó a su habitación, dejó la puerta abierta para oír lo que decían de él. «¿Qué le has dicho?», preguntó Ortensia. «Le he dicho que se vaya a cazar». «Pero, Marcus, le han expulsado. Este es un asunto serio». «¿Qué querías que hiciera? No consigo comunicarme con él. Dejarlo solo es la única manera de castigarlo», contestó Marcus. Jimmy cerró la puerta sin hacer ruido. Se quitó las botas y se tumbó vestido en la cama. No sabía lo que quería. No sabía si quería que lo besaran o lo pegaran. Lo único que sabía era que se sentía terriblemente solo y era como tener una roca sobre el pecho. Luego soltó un profundo suspiro y se quedó dormido.

Esa noche soñó con su madre. Era un sueño que tenía a menudo desde que había nacido Markie y sus tíos dejaron de preocuparse en exceso por él. Soñaba que estaba en un desierto y que su madre lo llamaba. Le habría gustado llegar hasta ella, pero le resultaba imposible. Sus pies se hundían en la arena, Mildred parecía cada vez más lejana. Le estaba diciendo algo importante y él no la oía. De repente se despertó con la sensación de estar cayendo al vacío. Saltó de la cama, abrió la puerta y bajó corriendo las escaleras. «¡Os odio!», gritaba. «Os odio a todos». Marcus y Ortensia se despertaron. Markie se asustó. Mientras consolaba a su hijo, Ortensia le dijo a su marido: «Ese chico se está volviendo imposible. Le hace falta cambiar de aires. Lo mejor sería que volviera con su padre durante algún tiempo. Mañana escribiré a Winton y se lo diré».

A la mañana siguiente se mandó la carta. Jimmy se marchó al cabo de ocho días. Llevaba su habitual maletín, la Biblia y el volante del coche que había encontrado de niño. Tenía dieciocho años y hacía nueve que no veía a su padre. Durante todo ese tiempo Winton nunca había ido a visitar a su hijo. Se había vuelto a casar, vivía bien con su segunda mujer, Ethel, en un bonito chalé en Los Ángeles. Jimmy y él nunca habían intercambiado ni una fotografía ni una carta. Su correspondencia consistía en las postales que se enviaban por Navidad y cumpleaños. «Feliz Navidad, tu padre». «Feliz cumpleaños, tu hijo». Mientras se dirigía a la estación de Fairmount, Jimmy se preguntaba cómo se sentiría al verlo. Ya no se acordaba de su cara. Ni siquiera recordaba Los Ángeles. Era muy pequeño cuando se marchó y Mildred salía muy poco, siempre lo tenía en casa jugando. Quizá fuera realmente una hermosa ciudad. Lo había leído en los libros, se lo habían dicho Marcus y Ortensia. Pero en Fairmount por lo menos conocía a alguien. Por ejemplo, tenía a De Weerd.

«No hay necesidad de preocuparse tanto», le dijo De Weerd. «Verás, Jimmy, en la vida siempre hay que pasar por cambios repentinos». De Weerd lo acompañó a la estación, Jimmy no quiso que fuera nadie más. El pastor estaba nervioso y no hacía más que hablar para aliviar su incomodidad. Jimmy caminaba a su lado con aire sombrío y no decía nada. «En cuanto llegues, avísame», decía De Weerd. Y Jimmy: «Hum». «Si te hace falta ayuda, aunque sea dinero, lo único que tienes que hacer es escribirme». «Hum». «Al principio te sentirás perdido, luego te acostumbrarás». «Hum». «¿No tienes nada más que decirme aparte de mascullar como un cerdo?», preguntó entonces De Weerd. Quería ayudarlo y por primera vez le resultaba imposible. «¡Vete al diablo!», gritó Jimmy mientras montaba en el tren. Estaba llorando. Luego estalló en una larga carcajada, entremezclada con sollozos. «Pensándolo bien, no me importa irme de esta maldita provincia», dijo, asomándose por la ventanilla. El viaje duró cuarenta horas, casi dos días, con frecuentes paradas y cambios de tren. Implicaba cruzar casi todo el país. Durante todo ese tiempo Jimmy no habló con nadie. Llegó a Los Ángeles cuando ya era de noche.

En la enorme estación no había nadie esperándolo. Jimmy estuvo un largo rato mirando a los transeúntes mientras intentaba reconocer a su padre entre ellos. Pero su padre no estaba allí. Se encaminó hacia la salida y seguía sin ver a nadie que le recordara a su padre. Lo que había era una gran multitud, y recibía empujones por todos lados mientras le decían «sorry». A lo lejos se entreveían las luces de la ciudad. Eran muchas, un gran lago de luces, sin altibajos. Y, de repente, a Jimmy le entraron ganas de salir corriendo. Le temblaban las piernas. Sentía nostalgia de Fairmount: del ganado, de las gallinas, de la pequeña mancha luminosa que dibujaba la ciudad de Fairmount por las noches. Se volvió hacia un hombre uniformado y le preguntó: «¿Cuándo sale el tren para Fairmount?». El hombre lo miró asombrado. Desde luego, ese pueblerino con gafas era un poco idiota. Acababa de llegar y ya quería marcharse otra vez. «No hasta mañana», respondió. «Está bien», murmuró Jimmy, resignado. Y con la cabeza gacha se encaminó hacia la fila amarilla de taxis.

Los Ángeles provoca una sensación de consternación en quienes llegan del este. Es demasiado grande, demasiado ancha, demasiado aplastada y, hasta donde alcanza la vista, está desierta. Vista desde arriba, se extiende como una mancha de aceite, cruzarla en coche significa emprender un viaje de cincuenta millas. Ocupa nada menos que cuatrocientas cincuenta y una millas cuadradas: la superficie urbana más grande del mundo. Más que una ciudad, es una nebulosa de chalés, bungalós, edificios de una sola planta unidos por avenidas que parecen pistas de aterrizaje. El europeo que ha visto los rascacielos de la bulliciosa Nueva York se siente perdido. Un niño que viene de una granja del Medio Oeste, como Jimmy, puede llegar a sentir incluso terror. Los Ángeles es, eso sí, una ciudad limpia, con un clima encantador, acunada en una perpetua primavera. Sus casas están rodeadas de jardín y flores, sus avenidas están bordeadas de palmeras, y entre las palmeras y el verdor se abre un cielo terso, de color azul violeta. Pero al mismo tiempo desprende una sensación de frialdad. Por la calle no nos topamos con ningún transeúnte por mucho que lo imploremos, dado que todo el mundo, incluidos los pobres, se desplaza en coche. A cualquiera que se mueva a pie se le acerca inmediatamente un amable policía que le indica la parada de autobús más cercana. Incluso excelentes amigos pasan meses sin verse: las distancias excesivas dificultan la vida social. La misantropía de Los Ángeles apenas se ve aliviada por la proximidad de Hollywood.

La casa donde vivía Winton Dean estaba lejos del centro de Los Ángeles. Era un chalé de una sola planta, que como es natural tenía garaje y jardín. Ethel Dean era una mujer ambiciosa. En la verja había colocado con letras luminosas el nombre de su marido y su título de protésico dental, algo que le enorgullecía mucho. Jimmy tardó cuarenta y cinco minutos de taxi en llegar hasta allí, y cuando bajó se sorprendió al ver que los Dean estaban levantados y esperándolo. Winton se acercó a él, parecía conmovido, y lo abrazó. Tenía el pelo gris y el rostro surcado por algunas arrugas, pero Jimmy no tuvo dificultad en reconocerlo: era uno de esos hombres sin edad que nunca cambian. Ethel lo besó en la frente y lo acompañó al baño para que se lavara las manos. Luego le enseñó su habitación: el cuarto de invitados. Ethel tenía treinta y cinco años, era alta y robusta, de pocas palabras. No se parecía en nada a Mildred. «Jimmy», cuenta Winton, «no se mostró muy expansivo. Lo primero que dijo fue que no le gustaba Los Ángeles. Luego descolgó un cuadro de encima de su cama y colgó el volante del coche. No llegué a entender si estaba contento de vernos. Su timidez lo volvía arisco».

Winton temía las posibles dificultades de la relación entre Ethel y su hijo. Pero Jimmy siempre se mostró educado con su madrastra. La llamaba «señora» y nunca la hablaba con descortesía. A fin y al cabo, pasaba muy poco tiempo en casa. Unos días después de su llegada lo mandaron al Junior College para terminar la secundaria y los Dean solo lo veían a la hora del *breakfast.* Para ganarse su cariño, Winton le enseñó a conducir y le compró un pequeño coche usado. De esa manera, cuando no estaba en clase, Jimmy vagabundeaba en su automóvil. Winton nunca se atrevió a preguntarle adónde iba. «Me avergonzaba», explica, «hablar con él. Me miraba siempre de abajo arriba; con una mirada mortificada que hacía que me sintiera culpable. No sé por qué demonios debía sentirme culpable: no tenía nada que reprocharme respecto a él. Pero esa es la impresión que me causaba». Lo cierto es que Jimmy iba al cine, le gustaban todo tipo de películas, y de vez en cuando se le veía con alguna chica. Si Ethel le preguntaba quién era, Jimmy se encogía de hombros y decía: «Una idiota». O bien: «Una a la que conocí en un *drugstore*». Según Winton, las chicas de Jimmy no siempre parecían tontas o muchachas conocidas en un *drugstore*. Pero Jimmy no quería presentárselas en ningún caso. Por lo demás, siempre eran distintas.

Richard Shannon, el único amigo que Jimmy tenía entonces en Los Ángeles, cuenta: «La torpeza de Jimmy con las chicas era increíble. Las agredía con una invitación y luego las abandonaba. Decía que las mujeres son malas, te persiguen hasta que te fijas en ellas y luego te dejan para irse con otro. Creo que sentía complejo de inferioridad hacia ellas. Quizá le diera vergüenza llevar gafas». Richard Shannon era el alumno de mayor edad en el Junior College. Había estado en la guerra y estaba estudiando para recuperar el tiempo perdido. Jimmy se hizo amigo de él porque lo admiraba. Decía a menudo que le habría gustado que Richard hubiera sido su padre: no le agradaba Winton. Richard Shannon no recuerda a Jimmy como un niño taciturno e inaccesible. «En casa se quedaba callado porque se sentía como un extraño», dice. «Pero lo único que hacía conmigo era hablar. Sentía curiosidad por todo, ardía en deseos de saber. Tenía mil rostros y mil deseos: un arcoíris. Lo que quiero decir es que en un arcoíris nunca se ve un solo color, sino muchos colores juntos, casi fusionados entre sí. Jimmy era así: de todos los colores y matices».

Llegó el día en que, después de terminar el Junior College, Winton y Ethel plantearon a Jimmy que había llegado el momento de estudiar en serio. Le preguntaron a qué quería dedicarse. Jimmy se encogió de hombros. No tenía una idea precisa sobre su futuro. En cierto sentido quería ser actor, pero no se atrevía a decírselo a nadie. Solo Shannon y De Weerd estaban al corriente de ello. Así que contestó a su padre que decidiera por él. Winton dijo: «Me gustaría que fueras abogado». Jimmy respondió: «De acuerdo». Y dejó que lo matricularan en la UCLA, la Universidad de California en Los Ángeles. Pero casi nunca asistió a clases de Derecho. Las llamaba «these damned gossips», esos malditos chismorreos, y las pocas veces que entraba al aula, el profesor terminaba echándolo. Jimmy no dejaba de moverse, de resoplar, y de vez en cuando pretendía salir para ir al baño. En cambio, comenzó a asistir asiduamente a la escuela de interpretación. El Theatre Arts' Department de la universidad estaba considerado el mejor de la región. En 1949 su producción teatral estaba en su apogeo. Sin embargo, no faltaban obstáculos. No hacía muchos años que había terminado la guerra y los soldados desmovilizados se comportaban como los amos del cotarro. Intimidaban a los estudiantes más jóvenes, a los que trataban como intrusos. «Estos chavalines a los que les gustaría estar a nuestra altura», decían. Una vez más, a Jimmy se le torcían las cosas y encontraba razones para su infelicidad. Estaba en su naturaleza el deseo de hacerse notar, la necesidad de ser amado y halagado, y lo trataban en cambio como a un entrometido.

William Bast, un guionista que lo conoció en esa época, dice que daba pena verlo entrar al aula de interpretación y buscar un asiento en primera fila que nunca encontraba. En aquel ambiente excitado, a aquel pueblerino miope y pelirrojo se le consideraba nada más que un novato sin importancia. Bast dice: «Se mostraba tranquilo. No intentaba hacerse amigo de nadie. No se mezclaba con ningún grupo de estudiantes. Si le preguntaba por qué, respondía que le era imposible vincularse con personas tan convencidas de su propia importancia. Parecía indignado por el hecho de estar allí». No era raro que Bast, después de estar buscándolo durante horas, lo encontrara al final acurrucado dentro de su coche. Sentado distraídamente frente al motor, se limitaba a encenderlo y apagarlo, o tocaba la bocina con obsesiva insistencia. Cuando Bast se acercaba a él, siempre decía las mismas cosas: «No tenía que haber venido aquí. Esta odiosa ciudad es mi enemiga y yo estoy acostumbrado a vivir en el campo». Tenía poca ropa y de pésima calidad. Siempre iba vestido con un pantalón blanco y un suéter sucio. Cuando William Bast le reprochaba que nunca lo lavara, respondía airado: «¿Para quién voy a ponerme guapo si nadie me mira?».

Se había unido a la Sigma Nu Fraternity, una organización estudiantil que proporcionaba alojamiento. Lo había hecho para no verse obligado a dormir en casa de su padre y Ethel se había alegrado por ello. La presencia de Jimmy siempre le había molestado. En Sigma Nu, la habitación que Jimmy compartía con William Bast estaba entre las peores. Jimmy pasaba muchas horas allí pegando recortes en un álbum. Nadie salvo William vio nunca lo que había en el álbum. En la primera página estaba la crítica de *Hamlet:* Shakespeare era su dios. En otra, había fotografías de una ceremonia nupcial. «¿Te gustaría casarte, Jimmy?», le preguntó William una vez. Y Jimmy dijo: «Pues claro; siempre que encontrara a la chica adecuada». En otra página había una fotografía grande de un niño. Debajo, Jimmy había escrito: «Observad la mirada de un niño. En ella encontraréis ilimitados tesoros de esperanza». Y, por último, transcrito a mano en una hoja de papel arrancada y luego pegada otra vez, estaba su poema favorito: «Annabel Lee» de Edgar Allan Poe. A veces Jimmy lo recitaba: «She was a child and I was a child / In this Kingdom by the sea / But we loved of a love that was more than love / I and my Annabel Lee / With a love that the winged seraphs of Heaven / coveted her and me». (Era ella una niña y era un niño yo / en este reino junto al mar / pero era más que amor el amor con que nos amábamos / mi Annabel Lee y yo, / con un amor que hasta los alados serafines del cielo / nos codiciaban a ella y a mí). Esa era su concepción del amor. Copió el poema el día que conoció a Beverly Wills.

Beverly fue su primera novia. Era hija de la actriz Joan Davis y estudiaba interpretación en el Theatre Arts' Department de UCLA. Tenía la misma edad que Jimmy, cabello castaño, ojos claros y cara divertida. No es que fuera hermosa, pero sí agraciada e inteligente. Durante mucho tiempo Jimmy no consiguió reunir valor para acercarse a ella. Beverly pertenecía a un mundo muy diferente al suyo. Había tenido una niñez acomodada, conocía a los actores más importantes de Hollywood y solía montar a caballo en su compañía. Se mostraba siempre desenvuelta y segura. En la universidad era muy amiga de Henry Dodd, el director de Sigma Nu; se decía que eran novios. Henry era un joven de veintiún años alto, larguirucho y prepotente. Se jactaba de parecerse a Gary Cooper. Su padre era un abogado de las estrellas y tenía una buena cuenta bancaria, además de una casa en Beverly Hills, al lado de la de Bing Crosby. Beverly lo trataba con altivez, pero le era fiel. Estaba claro que lo prefería a todos los demás. Algunas escenas que aparecen en *Rebelde sin causa,* la segunda película de James Dean, presentan una trama que sigue precisamente el modelo de lo que le ocurrió a James Dean. Y es impresionante pensar cómo accedió a copiarse a sí mismo hasta tal punto, incluyendo su desafortunada aventura con Beverly Wills.

Esta chica moderna y mimada no prestaba atención a Jimmy. No era su tipo, tan torpe y rígido. Jimmy no se atrevía a hablar con ella, pero hacía muchas cosas estúpidas para que ella se fijara en él. Pasaba a su lado silbando, la seguía en su coche, se subía con agilidad a los árboles del parque para enseñarle lo bien que se le daba. Beverly le correspondía con miradas irónicas. Luego, una noche, Henry Dodd se enfrentó a Jimmy para decirle que la dejara en paz. Había una fiesta en Sigma Nu y William le había rogado a Jimmy que fuera. Jimmy se dejó convencer porque pensó que allí encontraría a Beverly. «Cuando se produjo el incidente», dice William Bast, «Jimmy no estaba haciendo nada malo. Sentado junto a un tocadiscos, escuchaba una canción de Cole Porter, creo que era «I've Got You Under My Skin». Ni siquiera miraba a Beverly. Pero Beverly estaba cerca de él, escuchando la canción de Porter también. Estaba muy guapa esa noche. Llevaba un vestido de gasa verde y no se mostraba presuntuosa. Dos o tres veces la vi lanzar a Jimmy una mirada bastante interesada. Quizá fuera eso lo que molestó a Henry».

Henry se acercó a Jimmy y lo agarró por la chaqueta. Esa noche Jimmy se había puesto una chaqueta azul, la única que tenía, pero que le quedaba un poco justa. Henry estaba hecho una furia. «Largo de aquí, paleto. Ella no es para ti». Se hizo el silencio. Las miradas de todos los chicos estaban clavadas en Henry y se pusieron de su parte, porque Jimmy no le caía bien a nadie. Jimmy se levantó despacio, apartó las manos de Henry de su chaqueta, pero con calma, y lo miró directamente a la cara. Estaba muy pálido y parecía aún más pequeño al lado de Henry. Luego se quitó las gafas, se las entregó a William Bast y le dio un puñetazo a Henry en el estómago que lo hizo caer de espaldas. Los amigos de Henry se abalanzaron sobre él. William corrió en su ayuda. Pero a Jimmy no le hacía falta. Parecía un toro furioso, golpeando a ciegas. «Fue una pelea de las buenas de verdad», dice Bast. «Nunca había visto puñetazos tan bien dados. Al final no quedaba ninguna silla en pie, todas las mesas estaban volcadas y Jimmy había dado una paliza a cuatro adversarios». Beverly había estado viéndolo todo, con la mirada firme, y cuando todo terminó se acercó a Jimmy para limpiarle la sangre que manaba de su nariz. Jimmy le preguntó: «¿Te gusta la cocina italiana?». Beverly respondió: «Es mi favorita». Jimmy dijo: «Pues vamos a comer». Y salieron dándose la mano. «Causaba cierta impresión», dice William, «ver salir a ese muchachote desaliñado junto con esa chica sofisticada vestida de verde. Yo no entendía cómo Beverly había podido cambiar de idea tan pronto. Quizá quedara impresionada por la fuerza física y el valor de Jimmy. El caso es que, a partir de esa noche, los vi juntos a menudo».

Jimmy estaba enamorado de Beverly como un colegial. La chica le correspondía. Como a ambos les gustaba actuar, leer y hacer deporte, se llevaban muy bien. William no cree que sus relaciones fueran parecidas a las que mantenían los desenvueltos jóvenes de Los Ángeles. «Cuando Jimmy se enamoraba», dice, «respetaba a sus chicas». Al fin y al cabo, las experiencias amorosas de Jimmy no empezarían hasta más tarde, cuando se fue a Nueva York. En aquella época era tan inexperto como una educanda.

Un día, Beverly le confió a William que nunca había conocido a un chico como Jimmy. Cuando la besaba, se sonrojaba. Y cuando la abrazaba, parecía hacerlo pidiéndole disculpas. Beverly presentó a Jimmy a algunos jóvenes actores de Hollywood, incluida Debbie Reynolds, que en ese momento estaba empezando su carrera. Iban a comer todos juntos al barrio mexicano de Los Ángeles y hacían cosas infantiles, como pasear con velas encendidas. Como es natural, salir con una chica como Beverly significaba gastos considerables para Jimmy. En esa época siempre tenía necesidad de dinero, y para no pedirlo en casa, empezó a trabajar como aparcacoches cerca de la CBS. Los encargados del estacionamiento en Los Ángeles son casi todos negros. Jimmy era quizá el único hombre blanco que se rebajaba a un trabajo así. Sin embargo, estaba encantado, no había nada que rechazara por Beverly.

Con el dinero que ganaba en el aparcamiento se compró incluso una camisa, y a veces salía con corbata. No es que su ánimo hubiera cambiado mucho. Permanecía en silencio durante horas y luego prorrumpía en charlas que parecían mítines. Pero Beverly lo entendía y supo tolerarlo. La que no podía soportarlo de ninguna manera era Joan Davis, a quien no le gustaba que Jimmy cortejara a su hija. Joan Davis es una mujer refinada. Soñaba para Beverly un marido rico y famoso, y sobre todo bien educado. Jimmy no solo era un desconocido sin dinero, sino que carecía de toda gracia. Cuando iba a recoger a Beverly, ni siquiera saludaba a Joan Davis. A lo sumo le decía «hum».

Un día Joan Davis se encaró con Beverly y le dijo que pusiera fin a esa relación. A Beverly le sentó mal, pero obedeció. Su forma de despedir a Jimmy fue brusca y cruel, sorprendió incluso a William. «Querido Jimmy», le dijo, «mamá no quiere que nos sigamos viendo. Esta historia debe terminar». Para Jimmy fue un mazazo, pero se limitó a decir: «Creerás que me importa mucho». Cuando volvió a casa, se arrojó a la cama y lloró. Luego buscó su álbum e hizo trizas el poema de «Annabel Lee». Acto seguido, recogió los pedazos de papel, los unió con cinta adhesiva transparente y los volvió a pegar en el álbum.

Durante sus años universitarios Jimmy veía muy poco a su padre a pesar de que vivieran a pocos kilómetros de distancia. Winton no se preocupaba demasiado por él y a Jimmy no le gustaba ir a verlo. Después de pegar a Henry, ya no pudo seguir en Sigma Nu. Lo habían expulsado del club con un informe firmado por todos menos por William y Beverly. Así que tuvo que buscar alojamiento y William lo siguió. El apartamento que eligieron estaba ubicado en la playa de Santa Mónica y contaba con tres lujosas habitaciones. Alquilarlo fue una locura porque costaba cincuenta dólares al mes (casi cuarenta mil liras) y ninguno de los dos disponía de una cantidad similar. Sus ingresos no superaban los veinte dólares semanales. «Siempre estábamos pidiendo dinero prestado para pagar el alquiler», dice William. «La comida se llevaba buena parte de las ganancias». Para ahorrar electricidad utilizaban velas, y los viernes ni eso siquiera. Los llamaban «viernes sin luz». Solo comían papilla de avena y pan con mermelada. A veces invitaban a otros estudiantes, y así cada uno sacaba su parte de centavos y les era posible preparar arroz y albóndigas.

Jimmy nunca hablaba de Beverly; sin embargo, después de la ruptura, sus períodos de depresión se agudizaron. Durante mucho tiempo no volvió a fijarse en ninguna chica. Solo le importaba aprender. «Era sorprendente», dice William, «lo profunda que era la ignorancia de Jimmy. Me pregunto qué le enseñaron en Fairmount y luego en la universidad. No sabía nada de literatura, ni de arte, ni de política. Y tenía un confuso deseo de aprenderlo todo».

Soñaba con convertirse en un intelectual. Estudiaba dicción para corregir su dialecto de Indiana y su acento nasal. A menudo leía en voz alta, molestando a su amigo. Iba por ahí con un diccionario en el bolsillo. Cuando tenía que pronunciar una palabra de la que no estaba seguro, abría el diccionario y la buscaba. Luego la tomaba con William y le decía: «Tienes que corregirme, ¿entiendes? ¡Corrígeme siempre!». Sentía mucho respeto por la cultura de William porque este escribía guiones publicitarios para televisión. «Estaba siempre muy nervioso», dice William. «Y yo creía que se debía a comer poco y a vivir tan desordenadamente. Nuestras habitaciones eran una especie de leonera. Las camas siempre estaban sin hacer, había frascos vacíos por todos lados y Jimmy dejaba calcetines en cualquier lugar de la casa: hasta en la nevera. El único paréntesis de limpieza que vivimos fue cuando vino mi madre, y fue un periodo muy embarazoso también, durante el cual Jimmy tuvo la oportunidad de mostrar lo difícil que era comprender su desconcertante carácter».

La señora Bast llegó para The Mother's Day, el día de la madre. Era una señora regordeta, jovial, preocupada en exceso por su hijo. Le escribía constantemente para que no se relacionara con chicas malas e iba a verlo a menudo, solo para comprobar si William necesitaba algo. Cuando vio la casa, aplaudió de alegría: le pareció realmente preciosa, se sentía feliz de que su Willie viviera allí. Cuando entró en el apartamento estuvo a punto de desmayarse. Se puso a lavarlo y ordenarlo todo de inmediato, luego fue a un *drugstore* y compró todo lo que podía hacerles falta a los chicos: jabón, filetes, cepillos de dientes, café, bombillas y hasta dos juegos de sábanas. Las que usaban Jimmy y William estaban tan negras que ni siquiera con una semana de lavado recuperarían su color original. Luego se dedicó a atiborrarlos de comida y anunció que se quedaría en Santa Mónica durante un mes. A Jimmy le agradaba la señora Bast, pero pronto se le volvió insoportable. No entendía por qué era tan amable con él, por qué le gustaba verlo limpio y bien alimentado. Le contestaba con gruñidos sordos y se maravillaba de que se ofendiera. Jimmy era así: siempre se sentía avergonzado cuando la gente hacía algo por él. Le molestaba aceptar un favor. Sabía que no podía pagar las bondades de Bast de ninguna manera y ello lo desanimaba enormemente. Un día hizo otra de las suyas.

Era el cumpleaños de William. La señora Bast había horneado un pavo y preparado una cena suntuosa. La fiesta prometía lo mejor. Por la noche, sin embargo, al regresar a casa, William encontró a su madre llorando. Se acercó preocupado y le preguntó a Jimmy qué había pasado. Jimmy estaba tumbado en la cama. Él respondió encogiéndose de hombros y volviéndose hacia la pared. Entonces William llevó a su madre a la cocina y la interrogó. La señora Bast se lo explicó entre sollozos. Jimmy había estado todo el día trabajando en un mueble que necesitaba para sus libros y se había mostrado intratable. No le había dirigido la palabra, limitándose a contestar con gruñidos a sus intentos de conversación. Cuando ella le había dicho: «Jimmy, haz como si fuera tu madre», le había replicado con un fuerte grito y había salido corriendo. Luego había vuelto dando un portazo y se había limpiado los zapatos con la camisa que ella acababa de plancharle. William volvió al cuarto de Jimmy y se encaró con él diciéndole que podía hacer esas cosas con quien quisiera, pero no con su madre, que debía disculparse con ella de inmediato. Jimmy parecía compungido, pero no accedió a disculparse. Se sentó a la mesa y empezó a comer con ostentosa desgana. Levantaba el pavo de la señora Bast del plato sin mirarla siquiera, como si no existiera. En los días que siguieron, la señora Bast evitó quedarse a solas con Jimmy. Le decía a William que le daba miedo. Sin embargo, cuando se fue, aceptó que Jimmy les acompañara a ella y a su hijo a la estación.

«Se lo ruego, señora Bast, se lo ruego», le había suplicado Jimmy. Y ella no pudo resistirse. Se había pasado toda la mañana limpiando su viejo coche para que fuera digno de acoger a la señora Bast. Colocó incluso un cojín donde ella debía sentarse. Durante el trayecto, él no hizo más que sonreírle. De vez en cuando le acariciaba la mano. Llegó el momento de la partida y la señora Bast, después de haber cargado el equipaje en el tren, se volvió para despedirse de Jimmy. Pero Jimmy no estaba allí. «Jimmy», le llamó William, «Jimmy», y estaba muy indignado. Por fin, cuando el tren estaba a punto de ponerse en marcha, apareció Jimmy. Había corrido tanto que tenía la cara roja. «Señora Bast, señora Bast», jadeó, agitando un paquete y que apenas tuvo tiempo de entregarle. Era una caja de bombones, que había comprado con su último dólar, y junto a la caja había una fotografía suya en la que había escrito: «A mi segunda madre, con cariño, Jimmy». La señora Bast se lo quedó mirando con gesto de sorpresa. El tren se movió. Jimmy tuvo miedo de que a la mujer no le hubiera gustado su regalo. Echó a correr por el andén, gritando: «Señora Bast, perdóname. Te quiero, señora Bast. Gracias, señora Bast». Luego cayó y rodó por el suelo como un epiléptico.

La primera vez que Jimmy actuó de verdad fue en *El príncipe Malcolm,* en el Theatre of Arts de UCLA. No tuvo éxito y el periódico universitario lo criticó duramente, diciendo que era un actor terrible, tenía mala dicción y habría hecho bien en no volver a intentarlo nunca más. Jimmy respondió que lo despreciaban porque era de provincias y lo querían muerto. Luego se apartó con William y le dijo: «Trata de entenderme. Tengo que actuar. Es mi única salida. Verás, William, actuar es la única forma lógica con la que puede expresarse un neurótico. Ayúdame, William». William lo entendió y lo ayudó. Empezó consiguiéndole algunos trabajillos en televisión. Jimmy hizo un número corto que consistía en bailar con una chica alrededor de una gramola, de esas máquinas de discos que también se encuentran en los bares de Italia. Luego cantaba una pequeña canción en la que se exhortaba a la gente a beber Pepsi-Cola todos los días. Jimmy ganó treinta dólares por ese trabajo, pero no quiso volver a hacerlo. Afirmaba que era indigno. William no pudo culparlo y le consiguió un papel en una pequeña película llamada *Hill Number One.* Jimmy se esforzó todo lo que pudo, pero su actuación no fue buena. Cuando hablaba y se movía, parecía estar pensando en otra cosa. William no se desanimó. Había visto a Jimmy recitar el monólogo de *Hamlet* y sabía que podía dar mucho más de sí. Si no lo hacía bien era porque el asunto no le interesaba. Jimmy necesitaba creer en lo que estaba haciendo. Así que William se lo presentó a James Whitmore, quien dirigía un círculo de aspirantes a actores con cierto talento.

James Whitmore es un verdadero artista. Ganador del Academy Award, está considerado uno de los mejores intérpretes teatrales de los Estados Unidos. En Italia solo lo hemos visto en papeles secundarios, en películas policiales donde interpreta el papel de gánster y en *Nacida ayer,* donde interpreta al tiralevitas de Broderick Crawford. (Es quien vigila a Judy Holliday para que no haga estupideces y se pasa el tiempo llenando vasos de whisky para su jefe). James Whitmore acogió al nuevo estudiante sin escepticismo. Le gustaba aquel veinteañero con cara de ángel infeliz. «Veamos qué sabes hacer», le dijo a Jimmy, y le ordenó que representara una pequeña escena con Bast. Bast hacía el papel de un relojero y Jimmy el papel de un ladrón que, sabiendo que ha sido descubierto, va a pedir un reloj robado y luego vendido. «Hum», dijo Jimmy, y subió al escenario. Tuvieron que improvisar: no había guion. William Bast se las apañó bastante bien, pero Jimmy daba lástima. Parecía todo menos un ladrón que teme ser detenido. Whitmore lo observaba con paciencia y luego concluía: «No es eso, Dean. Otra vez desde el principio». Repitieron la escena siete veces. En la octava, Whitmore fumaba nerviosamente y los otros estudiantes se reían mientras señalaban a Jimmy con el dedo.

Jimmy apretó los puños, saltó del escenario y se dirigió hacia ellos, decidido a pelearse. Whitmore lo detuvo. Estaba realmente enojado y con un empujón devolvió a Jimmy al escenario. «No se aprende a ser actor a fuerza de puñetazos», gritó. «Si crees que no tienen derecho a reírse, demuéstraselo actuando. ¡Desde el principio!». Jimmy se metió las manos en los bolsillos. Estaba temblando. Luego miró a Whitmore y a los estudiantes con ojos terribles. «Nunca le había visto unos ojos como esos», dice William. «Conocía sus ojos tristes o risueños, pero no sabía que también pudieran ser tan fríos. Se quedó quieto en medio de la escena unos instantes y luego gritó: "¡Está bien!", y se arrojó sobre mí. Nunca he vuelto a verlo actuar así. Fue espléndido. Ningún ladrón había sido nunca más ladrón que él. Jamás se había defendido un hombre con tan violenta desesperación. Me golpeó, me suplicó, rodó por el suelo. Quería su reloj, lo quería a toda costa. De haberlo tenido, se lo habría entregado de verdad, porque me hacía sufrir». Cuando terminó, los chicos del público lo aplaudieron frenéticamente. Whitmore lo abrazó, emocionado, y le dijo: «Jimmy, tienes un talento impresionante. Si no llegas a ser actor, eres un idiota». Jimmy se reía, encogiendo los hombros, pellizcándose la nariz, tan avergonzado como un niño al que le hacen un cumplido. Y a partir de ese día estudió como un poseso.

Siempre iba con un libro de Stanislavski bajo el brazo, *An Actor Prepares.* Salía con actores. Les pedía consejo a todos y luego los apuntaba en un cuaderno que llevaba atado al cuello. Se dejaba ver a menudo por Sunset Boulevard, de donde siempre se había mantenido alejado. Escuchaba a todos con expresión ansiosa. Hablaba: nunca había parecido tan brillante. Disertaba de música, de arte, de política: todo lo estudiaba de noche para no dar una mala impresión a quienes eran mejores que él. El hecho de conseguir pequeños papeles en televisión, uno junto a Dean Martin y Jerry Lewis en *Has Anybody Seen My Gal?* y otro al lado de Richard Basehart, le puso eufórico. Pensaba que estaba maduro para Hollywood. Pedía a los productores que le hicieran una audición, esperaba durante horas frente a una puerta para acercarse a un director. Pero solo lograba entrar en los estudios para hacer de figurante. Hollywood lo rechazaba. Las recomendaciones de David Wayne, que se había convertido en su amigo, fueron vanas. «He is not Hollywood material», decían los productores. No es material para Hollywood. Una noche, Wayne llevó a Zanuck a ver *Kraft Television Theatre,* una comedia televisiva con Jimmy. Zanuck la miró con interés y luego dijo: «Muy bueno, sin duda. Pero no es para mí. Necesitamos tipos como Tony Curtis, Rock Hudson, Robert Wagner: esos jóvenes apuestos que tan pronto como los ves te dejan sin aliento como si fueran un millón de dólares».

Jimmy reaccionó ante este rechazo de su forma más natural. Perdió todo entusiasmo, volvió a su arrogancia habitual, a ir por ahí adormilado, a insultar a la gente. Su inquietud crecía como levadura. Correspondía a la desconfianza con desprecio. Se refería a Hollywood como «the mud's heaven», el paraíso del fango. Y también «ese sitio donde los que no tienen personalidad se la compran junto a un coche contratando a un agente de publicidad». Dejó de lavarse y de llevar camisas limpias, volvió a dejarse ver con su jersey viejo y sus vaqueros, con un pañuelo rojo atado al cuello a modo de corbata. Al final empezó a sospechar que todo era culpa suya y una noche, sentado en las escaleras del Theatre of Arts, esperó a Whitmore para pedirle ayuda. «Señor Whitmore», dijo, «¿qué tiene que hacer alguien que de verdad quiere ser actor?». Whitmore se sentó a su lado en el escalón. Parecía preocupado. «¿Quieres saberlo?», dijo. «Antes que nada, deja de desperdiciar tu talento y tu energía como lo haces». Jimmy pendía de sus labios. «¿Y qué más?». «¿Quieres saberlo? Vete a Nueva York y aprende interpretación». Jimmy lo miró con humildad. «¿Y en dónde puedo aprender a actuar en Nueva York, señor Whitmore? ¿Cuál es el mejor sitio que hay?». «¿Quieres saberlo? Allí está la escuela de Elia Kazan. Se llama Actors Studio. No sé si te aceptarán, pero vale la pena intentarlo». «Hi!» gritó Jimmy, dando un salto mortal. Y fue así como abandonó Los Ángeles en diciembre de 1950 para dirigirse a la gran Nueva York, donde lo esperaba el periodo más intenso de su vida.

6. Rival de Marlon Brando desde el principio

De modo que esa era Nueva York. La incomparable y fabulosa Nueva York que tanto había anhelado, la ciudad donde viven ocho millones de habitantes, donde cada cinco minutos nace un niño, donde se fuman dos mil millones de cigarrillos al día; la metrópoli con dos mil ochocientas iglesias, doce mil restaurantes, once mil taxis, setecientos parques, la paradoja de Broadway, el Empire State Building y, como remate, la fábrica de reputación más grande del mundo.

«Si triunfas en Nueva York», le había dicho James Whitmore, «habrás conquistado los Estados Unidos». Jimmy se detuvo frente a la estación Grand Central y se sintió feliz por primera vez en su vida. Sus ojos azules brillaban de emoción. Sentía deseos de abrazar a la multitud que se lo tragaba. No sabía exactamente qué estaba buscando en Nueva York. Lo único que sabía era que estaba allí y que allí sucedería algo extraordinario. No sabía dónde viviría, pero no pensaba en buscar alojamiento. Antes que nada, quería ver. Era casi el ocaso y Whitmore le había dicho que nada es comparable al conmovedor instante en el que las cimas de los rascacielos se funden con el cielo, el aire se vuelve rojo y violeta y una fina brisa sopla del mar. Jimmy detuvo un taxi y ordenó al conductor que lo llevara a Times Square.

No es difícil reconstruir la llegada de Jimmy y los acontecimientos de su vida en Nueva York. Todas las personas que estuvieron próximas a James Dean en aquellos días han proporcionado a los biógrafos material abundante y significativo. Se trata de una historia sin picos dramáticos, pero que merece la pena contar, no solo porque pertenece a un personaje muy querido y discutido, sino porque se asemeja a las historias desconocidas de muchos chicos desconocidos que cada año, con el afán de triunfar, se lanzan a la aventura de la gran ciudad. Jimmy no era muy diferente a la gente de su edad, en cierto sentido sus reacciones nos resultan familiares. Observémoslo pues cruzar esa ciudad tiznada de hollín, aventurarse por las calles de los arrabales, bordeadas de casas con escaleras exteriores y balcones de hierro, deambular por los angostos callejones, repletos de negros y borrachos abandonados como montones de harapos, bordear las ruidosas *elevated* ceñidas por vigas como túneles de otro planeta, recorrer las calles del puerto donde los silbidos de los remolcadores desgarran los oídos. Qué diferente era todo a Los Ángeles, tan novedoso y fascinante. El conductor le hizo dar vueltas como un carrusel y se lo explicaba todo con voz amigable. Le enseñó el barrio chino, los puentes largos y finos como agujas; luego cruzó Central Park y, por encima de los árboles y del verdor, Jimmy vislumbró los rascacielos de Manhattan, con sus cristales que relucen al sol como caras de mil diamantes. «Hi!», gritó Jimmy, asomando la cabeza por la ventana y riendo nerviosamente, como cuando alguien le daba un regalo. Ahora la Quinta Avenida estaba frente a él y parecía una arteria inmensa, interminable, llena de tiendas refinadas, y la gente se agolpaba en las aceras, y el tráfico provocaba una especie de embriaguez, y al fondo se abría el azul, y allí abajo estaba el mar, dijo el conductor. Luego giraron a la derecha y allí la calle se volvió muy estrecha, con los rascacielos tan cercanos que parecía estar en el fondo de un cañón. «Gosh!», balbuceó James Dean. «Gosh!». Y por fin llegó a Times Square, el corazón de Broadway. Entonces se apeó y se quedó mirándolo todo con gesto pensativo.

Aquel era el lugar donde intentaría convertirse en alguien. Empezaba a oscurecer y los letreros luminosos se encendieron como fuegos repentinos, los carteles de teatros y cines eran una orgía de colores. La plaza triangular no tardó en convertirse en una fragua de destellos amarillos, azules y rojos, como un parque de atracciones. Una mastodóntica cara de neón sostenía un cigarrillo del tamaño de un bastón entre los labios, recomendando fumar Camel. Un avión de aluminio de diez metros de largo por lo menos aconsejaba, cerca del edificio del *Times*, volar con Trans World Airlines. Una Ava Gardner de hojalata, de al menos dos pisos de altura, lo invitaba a ver su película. Jimmy se había detenido junto a las escaleras del metro y el ruido de los trenes en movimiento subía hasta él como humo, y todo ello le hizo olvidar las advertencias de De Weerd. «No te dejes llevar por el entusiasmo», le había dicho De Weerd. «Miles de jóvenes llegan cada día a Nueva York para hacer fortuna y son aplastados como pulgas. Es una ciudad cruel. Te resultará difícil sobrevivir».

James Dean había hecho escala en Chicago antes de llegar a Nueva York. El reverendo De Weerd vivía ahora en Chicago y Jimmy necesitaba dinero. Por nada del mundo se lo habría pedido a su padre o a su madrastra, indignados ante su intención de irse de Los Ángeles. De Weerd le había dado una cama para dormir y lo había tratado como a un hijo, aunque Jimmy ya no tenía nada en común con el chico tímido de Fairmount. Había crecido y tenía una mirada hostil, como alguien que ha soportado muchas humillaciones. «Una vez me enseñaste a rezar, reverendo», dijo, mirando la lámpara de araña sobre su cama. «Ahora tendré que recordarlo para evitar el riesgo de que ese cachivache caiga sobre mi cabeza». A De Weerd le molestó lo que le dijo, pero aun así le dio varios consejos y un sobre con doscientos cincuenta dólares. «Te bastarán para los dos primeros meses», le dijo mientras Jimmy se lo agradecía sin sonreír. Ahora solo tenía esos dólares, el maletín y tres direcciones. Una de estas direcciones era la de Jane Deacy. Al día siguiente, tras alquilar una habitación en la calle Ocho, cerca de Times Square, decidió ir a visitarla.

Jane Deacy es una agente teatral muy conocida y respetada en Nueva York. Inteligente, autoritaria, elegante, esta señora canosa tiene un método muy personal para descubrir talentos. No le interesa si quien se le acerca es un joven apuesto o una chica hermosa. Comprueba si le cae bien o no y solo cuando la impresión es agradable acepta al aspirante a actor como cliente. Cuando Jimmy entró en su oficina, con los hombros encorvados y los ojos temerosos, supo enseguida que merecía su interés. Jimmy le entregó una tarjeta de Whitmore y simplemente le dijo buenos días. Jane Deacy leyó la nota y se quedó mirando al chico. «De modo que quieres ser actor», dijo Jane Deacy. «Hum», respondió Jimmy. «Whitmore dice que ya eres un excelente actor». «Hum». Todos los jóvenes que acudían a ella se prodigaban en cháchara. A ella le gustó esa concisión. «No es fácil, Dean», añadió la mujer. Entonces Jimmy se levantó. Estaba pálido y un sollozo le quebró la voz. «Ayúdeme, señora Deacy. Intentaré no hacerle quedar mal, señora Deacy. Quiero ir al Actors Studio, señora Deacy».

Pocos de los actores que acudían a ella solicitaban estudiar. Todos exigían un contrato, y de inmediato. «Está bien», dijo la mujer complacida. Y le dio a Jimmy lo que nunca le había dado a nadie: un contrato personal. A partir de ese día, la amistad de Jane Deacy fue preciosa para Jimmy. Jane fue para él la arquitecta de toda su carrera. Y también fue una segunda madre. Y cuando Jimmy no tenía nada para comer, Jane Deacy siempre estaba ahí lista para alimentarlo. Cuando estaba solo, Jane Deacy siempre estaba ahí dispuesta a hacerle compañía. Cuando no tenía dinero, Jane Deacy siempre estaba ahí para meterle un billete de diez dólares en el bolsillo. Para empezar, se lo presentó a Chris White, una joven actriz que se disponía a hacer el examen de Strasberg, y le organizó una audición en el Actors Studio.

El Actors Studio es la escuela de interpretación más estricta de los Estados Unidos. Incluso vista desde fuera da miedo: tenía su sede en una antigua iglesia sin ventanas. Fue fundada en 1947 y desde entonces muchos de los mejores actores estadounidenses se habían graduado allí: de Julie Harris a Marlon Brando, de Eva Marie Saint a Montgomery Clift, de Karl Malden a Shelley Winters. Allí se toleraba cortésmente a divas como Grace Kelly, Joan Crawford y Marilyn Monroe. El director es Lee Strasberg, un hombre alto y corpulento, de mirada despiadada detrás de sus gafas de carey, que quema a los jóvenes talentos con duras polémicas y ejercicios disparatados. Sus teorías se basan en las de Stanislavski. Sus métodos son los de un psicoanalista. Consisten en un proceso de despersonalización física del actor y requieren una tensión nerviosa casi sobrehumana. Al actuar, el actor debe despojarse de toda su personalidad, olvidar su educación y costumbres, convertirse en un ser distinto: el personaje que interpreta. La actuación casi siempre se basa en la improvisación y puede consistir incluso en una canción lírica, la imitación de un animal e incluso de un objeto inanimado. A Marlon Brando le pidieron una vez que interpretara una estatua de cera que se derrite al sol y, en otra ocasión, una caja registradora.

Chris White había escrito para el examen una escena de amor y estaba buscando pareja. Jimmy aceptó con entusiasmo acompañarla. Empezaron a estudiar inmediatamente después de su encuentro y se prepararon para el gran día durante dos meses. Nunca estaban satisfechos. Siempre había un gesto o una réplica que había que cambiar. Cuando por fin estuvieron listos, Jane Deacy tuvo que atiborrarlo de coñac para infundirle valor. «Jimmy estaba en condiciones lamentables», dice. «Cuando entró al salón, creí que se iba a desmayar». Ese día había ciento cincuenta estudiantes en la lista de audiciones. Ciento treinta y cinco quedaron descartados enseguida. Entre los quince restantes estaban Jimmy y Chris, los únicos dos que Strasberg aceptó. La actuación de Jimmy fue excelente. «He de decir que nunca actuó tan bien como en el examen. Tenía el diablo en el cuerpo», dice Strasberg. Posteriormente el director tuvo ocasión de estudiar mejor a su alumno. «Era un chico de lo más raro», añade. «A diferencia de los demás estudiantes, nunca acudía a mí en busca de ayuda. Ni siquiera intentó entablar amistad conmigo. Siempre se mantuvo al margen, como si tuviera miedo de darse a conocer. Siempre pensé que había una especie de capacidad autodestructiva en él».

En el Actors Studio, Jimmy esperaba conocer a Marlon Brando. Lo había visto en *Un tranvía llamado deseo* y era su actor favorito. En ese momento Brando estaba en Nueva York preparando *La ley del silencio* y no era difícil verlo cuando, con su chaqueta de cuero y una expresión desdeñosa, iba al rodaje. Toda Nueva York estaba a sus pies. Las chicas corrían tras él, Kazan lo llamaba «mi genio inimitable». Era el símbolo del éxito. Y Jimmy no tuvo el valor de acercarse a él solo. Se informaba del horario en el que podía pasarse por el Actors Studio y lo esperaba en las escaleras, con aire humilde. Pero nunca consiguió verlo. Brando había oído hablar de él, sabía que se trataba de un chico muy prometedor e hizo todo lo posible para no toparse con él. Es muy difícil para los actores ser amigos entre sí, pero la cosa se complica cuando dos actores son jóvenes y tienen muchos puntos en común. Corría el rumor de que aquel granjero de Fairmount no tenía nada que envidiarle a Marlon Brando, y que intentaba imitarlo incluso en su forma de actuar y en sus actitudes; por eso siempre era tan grosero y descuidado. Eso molestó a Brando y por eso llegó incluso a ofenderlo.

Jimmy conocía a una chica que había sido amiga de la estrella y sabía que los dos seguían viéndose. Una noche, la chica fue invitada a un cóctel en honor a Brando y Jimmy la acompañó. En la puerta le dijo: «Oye, tienes que hacerme un favor. Debes decirle a Marlon que soy un admirador suyo y que tengo muchas ganas de conocerlo. Mira, tienes que decirle que es importante, necesito pedirle un consejo. Si me dejaran pasar a la fiesta a mí también...».

Se había puesto su traje azul, con esa esperanza, se había afeitado la barba y ni siquiera tenía las uñas sucias. Se había pasado el día pidiéndole consejo a Jane Deacy y ella, que no tuvo el valor de confesarle la verdad, le había sugerido que intentara que lo invitaran a ese cóctel. «Está bien», dijo la chica. «Espérame en el *drugstore* de la esquina». Y entró. Jimmy estuvo tres horas sentado en el *drugstore* de la esquina: la chica se había olvidado por completo de él. Cuando por fin bajó, parecía emocionada. Brando había estado casi todo el rato charlado con ella. «Qué guapo es», repitió. «Cada vez está más guapo». Jimmy la escuchó con la cabeza gacha y luego explotó. «Pero ¿y de mí?», gritó, «¿le has hablado de mí? ¿Qué te ha contestado?». «Me dijo que no», dijo la chica.

No fue la primera decepción de Jimmy en la Gran Manzana. La vida en Nueva York es dura para un joven de veinte años que quiere hacer carrera, De Weerd tenía razón. Ya se le habían acabado los doscientos cincuenta dólares y las luces de Times Square habían dejado de fascinarlo. Para pagar el alquiler, Jimmy había empezado a trabajar como pinche en una «cafetería» y desde la mañana hasta la noche lavaba los platos y limpiaba las mesas grasientas. Cuando Jane Deacy no estaba, subsistía con un sándwich y una cerveza. Su angustioso sentimiento de soledad volvió a apoderarse de su garganta, como cuando buscaba en vano un asiento en primera fila en el Theatre of Arts de Los Ángeles. Por las noches pasaba horas interminables en los sucios cines de la calle Cuarenta y dos, donde, por quince centavos, había un programa doble. Su descontento lo volvía desagradable.

Lo echaron de la «cafetería» a las dos semanas; luego empezó a trabajar como cobrador de autobús y luego como descargador de hielo. Le escribió a De Weerd: «No tengo amigos. Es difícil encontrar amigos en el entorno en el que vivo. No hay personas más gruñonas, más críticas y más enamoradas de sí mismas que quienes actúan. Se odian unos a otros, no vacilan en saltar al cuello ajeno; pero si un extraño se interpone entre ellos, se apiñan como un manojo de alcachofas». Frecuentaba en vano los círculos teatrales y Jane Deacy no conseguía papeles para él en la televisión. Todo lo que logró obtener para el alumno de Strasberg fue un anuncio en el que a Jimmy simplemente le arrojaban un pastel a la cara.

Un día Jimmy escribió a Marcus y Ortensia: «Queridos Mom y Mark, queríais saber cómo me iban las cosas y si hacía progresos con mi trabajo en Nueva York. Pues bien: me alegra anunciaros que después de muchos esfuerzos me he convertido en miembro de Actors Studio. Aceptan a muy pocas personas y es una escuela completamente libre. Entrar allí es lo mejor que le puede pasar a un actor. Soy el más joven por ahora. Bueno, Mom y Mark. Todo esto es bonito, pero un actor también tiene que vivir. El verano promete ser problemático. Estuve tomando clases de baile y esgrima, pero tuve que dejar de hacerlo por falta de fondos. Os estaría muy agradecido si pudierais mandarme diez dólares o algo parecido. Los necesito desesperadamente. Siento que cada vez que os escribo siempre necesite algo. A veces tengo la impresión de haber perdido todo derecho a pediros ayuda. Pero el hecho de que no os escriba a menudo no significa que os haya olvidado. Nunca olvidaré lo que el tío Mark y tú, Mom, hicisteis por mí. Quiero compensaros llegando a ser alguien. Pero eso exige tiempo y muchas decepciones. Haré todo lo posible para no tardar en exceso. Si os pido ayuda en un momento inoportuno, perdonadme, por favor. Lo entenderé». Marcus le envió enseguida algo de dinero. Winton nunca supo que su hijo pasaba hambre. Jimmy nunca le escribía. Y él ni siquiera se molestó en pedirle su dirección.

Como si la miseria y las mortificaciones no fueran suficientes, otro problema atormentaba a Jimmy en Nueva York. Desde que empezó a frecuentar los ambientes teatrales, personas equívocas lo habían tomado como objetivo.

Arlene Lorca, que estuvo saliendo con él en esa época, cuenta lo obsesionado que estaba con aquel asunto. «Arlene», decía, «soy un hombre, pero si me siguen persiguiendo así terminaré dudándolo». Arlene explica: «Se había convertido en una especie de complejo para él, y para curarlo lo llevé a un psicoanalista. Pero al mes dejó de ir. La cuenta se volvía cada vez mayor y no podíamos pagarla». Arlene Lorca era una actriz joven: morena, de piel aceitunada, dos años mayor que él. Jimmy la conoció en el Museo de Arte Moderno. Había unos jarrones de Picasso delante de los cuales estaba escrito «No tocar» y Jimmy se puso a rascarlos con el dedo. Arlene estaba a su lado. Ella le sujetó la mano y le dijo: «No». «¿Por qué?», preguntó Jimmy. «Porque no quiero que le echen de aquí», dijo Arlene. «¡Oh! ¿Le gusta Béla Bartók?», preguntó Jimmy. No tenía nada que ver, pero eso era lo que él hacía siempre cuando quería iniciar una conversación: decía lo primero que le venía a la mente. «Me encanta». «¿Has leído alguna vez *De ratones y hombres?*». «Es mi libro favorito». «¿Le gusta la cocina italiana?». «Es la mejor». «Entonces vamos a comer», dijo Jimmy. La llevó al Capri, un restaurante italiano en la calle Cincuenta y dos, y así empezó su relación. Para Arlene fue una gran historia de amor. Para Jimmy fue una experiencia. Hasta entonces se había comportado con las mujeres como un colegial.

«Siempre estábamos juntos», dice Arlene Lorca. «Cuando nos quedábamos en nuestras habitaciones alquiladas nos llamábamos. A veces Jimmy me llamaba a las dos de la mañana y no dejaba de hablar hasta las seis. Quisieron quitarnos el teléfono por esto. A veces nos quedábamos despiertos toda la noche solo para hablar de música y literatura. Jimmy tenía sus escritores favoritos: Genet y Malaparte. Sus cantantes favoritos: Renata Tebaldi y Frank Sinatra. La *Rapsodia hebrea* de Bloch y la *Pequeña serenata nocturna* de Mozart lo volvían loco. Había notas con las que le entraban ganas de llorar. Luego me tomaba de la mano y me hacía correr hasta el amanecer en Central Park.

»Amaba la vida con una especie de angustia. Siempre estaba hablándome de su madre, que había muerto, y de su padre, que lo había abandonado. Tenía complejos de culpa. Decía que no entendía lo que había hecho mal para perder a sus padres, pero si los había perdido significaba que era malo y se lo merecía. Se odiaba a sí mismo, me parece. Desde luego, había que quererlo mucho para estar a su lado. Solo amándolo podía una soportarlo. De hecho, no hacía nada por mostrar la mejor cara de su carácter, aunque sabía ser tierno y amable. Un día, caminando por la calle Cincuenta y siete, nos encontramos con otros jóvenes actores. Jimmy había conseguido un pequeño papel televisivo, junto a Diana Lynn. Los chicos lo felicitaron. Él se quedó con las manos en los bolsillos y refunfuñó algo. Cuando le reproché que hubiera sido tan grosero, me contestó que se sentía culpable porque él tenía trabajo y aquellos chicos no. Nunca he conocido a nadie que se pareciera a él. Por ejemplo, no podía permanecer encerrado en una habitación durante mucho tiempo. Al cabo de un rato resoplaba, se aflojaba el cuello o daba golpes en las paredes con los puños. Parecía una mariposa atrapada. Te daban ganas de abrir la ventana y decirle que se fuera volando».

Jimmy no estaba enamorado de Arlene. Le gustaba porque le había permitido conocer una nueva clase de amor y además le resultaba difícil estar sin una chica. Cada vez que terminaba una de sus historias sentimentales se volvía intratable. Además, Arlene era inteligente, podía hablar con ella de cualquier cosa. De esta manera, le explicaba cuán grande era su necesidad de darse prisa, «porque los jóvenes de hoy no tienen tiempo que perder, pues mañana viene una guerra y puede uno morir enseguida». Le detallaba lo que haría cuando se hiciera famoso: se compraría un coche blanco y un reloj con esfera negra. Le confiaba las cosas que quería aprender. Un día decidió hacerse paracaidista y llevó a Arlene a Coney Island, donde hay una gran torre desde la que saltar, atado a una cuerda. Estuvo tirándose una semana seguida, luego declaró que se aburría y lo dejó. Ahora quería ser torero. Su habitación estaba forrada de carteles que anunciaban corridas de toros, leía a Hemingway y un día compró un libro precioso donde se contaba todo sobre los toros. Pero nunca llegó a leerlo porque estaba escrito en español. Luego descubrió su vocación por la filosofía. «Es sorprendente la cantidad de cosas que le interesaban», dice Arlene. «Nueva York pareció estimularlo».

Arlene había ido a la universidad. Le aconsejó que leyera *La República* de Platón. Él compró el libro y pasó una hora leyéndolo en voz alta. Luego bajó con Arlene a tomar una cerveza a un *drugstore* cercano. Se encontraron con un periodista de *Life* al que Jimmy respetaba porque era culto. A los cinco minutos la conversación ya había derivado hacia Platón, y a los diez, Jimmy hablaba de filosofía como si estuviera a punto de defender una tesis de licenciatura. «Estoy segura», dice Arlene, «de que al periodista no le asaltó la menor sospecha de que Jimmy tuviera tan pocos conocimientos de filosofía. En algunos casos, Jimmy era imbatible en enredar a la gente. Cuando era consciente de estar ante alguien menos ignorante que él, recurría a un truco. Lo dejaba hablar diciéndole: "Sí", "Claro"; luego ahondaba en sutiles polémicas sobre un detalle inocuo. Para entonces, el interlocutor le había proporcionado el material que él no tenía y se iba convencido de que Jimmy era un chico muy culto». Jimmy sabía que Arlene estaba al corriente de sus debilidades. De modo que le decía: «Eres buena. Terminaremos casándonos». En cambio, conoció a Dizzy Sheridan y ese fue el final de su relación.

Jimmy conoció a Dizzy cuando William Bast llegó a Nueva York. William había obtenido un contrato para la televisión y, nada más llegar, fue a buscar a Jimmy. «Había cambiado muchísimo», dice. «Ya no tenía aspecto de perro apaleado. Llevaba el pelo largo como los artistas, había perdido su acento nasal de Indiana, parecía despierto y brillante. Había que conocerlo para entender que estaba interpretando el papel de un joven seguro de sí mismo». Jane Deacy le había presentado a personas famosas, como el productor Lemuel Ayers, y Jimmy era cliente asiduo del bar del Algonquin, el hotel donde se reunían los escritores y la gente del teatro. Lemuel Ayers era alguien muy poderoso en Broadway. Extremadamente rico, vivía en una espléndida casa a orillas del Hudson; y resultaba doloroso ver a Jimmy tragarse su orgullo y brincar a su alrededor para ganarse su simpatía. Jimmy le contó a William que Ayers y su esposa Shirley, una hermosa mujer de la aristocracia neoyorquina, lo invitaban a menudo a pasar el fin de semana con ellos. Iba allí porque podía comer cosas ricas: hacía un año que se alimentaba de porquerías. Además, Ayers estaba montando una nueva comedia de Richard Nash, *See the Jaguar,* y esperaba fervientemente que le dieran un papel. «No creo que Ayers sospechara nunca la idea que se ocultaba en el cerebro de Jimmy», dice William Bast, «pero Jane Deacy había estimulado esa amistad al explicarle a Jimmy que a menudo se hace carrera a través de conocidos. Él mismo me lo dijo, con amargura. Siempre había creído que debían triunfar los mejores y en cambio no era así, dijo. Había que meterse en el bolsillo a alguien para hacer carrera. Lo cierto es que Nueva York lo había transformado. De algún modo se había vuelto más astuto».

El caso es que Jimmy y William fueron a beber algo al Algonquin y allí conocieron a Dizzy. Su verdadero nombre era Elizabeth y era hija del conocido pianista Frank Sheridan. Vivía sola en Nueva York trabajando como acomodadora en el Paris Theatre: su sueño era convertirse en bailarina. Era inteligente y agraciada, pero no una belleza. Por lo demás, Jimmy rara vez se enamoraba de chicas hermosas. Dizzy se parecía un poco a Beverly Wills, su primer amor. De pelo castaño y ojos claros, había crecido entre algodones. Aunque ganaba poco, vestía ropa bonita: el guardarropa que le había regalado su padre. No es difícil encontrar a chicas como Dizzy en Nueva York. Hijas de buenas familias que, para conseguir que su nombre aparezca en los carteles teatrales, se adaptan a vivir como camareras o mecanógrafas. Sus padres se lo permiten. Los padres estadounidenses son muy indulgentes con sus hijos y, cuando estos les comunican que «quieren cuidar de sí mismos», no se preocupan demasiado por ellos. Saben que tarde o temprano acabarán cansándose y volviendo al redil familiar.

William Bast conocía a Dizzy. Se la habían presentado en Los Ángeles durante un cóctel. Así que se puso de inmediato a hablar con ella. Dizzy estaba muy elegante, toda vestida de negro, con un gran collar de perlas que iluminaba su rostro redondo; pero parecía preocupada. Había tenido que dejar su habitación alquilada y no sabía dónde ir a dormir. Jimmy se quitó las gafas (siempre hacía eso cuando le gustaba una chica) y dijo enseguida que una amiga que se marchaba a Europa había puesto su casa a su disposición. Como William no tenía alojamiento, los tres podían quedarse allí. La historia de la casa era cierta. Dizzy no puso ninguna objeción. Y así fue como ella, Jimmy y William se mudaron a un lujoso departamento en la calle 54: dos habitaciones con baño y cocina con frigorífico. Dizzy ocupó la cama grande, Jimmy la pequeña y William se las apañó en el sofá que estaba enfrente del televisor. De no haber sido por el dinero, habrían estado de maravilla. Jimmy parecía cautivado por Dizzy, Dizzy parecía hechizada por Jimmy.

Se lo contó a Arlene, quien se mostró comprensiva. «No podías comportarte con Jimmy como con otros hombres», explica Arlene. «Me refiero a escenas de celos. Había que aceptarlo tal como era: caprichoso e inconstante. Jimmy era como un niño y tenía la misma crueldad ingenua que los niños».

Para Jimmy, Dizzy y William fue un verano apasionante. Lemuel Ayers invitó a Jimmy a hacer un crucero en su yate hasta Cape Cod y él aceptó, aunque tenía que embarcarse como grumete y no como invitado. Dizzy se opuso, diciendo que era indigno. Pero Jimmy replicó que le gustaban el mar y los barcos, y que por eso iba. Como es natural, se trataba de una excusa: Ayers todavía estaba buscando actores para *See the Jaguar* y no había nada que Jimmy no habría hecho por él. El yate estaba lleno de gente del teatro y durante todo el viaje Jimmy se esforzó por parecer educado y afable ante ellos. A su regreso habló alegremente de sus experiencias como marinero. Nunca habló de las personas que estaban a bordo. En el fondo de su corazón los odiaba. Nunca le había gustado la gente con mucho dinero. Pero era demasiado orgulloso para admitir que había tenido que aguantarlos.

En verano, la producción teatral y televisiva sufre un notable descenso en Nueva York. El hecho de estar desempleados, sin embargo, no turbaba en exceso a los tres amigos. Disfrutaban de la vida bohemia. Se alimentaban de esperanzas y de judías en lata. Y cuando la dueña del apartamento volvió de Europa, hicieron las maletas tranquilamente y decidieron pasar la noche en un bar. A las cuatro de la mañana contaron el dinero que tenían, diez dólares en total, se subieron a un autobús y se dirigieron a Nueva Jersey. Luego tomaron el tren a Fairmount, donde el tío Marcus y Ortensia los alimentarían y cuidarían durante dos semanas. Era la primera vez que Jimmy regresaba a Fairmount después de ser expulsado del colegio, pero no había habido demasiados cambios por allí. Se había ampliado la granja, Marcus había obtenido una buena cosecha de patatas y la tía Ortensia tenía artritis en las manos. Jimmy se interesó por las patatas de su tío y por la artritis de su tía con una ternura que los asombró a ambos. Hasta entonces nunca le habían importado sus asuntos. Había olvidado incluso el desprecio que sentía por la gente de Fairmount. Además, el hecho de trabajar en televisión, aunque solo fuera para que le tiraran una tarta a la cara, lo convertía casi en un personaje. Jimmy fue a visitar al director de la escuela que lo había echado e impartió una pequeña lección de arte dramático a los alumnos del teatrillo escolar. La gente bebía de sus labios, Jimmy se sentía importante por primera vez en su vida y se comportaba con altanería infantil. Presentó a Dizzy como su prometida y dijo que «pronto habría una boda». Los tres se marcharon satisfechos y con algún kilo más. En Nueva York los esperaba una gran sorpresa.

Una parte de los sueños de Jimmy, en efecto, estaba a punto de hacerse realidad. El plan de Jane Deacy había funcionado: Jimmy no había aceptado en vano ser grumete para los ricos. Lemuel Ayers se había convencido de que era un chico inteligente y quiso ayudarlo. Entonces, cuando Jane Deacy le pidió que le diera un papel en *See the Jaguar,* él no dijo que no. «Se me saltan las lágrimas», dice William, «al recordar la alegría de Jimmy». La noche de la audición parecía enloquecido. Era incapaz de vestirse o de ponerse los zapatos, tenía la camisa sucia y no conseguía atarse la corbata. William le prestó una camisa limpia y Dizzy le ató la corbata. Luego lo acompañaron a la oficina de Ayers y acordaron reunirse al cabo de dos horas para conocer el veredicto. William cuenta: «Fue una tarde terrible. Fui al Paris Theatre pero no conseguía enterarme de la película. Cuando Dizzy pasaba a mi lado para mostrarle su asiento a un espectador, la paraba y le pedía noticias. El público nos conminaba al silencio. El director del cine amenazó a Dizzy con despedirla si no paraba. Cuando Dizzy terminó su turno, nos dirigimos a la oficina de Ayers para reunirnos con Jimmy. A mitad de camino lo vimos. Venía brincando y no fue necesario hacerle ninguna pregunta para saber que había conseguido el papel. "Hi!", soltaba. "Hi!", y se encogía de hombros como si le hicieran cosquillas. Nos quedamos media hora en medio de la acera, riéndonos y abrazándonos como borrachos».

Todas las esperanzas de Jimmy estaban concentradas en esa obra. El papel que le asignaron era el de un chico a quien su madre retiene encerrado en una jaula durante diez años para mantenerlo alejado de la fealdad del mundo. Era un papel difícil, lleno de patetismo, y parecía hecho a medida para él. También él era un pequeño salvaje exasperado. Así que se lanzó de lleno a prepararlo. Permanecía encerrado horas y horas en la habitación del hotel ensayando sus líneas. Los clientes se quejaron del ruido. Al regresar de Fairmount, Jimmy, William y Dizzy se habían ido a hospedar al Iroquois, un hotel en la calle Cuarenta y cuatro, que no era desde luego el lugar más adecuado para leer un guion en voz alta. Por si fuera poco, Jimmy también exasperó a los vecinos con sus vocalizaciones. En *See the Jaguar* le tocaba cantar una cancioncita y, como desafinaba mucho, no dejaba de hacer gárgaras ni de solfear. Dizzy y William le explicaron en vano que no se trataba de una ópera. Jimmy quería hacerlo todo bien e interrumpió incluso sus clases en el Actors Studio para aprender a cantar.

Llegó la noche del estreno y Jimmy estaba hecho un trapo. Era la primera vez que se subía a un escenario de Broadway. Actuaba junto a Arthur Kennedy y Connie Ford, dos grandes actores, y sabía que todas sus ambiciones dependían del corto papel que tenía y de su cancioncita. Jane Deacy estaba sentada en la tercera fila retorciendo su pañuelo. Ayers parecía nervioso. Jimmy lo hizo muy bien. Tras el primer acto, su camerino se llenó de gente que quiso felicitarlo, pero la obra fue un fracaso. Los críticos dijeron que estaba llena de un «simbolismo indigesto» y las únicas palabras de elogio eran para Kennedy. Al día siguiente, Jimmy leyó los periódicos con lágrimas en los ojos. Así que eso también formaba parte de Broadway, pero él no podía entenderlo. Fue a ver a Kennedy y, balanceándose sobre los talones, como hacía cuando se sentía avergonzado, le mostró los artículos. Kennedy estaba sentado en un cajón detrás del escenario. Fumaba nerviosamente y no tenía muchas ganas de charlar. «¿Lo ha visto?», preguntó Jimmy pellizcándose la nariz. «Sí». «Hablan bien de usted». «Sí». «Dicen también que la comedia es un asco». «Sí». «¿Nos hará daño?». «No. Simplemente nos obligará a echar el cierre».

Jimmy se puso rígido como si Kennedy le hubiera abofeteado. «¿Cuándo?», preguntó luego, arrodillándose junto al actor. Kennedy vaciló. Sabía que la noticia sería atroz para el chico y lo lamentaba sobre todo por él. «Mañana. Pero no te le tomes a mal. El teatro es así. Deberías haberlo sabido antes de venir a Nueva York». Jimmy se marchó lentamente y cuando llegó al hotel faltó poco para que se desmayara. Había una carta sobre la almohada y era de Dizzy. Dizzy se había ido. Le habían ofrecido un trabajo como bailarina en Trinidad, Colorado, y había aceptado. «Estoy segura de que lo entenderás», le escribió. «Pero mi carrera me importa más que cualquier otra cosa. Además, ahora estás actuando en Broadway y ya no me necesitas. Pasamos días maravillosos juntos y no los olvidaré. Si pasas por Trinidad, llámame al teatro». Una semana después, William también se marchó. Le habían ofrecido trabajo como guionista y regresaba a Hollywood. De modo que eso era Nueva York: una jungla despiadada, donde todo podía ocurrir.

7. Anna Maria Pierangeli, una diva fuera de lo común

La aventura de Jimmy en Broadway había durado dos días tan solo. Dizzy lo había abandonado. William Bast, su mejor amigo, había regresado a Los Ángeles. Ni siquiera en Nueva York parecía posible vivir felizmente durante mucho tiempo. Una vez más Jimmy se había quedado solo, y la sospecha de que nadie lo amaba volvía a torturarlo. Perdió interés en llegar a ser alguien. Y en ese estado de ánimo volvió a vagabundear por los cines de la calle Cuarenta y dos, vistiendo como un mendigo, comportándose como un patán. Se le habían roto las gafas y no se molestó en cambiarlas. Decía que así los hombres parecían aún más feos de lo que eran. La desesperación acentuaba su lado malvado. Le escribió a William: «Que los vuelos de las arpías te acompañen en este viaje de venganza hacia el reino de la superficialidad». El reino de la superficialidad era Hollywood. Nunca contestaba, respondía solo con gruñidos. Desatendió el Actors Studio. A veces se pasaba días enteros en tiendas de anticuarios, sentado en un sillón expuesto en el escaparate. Afirmaba que esa era la única forma inofensiva de mantener relaciones con el prójimo y esta manía escondía un significado simbólico: siempre había habido un cristal entre el mundo y él.

El hecho de que la gente lo elogiara por su forma de actuar en *See the Jaguar* lo dejó indiferente. De esta manera se ganaba antipatías. Un día fue a comprar calcetines a Stern. Siempre iba a Stern y estaba acostumbrado a que lo trataran con la fría cortesía reservada a quienes compran poco. Pero aquel día todos los empleados se agolparon a su alrededor y se esmeraban hasta resultar molestos. Alguno llegó a pedirle un autógrafo. Jimmy reaccionó con rabia al cambio. «Hace un mes», dijo, «cuando venía aquí nadie me prestaba atención. Parecía demasiado pequeño para interesaros. De repente he crecido unos centímetros, ¿eh? Pues os equivocáis. Sigo midiendo un metro sesenta y cinco». Y se marchó sin comprar los calcetines. Habría regresado a Fairmount de no haber sido por Jane Deacy. Total, ¿qué estaba haciendo en Nueva York?

Jane, sin embargo, siguió trabajando para él. El productor Billy Rose estaba a punto de montar *El inmoralista,* una pieza teatral basada en la historia homónima de Gide, y Jane insistía en proponerle a Jimmy. El productor titubeaba. Se rumoreaba que Dean tenía un carácter pérfido y no le gustaba la idea de elegir a un buscarruidos. Luego cambió de opinión. Jane Deacy estaba hablando con Jimmy cuando Billy Rose la llamó para decirle que había decidido confiar el papel a su pupilo.

«Me voy», le repetía Jimmy con voz monótona. «Siempre supe que no llegaría a nada». Daba pena, tan sucio y delgado, con unas enormes ojeras. «Siento haberte decepcionado, Jane». «¿Quieres callarte de una vez, so idiota?», dijo Jane colgando el auricular. «Te han dado el papel en *El inmoralista*». Jimmy la miró como alelado. Luego dio un brinco y todo el abatimiento anterior desapareció: «Siempre te dije que lo lograría, Jane. Ya sabía yo que hacía falta paciencia». Deacy cuenta: «Bastaba una nimiedad para hacerle cambiar de humor. Era un verdadero camaleón. Cambiaba de color dependiendo de la situación en la que se encontraba. Por eso a todos les parecía una persona diferente».

El papel que se le confió a Jimmy era escabroso. Se trataba de interpretar a un pilluelo árabe, ladrón e invertido. El director de la obra, Daniel Mann, acabó reduciendo el papel y aplicando grandes cambios. Y a Jimmy, que había afrontado el trabajo con su fervor habitual, le afectó mucho. Una semana después de que empezaran los ensayos ya estaba discutiendo con el director. Todo Broadway sabía que el alumno de Strasberg pretendía imponer su voluntad. El caso es que tanto Dean como Mann tenían temperamentos demasiado parecidos como para entenderse. Ambos eran ariscos e intolerantes. «El actor soy yo», decía Jimmy, «Stanislavski sostiene...». «Al diablo con Stanislavski», gritaba Mann. «El director soy yo y los demás me traen al fresco». En una entrevista posterior, Daniel Mann se explicó. «James Dean nunca aceptaba los reproches», dijo. «No entendía que una obra teatral es un trabajo colaborativo y que los actores no deben pensar exclusivamente en sí mismos. Dean tenía destellos de brillantez, es cierto, pero en el escenario y en las relaciones humanas carecía de gracia. Y, sobre todo, era un maleducado». Lo cierto es que Jimmy lo detestaba y, pocos días después del debut, pese a las súplicas de Jane Deacy, abandonó la compañía. Pero la breve experiencia fue suficiente para darle el éxito que ya no creía poder alcanzar nunca. La crítica por fin hablaba de él, y muy bien. Walter Kerr escribió en el *Herald Tribune:* «James Dean actúa extraordinariamente en un papel casi imposible. El personaje del pilluelo árabe se tiñe, gracias a su arte, de un desagradable realismo». En aquella ocasión, Jimmy ganó incluso el Daniel Blum Award, el galardón que se otorga en los Estados Unidos al mejor debutante del año. Era enero de 1954. Después de tres años de lucha, James Dean había conquistado por fin Nueva York.

Ahora las ofertas para la televisión se le amontonaban. Podía elegir y cobrar bien. Se había vuelto famoso. Muchos lo adulaban y le ofrecían la amistad que le habían negado cuando trabajaba de pinche. Se organizaron cócteles en su honor, a los que asistía con expresión desconcertada, como si no entendiera lo que estaba pasando. Su vivacidad parecía muerta. Se sonrojaba por nada. Llamaba continuamente a Jane Deacy para preguntarle cómo debía comportarse. Cuando recibió la invitación para ir a Hollywood a hacer una audición, ni siquiera respondió. Odiaba Hollywood, la ciudad donde había intentado desesperadamente hacer carrera, y no tenía ningún deseo de regresar. Lo único que todavía lograba excitarlo era la motocicleta. Se había comprado una parecida a la que tenía en Fairmount y, aunque Nueva York no es la ciudad más adecuada para ir en moto, la pilotaba como un loco. Luego Elia Kazan le dio el papel de Cal Trask en *Al este del Edén.*

Kazan conocía a Jimmy. Se veían casi todos los días en el Actors Studio. Lo consideraba sin duda un buen actor. Sin embargo, nunca se le había pasado por la cabeza la idea de utilizarlo en una película. Jane Deacy, que había leído el guion de *Al este del Edén,* le había propuesto en vano a su Jimmy al director. Kazan vacilaba. Parecía un papel demasiado difícil para un novato. Con Marlon Brando, sin embargo, el éxito habría sido seguro. Después de *El inmoralista* cambió repentinamente de opinión. Llamó a Jane Deacy y le dijo que el papel era de Jimmy. Empezarían a rodar en mayo.

«Elegí a Jimmy», dice ahora Kazan, «porque era Cal Trask. Sentía rencor hacia todos los padres. Extrañaba a su madre. Era vengativo y desconfiado. Sufría de complejo de persecución y de soledad. Y, además, poseía un talento extraordinario». Sin embargo, en ese momento, Jimmy no sospechaba que Kazan tuviera una opinión tan alta de él. Su reacción ante tan sensacional acontecimiento tan solo fue de estupor, sin el menor gesto de alegría. James Dean no poseía un carácter fuerte. Su capacidad de recuperación era mínima. Podía pasar de repente de la alegría a la tristeza, pero esencialmente seguía siendo una persona débil. Su obsesión de que el mundo entero conspiraba contra él le hacía ver el lado peor de cualquier cosa. En este caso lo único que pensó era que, para hacer la película, tendría que regresar a Hollywood; y eso lo turbaba. Ni siquiera el hecho de viajar en avión pudo consolarlo. Jimmy nunca había montado en un avión y unos meses antes la experiencia le habría parecido fascinante. Pero ese día de marzo, mientras volaba sobre el continente y el maravilloso paisaje se desplegaba debajo de él, su expresión facial era hermética y en su mente solo se cultivaban propósitos de venganza.

Hollywood es el lugar donde tu vecina se llama Lana Turner o Gregory Peck, donde los niños vanidosos van al colegio en Cadillacs, donde los hijos de divorciados se jactan de tener cuatro o seis padres. Es la ciudad donde no se puede vivir con menos de diez mil dólares al año y donde se celebran cócteles en los que Sonja Henie se presenta montada en un elefante alquilado a quinientos dólares la hora. Allí se cuenta el mayor número de automóviles de todo el país (sesenta y cinco mil para treinta mil habitantes) y se paga el mayor porcentaje de impuestos de toda la Confederación. Aquí se levantan absurdos hoteles como el Beverly Hilton, con dos mil quinientas habitaciones, seis discotecas, dos peleterías y dos joyerías, nueve restaurantes de los cuales uno, el Escoffier Room, presenta menús sin precios y una cena puede costar hasta sesenta dólares por cabeza (unas cuarenta mil liras). Es una comunidad que se basa casi exclusivamente en la fama, el dinero, la publicidad y los chismorreos: déjate pillar en Hollywood tomando una copa con Humphrey Bogart o Barbara Stanwyck y tu éxito estará garantizado durante dos semanas. La vanidad se entiende como regla de vida. La piscina es la auténtica expresión del éxito. Si uno tiene una piscina y, por supuesto, un bungaló en Bel Air o Beverly Hills, es que pertenece a una élite. Muchos creen que basta con instalarse en Hollywood para considerarse triunfadores y por nada del mundo cambiarían su casita cerca de Sunset Boulevard o Santa Monica Boulevard, las amplias avenidas bordeadas de palmeras, magnolias, eucaliptos, que serpentean por el paisaje más encantador de California.

En esta isla privilegiada se han creado las estrellas más famosas de todos los tiempos, dioses de la mitología moderna. Las ambiciones artísticas de todo Estados Unidos, y no solo de Estados Unidos, convergen en Hollywood. Aquí, en efecto, se agrupan las compañías cinematográficas que tienen sucursales en cualquier rincón del mundo. Son la 20th Century Fox, la Warner Brothers, la RKO, la Paramount, la Columbia, fábricas fantásticas donde todo está preparado para rodar las escenas de cualquier película: ciudades egipcias, anfiteatros romanos, bosques cubiertos de nieve (que no son más que yeso o cartón pintado de blanco), pueblos del Oeste, jardines con árboles falsos, flores falsas, piedras falsas, cocodrilos de madera, indios de cera. Aquí viven los magnates de la gran pantalla, Zanuck, Selznick, De Mille, Hughes, gente que gasta cientos de miles de millones en la producción de películas que otorgan una gloria igual a la de un jefe de Estado o de un héroe.

El turista europeo deambula por Hollywood con expresión desconcertada. En esta ciudad pueden llegar a ocurrir las cosas más extrañas. Aquí las casas parecen tener paredes de cristal. No puede hacerse un gesto o decirse una palabra sin que los demás lo sepan. Vivir en Hollywood es como vivir con un micrófono oculto en cada habitación y cámaras de televisión apuntando en dirección al dormitorio. Aquí viven los columnistas más indiscretos y reinan Hedda Hopper y Louella Parsons, cada una de las cuales tiene a su disposición alrededor de un centenar de reporteros e informadores privados. Nadie puede enamorarse, casarse o divorciarse sin que estas dos sexagenarias de lengua viperina acaben enterándose. En la mayoría de los casos son los propios actores quienes dan la noticia, por miedo a sufrir sus represalias. Así, el coqueteo más inocente y la amistad más íntima se vuelven de dominio público en pocas horas y los ciudadanos de Hollywood no siempre están tan disgustados como deberían. Su mayor obsesión es la de hacerse notar. Quien pasa un mes sin ver su fotografía en las empalagosas revistas que se imprimen en millones de ejemplares tiene sobrados motivos para estar alarmado. Eso significa que su gloria está en declive y debe poner remedio de inmediato hilvanando un noviazgo o por lo menos paseando con una correa a un ocelote. Como resultado, la autoglorificación adquiere formas ridículas, todos hablan de sí mismos (*«Darling,* hablemos ahora de ti. ¿Has visto mi última película?») y los enfermos de úlceras abarrotan las clínicas.

Hollywood es, además, una ciudad puritana. Todo puede parecer legítimo y, por el contrario, todo está prohibido. Basta que alguien se emborrache para que lo consideren un réprobo. A medianoche Ciro's y Mocambo, los dos *night-clubs* a los que es imposible acceder sin haber reservado sitio la semana anterior, empiezan a vaciarse y, si nos fijamos en los vasos abandonados sobre las mesas, no es difícil constatar que las estrellas han estado bebiendo un inocente refresco de naranja. El whisky se bebe en casa, cuando nadie te ve. Hay aspirantes a estrellas de Hollywood que se hacen famosas porque cambian de mecenas cada quince días, pero un ejército de policías vigila la moralidad de cada una. Se tarda poco en identificar a la chica ligera de cascos que recibe a demasiados hombres en su apartamento. Basta con una llamada para que un agente de policía aporree tu puerta. Digamos que el nombre de la niña es Mary Smith. El policía le pregunta: «¿Vive aquí la señora

Thompson?». La señorita Smith dice que no. «Pues discúlpeme», dice el policía. «Estaba buscando a la señora Thompson para decirle que hemos observado unas idas y venidas sospechosas y que lo mejor sería que se fuera». A la mañana siguiente, Mary Smith se marcha. En ningún lugar se producen tantos divorcios como en Hollywood, pero todos se comportan como si la consideración del hogar doméstico fuera sagrada. Una traición pública puede comprometer tu carrera. Bajo su apariencia de ciudad sin prejuicios, Hollywood es conformista hasta la exasperación, y a un ambiente similar fue a donde llegó, en la primavera de 1954, el chico rebelde de Fairmount.

A esas alturas, Jimmy ya no se parecía en nada al pueblerino que había sido rechazado sin piedad tres años antes. En primer lugar, volvía como triunfador: ya no era un desconocido. Además, ganaba mil dólares a la semana: ya no era pobre. Por si fuera poco, había vivido en una metrópoli difícil: ya no era tímido. Sabía que era bueno y su complejo de inferioridad había desaparecido. Lo único que le quedaba era el desasosiego y la necesidad de destacarse de los demás. El inconformismo adquiría en él aspectos histriónicos. Así que lo primero que hizo fue alquilar, por cincuenta dólares al mes, una habitación de mala muerte encima del *drugstore* de la Warner Bros. En Hollywood incluso los actores secundarios viven lujosamente, y cuando Hopper se enteró, llamó emocionada: «Querido Jimmy, realmente original vivir en el ático. Hoy iré a visitarte para escribir el artículo». Jimmy le contestó fríamente: «Antes que nada, mi nombre es Dean, o más bien señor Dean. Y luego le advierto, señora *Torper:* no meta las narices en mis asuntos».

Hedda se quedó indignada, pero ese fue solo el episodio que abrió una larga serie de actos de insolencia. Jimmy rechazaba sistemáticamente invitaciones a cócteles y encuentros con periodistas y fotógrafos. A excepción de William Bast y algunos otros, no hizo caso a ninguno de sus viejos amigos. Kazan no dejaba de advertirle de que ciertas actitudes son peligrosas para un actor. Él respondía encogiéndose de hombros. A diferencia de los recién llegados, no intentó acercarse a las estrellas de moda. Y estas lo evitaban, casi como si sintieran repugnancia al verlo. «Te mira con una frialdad tal», dijo Robert Wagner, «como si sospechara que eres culpable de quién sabe qué crímenes.

Merece estar solo». Casi todos se formaban una mala opinión de él: no hacía nada para ganarse su aprecio. Era grosero con las mujeres. Aparecía a menudo sucio. Aunque tenía dinero para comprar ropa, siempre vestía jersey y vaqueros. Llevaba un pañuelo rojo y descosido al cuello y muchos pensaban que él mismo se lo rompía para que su aspecto fuera más penoso. Su único lujo era un automóvil MG. Ya no podía utilizar la motocicleta porque el día que firmó el contrato había tenido un feo accidente y Kazan, al verlo todo manchado de sangre, le había ordenado «mantenerse alejado de ese cachivache si de verdad quería trabajar con él». Su mayor preocupación era hacer un buen papel en la película y demostrar que era digno de un director tan estimado. Había que ver, siguen contando hoy, cómo se preparaba antes de rodar una escena. Repetía cada línea decenas de veces, agitaba los brazos y saltaba sobre las puntas de los pies. Ensayaba movimientos como un boxeador antes de subir al ring.

Como es natural, eran pocos los que comprendían que muchas de sus extravagancias eran espontáneas, que si se comportaba así era porque no se sentía cómodo en ese ambiente. Y no pasó mucho tiempo para que muchos repitieran que ese tal Dean era un mal imitador de Marlon Brando. Esta vez Jimmy quedó tan herido que reaccionó con calma ante la acusación. Ahora sabía la razón por la que Brando lo había tratado con tanta crueldad. Entonces llamó a Joe Hyams, uno de los pocos periodistas con los que se llevaba bien, y le dijo: «La gente insinúa que imito a Brando desde la época en la que no sabía ni quién era Brando. La comparación no me halaga ni me molesta. Solo quiero aclarar un par de cosas. Es cierto que a los dos nos encantan las motocicletas, que crecimos en el campo y que nos vestimos como nos parece. Pero yo no tengo nada que ver con él. Como actor, no tengo ninguna necesidad de imitarlo. Como persona tengo mis propios problemas personales que no coinciden con los de nadie más». Joe Hyams publicó fielmente el discurso y pocos días después la casualidad reunió a los rivales.

Ocurrió en Googie's, un bar de Sunset Boulevard. Brando había leído las declaraciones de Dean y, como no era ningún secreto que no sentía aprecio por él, quiso demostrar que no les daba la menor importancia. Le tendió la mano, se interesó por la película y accedió a posar con él cuando un fotoperiodista se lo pidió. Se mostró sonriente y magnánimo, representaba a la perfección el papel de la estrella que se congratula con el debutante. Jimmy fue más sincero. No podía olvidar las humillaciones que Marlon le había infligido en Nueva York. Respondió a las preguntas con frases cortas y, cuando llegó el momento de sacar la fotografía, se quitó lentamente las gafas y apartó la cabeza a otro lado. «Su apariencia era la de alguien frío y digno», dice Joe Hyams. «Pero había que entenderlo para adivinar que estaba sufriendo mucho». Al fin y al cabo, esa instantánea, la única que existe de Marlon Brando y James Dean juntos, es en sí misma un documento patético. Al lado de Brando, tan vigoroso e irónico, el pequeño Jimmy parece un niño distraído por un dolor secreto.

Las escenas de *Al este del Edén* se rodaron en los estudios Warner Bros. No muy lejos se estaba rodando otra película: *El cáliz de plata.* Y fue allí donde Jimmy conoció a Pierangeli, la que sería su mayor y más infeliz amor. Anna Maria Pierangeli vivía en Hollywood desde hacía algún tiempo. Su carrera había empezado muy temprano. Léonide Moguy la descubrió y la lanzó con la película *Mañana es demasiado tarde,* cuando era una chica de dieciséis años, con voz chillona y aspecto desnutrido. Sin la menor formación como actriz, Anna Maria no podía considerarse una artista. Para compensar, era fotogénica y hermosa. Moguy, capaz de hacer actuar a las piedras, sacó lo mejor de ella. La película, que llegó a Estados Unidos, gustó. Los productores pusieron sus ojos en Anna Maria. La adolescente de mirada dulce y gracia ligeramente inmadura parecía hecha a medida para papeles de ingenua. Las divas que cubrían esos papeles habían envejecido: se necesitaban caras nuevas. El contrato que le ofrecieron habría dado envidia a cualquier estrella. Anna Maria emprendió el viaje, junto con su madre, su gemela Maria Luisa y su hermanita de tres años, y alquiló de inmediato una villa con piscina en Beverly Hills.

Era ambiciosa y de férrea voluntad. Hollywood la recibió con los brazos abiertos. Los periódicos empezaron a hablar enseguida de ella. La corta edad de Pierangeli no ofrecía mucho material para una biografía; pero en cualquier caso, la historia de su vida se narraba con tonos exaltados. Se demoraban en explicar cuánto había sufrido durante los bombardeos, cómo había sufrido el hambre y el horror de la ocupación alemana, cómo a pesar de todo había seguido siendo una niña que jugaba con muñecas y ositos de peluche. Y todo ello conmovía a los habitantes de Beverly Hills, que en aquellos años terribles ni siquiera habían experimentado una alerta de ataque aéreo y habían seguido consumiendo carne y mantequilla en buenas cantidades. Rodeada de tanta simpatía, el personaje de la pequeña italiana, inmediatamente bautizada como Pier Angeli, se hizo popular. En su segunda película de Hollywood, la inexperta Anna Maria contó con un compañero de primer nivel: Stewart Granger. En la tercera, Gene Kelly. En la cuarta, Kirk Douglas. La señora Pierangeli, mujer inteligente y escrupulosa, guiaba a su hija como una preciosa encargada de prensa. Hacía que acudiera a los clubes de moda, acompañándola a todas partes. Le enseñó a presentar sus respetos a Louella Parsons y a Hedda Hopper. Solo le permitía conducir el coche cuando iba al estudio. Vigilaba con severidad sus amistades y sus simpatías.

Al cabo de tres años, Pier Angeli se había convertido en una diva. Y el hecho de que fuera tan educada, dócil, que acudiera a misa todos los domingos la convertía en una diva fuera de lo común. En sus artículos, muy almibarados, los columnistas hacían voluntariamente la vista gorda ante sus inocentes, pero poco ortodoxos coqueteos. De hecho, se rumoreaba que había sentido una fuerte atracción por Stewart Granger, Gene Kelly y el argentino Carlos Thompson. No era ningún misterio que había estado enamorada de Kirk Douglas, con quien había rodado *Historia de tres amores* en París y a quien había vuelto a ver en Roma cuando él interpretaba *Ulises*. Por ella, Kirk Douglas se había divorciado de su mujer, que le había dado dos hijos, y en 1952 todo el mundo estaba seguro de que los dos actores se casarían, a pesar de la gran diferencia de edad. Pero la señora Pierangeli se había comportado con gran firmeza oponiéndose a esa boda con un divorciado. Anna Maria había llorado, amenazando con abandonar a la familia. Luego volvió a su habitual estado de alegría y serenidad. Kirk Douglas acabó casándose con una mujer de su edad y el bochornoso paréntesis terminó de la mejor manera posible. Incluso los más puritanos la perdonaron sin dificultad. Pier era tan joven, tan pura e inexperta: ¿qué había de malo en haber perdido la cabeza por un hombre que no era para ella?

Anna Maria, por su parte, había demostrado ser merecedora de tanta indulgencia. Trabajaba con ahínco, mantenía a su madre y a sus dos hermanas (su padre había muerto justo después de la guerra) y se había adaptado completamente a las costumbres de un país que consideraba su segunda patria. A estas alturas, resultaba imposible distinguirla de una ciudadana de Beverly Hills. Se vestía en Helen Rose, hablaba inglés incluso en casa. En las entrevistas con sus compatriotas le costaba recordar las palabras italianas. No había hecho falta mucho para que se olvidara prácticamente de su lengua materna. Acabó pidiendo la nacionalidad estadounidense y ese fue su gesto más astuto. Después de esa decisión, el respeto por las cuatro Pierangeli se había transformado incluso en gratitud. Los productores ya habían puesto sus ojos en la gemela de Pier. La invitaban a satisfactorias audiciones. La gemela iba también camino de convertirse en actriz con el nombre artístico de Marisa Pavan. Y el rumor de que a Anna Maria no le gustaba tener una rival en la familia fue rechazado con desdén por su compañía de producción. Aquello amenazaba con estropear la imagen de una criatura tan dulce.

Jimmy conoció a Pierangeli dos meses después de su regreso a Hollywood, justo en un momento en el que la suerte de los dos jóvenes era tan diferente como la medida de su popularidad y de su carácter. A Anna Maria se la quería, a Jimmy se le toleraba. Anna Maria estaba siempre impecable y tenía piscina. Jimmy estaba hecho un guiñapo y dormía en una cama perennemente sin hacer. Anna Maria estaba rodando su vigésimo cuarta película y formaba parte del olimpo cinematográfico. Jimmy estaba haciendo su primera película y acababa de entrar en esa célebre comunidad, como un invitado no deseado. Por lo tanto, él titubeó un poco antes de aceptar que le presentaran a su brillante colega. Pierangeli había oído hablar de Jimmy y quería conocerlo. «Tráemelo aquí», le había dicho a Paul Newman, un actor que trabajaba en *El cáliz de plata* y había conocido a Dean en Nueva York. «Quiero ver qué cara tiene ese fenómeno». A Newman le costó mucho convencer a Jimmy. En efecto, Jimmy se había vuelto aún más arisco desde que había empezado el rodaje de *Al este del Edén*. Tenía la costumbre de identificarse con el personaje que interpretaba hasta el extremo de olvidarse de sí mismo, según las enseñanzas de Strasberg. Y hasta que terminaba de hacer una película, seguía moviéndose y hablando como si estuviera delante de la cámara. En aquellos días él no era James Dean, era Cal Trask, el odioso chico de dieciocho años que había identificado a la madre que creía muerta con la dueña de una de esa clase de casas. Por eso evitaba acercarse a personas que no formaban parte de la película, dedicaba sus atenciones únicamente a Julie Harris, la actriz de la que Cal Trask estaba enamorado, vivía en un constante estado de tensión dramática. Pierangeli no le interesaba. Y, además, después de lo ocurrido con Dizzy, estaba decidido a que ninguna mujer volviera a jugársela. Se dejó arrastrar hasta el estudio, donde le esperaba Anna Maria, con la mirada de quien está a punto de tomarse una medicina.

Pierangeli estaba en medio de la sala. Iba vestida como una antigua romana, con una larga túnica blanca, con el pelo castaño suelto sobre los hombros, y era hermosa como un ángel. Jimmy la miró fijamente y dijo: «Hi!». Ella salió a su encuentro y no parecía emocionada: Dean no era de esos que hechizan a las mujeres a primera vista. Empezó a hablar diciendo que sabía muchas cosas acerca de él: que había ganado el Blum Award y que había estudiado en Nueva York. «Siento mucho respeto por las personas que han aprendido interpretación», dijo. «El cine me atrapó tan rápido que no he tenido tiempo de aprender». Era la primera vez que alguien trataba a Jimmy con admiración y Jimmy se sintió conquistado. «Se sentía lleno de gratitud», dice Newman. «Se reía torpemente y sacudía los hombros como para refrenar un abrazo. Luego le preguntó si quería comer con él, ella dijo que sí y salieron del estudio de la mano. A partir de ese día se les veía siempre juntos».

Tan pronto como terminaba de filmar una escena, Jimmy iba al plató de Pierangeli y la esperaba. O era Anna la que iba a recogerlo. Comían en el *drugstore* de la Warner y luego se marchaban a la playa. Al principio la gente no les prestó atención: no hay nada extraordinario en que dos jóvenes actores paseen juntos. Pero cuando se empezó a murmurar que no se trataba de un mero coqueteo, los productores de Pierangeli torcieron la nariz. Ese Dean no le convenía. Así que se encararon con ella y le dijeron con palabras bruscas que buscara un amigo más adecuado. A partir de ese día, los dos jóvenes empezaron a verse a escondidas. Se citaban en la avenida, sobre todo por la noche, y se refugiaban en casa de amigos de confianza. Jimmy no entendía las razones de tanto ostracismo. «No hacemos nada malo. ¿Por qué tenemos que escondernos?», preguntaba. Ella le respondía con razonamientos fríos y prudentes.

Jimmy estaba seriamente enamorado de Anna Maria. Le dijo a Newman que nunca le había pasado nada parecido, ni con Beverly, ni con Dizzy, ni con Arlene. «No solo la amo: la respeto», dijo. «A diferencia del resto de chicas de Hollywood, Pier es sincera y genuina. Y, aunque sea muy joven, ve la vida con mucha sabiduría. Su único defecto es que presta demasiada atención a la gente y se deja influir». En cuanto a ella, estaba fascinada por él y, a pesar de su apariencia dócil, conseguía todo lo que quería de Jimmy. Al lado de Pierangeli, se estaba produciendo una sorprendente transformación en el rebelde de Fairmount. Se volvió amable, educado. Dejó de ir por ahí sucio. Se lustraba los zapatos dos veces al día, usaba corbata, concedía entrevistas, leía incluso las noticias mundanas y no se molestaba cuando hablaban de Pier y de él porque a Pier eso le gustaba. Por ella, entraba ahora en los clubes, salía con la gente y se limpiaba las uñas. Anna Maria era conformista y le exigía a Jimmy las cosas más absurdas. Consiguió incluso que se comprara un esmoquin, y lo más extraordinario es que él se lo puso sin rechistar. «Pier tiene razón», dijo, «tengo que civilizarme un poco».

Afirma Newman: «Su paciencia con Pier era conmovedora. Nunca lo había visto tan alegre y feliz». Por Anna Maria, Jimmy empezó incluso a aprender italiano, y cuando saludaba a alguien siempre decía «ciao» o «buongiorno» y «buonasera». Daba la lata a todo el mundo con la descripción de Roma y les confiaba que su mayor deseo era visitar esa ciudad. Le hacía regalos. Un día le regaló a Pier su fotografía en un marco de oro macizo y ella le regaló una pulsera con placa en la que estaba grabado su nombre y una cadenita con la medalla de san Cristóbal, patrón de los viajeros. Corría demasiado con su MG y san Cristóbal lo protegería. Jimmy se la colgó del cuello.

Sus planes de matrimonio con Anna Maria eran serios. Siempre había soñado con casarse pronto. Su idea era formar la familia que nunca había tenido, y Pier era la clase de mujer que pretende casarse. Jimmy decía que las italianas son excelentes esposas y no están acostumbradas al divorcio. Jimmy odiaba el divorcio. Dos meses después de conocerla, llamó a Jane Deacy a Nueva York y le preguntó si le gustaría que la invitaran a su boda. Jane le contestó que era demasiado joven para eso y que haría bien en alcanzar el éxito antes de tener críos. Jimmy se ofendió y le colgó el teléfono.

El tema principal de sus conversaciones era la ceremonia nupcial. Anna Maria quería una boda suntuosa, como las que se celebran en Hollywood, y Jimmy se dejaba convencer. En Hollywood, un matrimonio entre actores que nunca se han casado es un acontecimiento sensacional. Si a los dos actores les importa el favor del público, no pueden hacerlo en sordina. Hay que tener en cuenta la prensa y las exigencias publicitarias: es imposible casarse sin haber llegado a un acuerdo con el estudio de producción, que se encarga de dar la noticia y presentar a los dos prometidos con un aura romántica. Reservar la ceremonia para unos pocos invitados puede resultar peligrosamente descortés. ¡Ay del que deje fuera a un columnista! La norma exige que el vestido de novia lo confeccione Helen Rose, la modista que hizo el vestido de Grace Kelly, o bien Don Loper, el sastre que no lo diseña por menos de siete mil quinientos dólares (cuatrocientas mil liras). La organización debía estar a cargo de Warren Herving, el abrigo de pieles que el novio debe regalar a la novia junto con el anillo ha de ser de Teitelbaum. La tarta nupcial debe ser obra de Stanley Medeiros (y casi siempre es una tarta de tres metros de altura con figuritas que reproducen en azúcar a los dos esposos: ella de pie y él arrodillado en señal de sumisión). Jimmy detestaba toda esa clase de cosas, pero por nada del mundo se lo habría negado a Anna Maria. Estaba claro que el rito se celebraría en la gran iglesia católica y Jimmy se convertiría a la religión de ella. Anna Maria insistió mucho en esto y en la grandiosidad de la celebración. Quería que fuera similar a la de Shirley Temple, que había invitado a mil personas. Al entrar, música nupcial del *Lohengrin*. Luego comprarían una gran villa en Bel Air y tendrían cuatro hijos: Patrizia, Marcella, Antonio y Francesco. Luego Anna Maria, que quería hacer las cosas como es debido, le pidió a Jimmy que la llevara a ver a sus padres y que fuera a conocer a su madre.

Desde que se marchó de Los Ángeles, Jimmy no había vuelto a la casa de Winton y, cuando regresó a Hollywood, ni siquiera lo había llamado. Sin embargo, por Anna Maria, reanudó la relación con su madrastra. Los novios permanecieron en casa de los Dean una tarde y, cuando llegó el momento de marcharse, Jimmy preguntó a su padre qué impresión le había causado la chica. Cuando Winton respondió: «Excelente», Jimmy se sonrojó de placer y lo abrazó con lágrimas en los ojos. Luego se preparó para la visita al hogar de los Pierangeli. «Jimmy estaba muy emocionado», dice Newman. «No dejaba de repetir que la señora Pierangeli era una mujer exigente y quería causarle una buena impresión a toda costa. Se cambió varias veces de ropa y al final se decidió por el traje azul. También se vertió unas gotas de colonia que Pier le había regalado y que normalmente le daba vergüenza usar. Me dejó tan preocupado que quise esperarlo para saber qué tal había ido el encuentro. Fue una pésima idea. Jimmy volvió deshecho. Me dijo que la señora Pierangeli se había mostrado fría con él y tuvo la neta impresión de que no le agradaba en absoluto. Se sentó en la cama con cara de lástima y no dejaba de decir que no entendía por qué; tal vez alguien le hubiera contado a la señora algo malo sobre él. Lo consolé explicándole que todo esto formaba parte de su manía persecutoria, pero lo cierto es que era la pura verdad».

La señora Pierangeli no sentía la menor simpatía por Jimmy y ese día había hecho todo lo posible por demostrárselo. No lo había ayudado a superar su incomodidad, le había respondido con voz fría y al cabo de un rato lo había despedido. Jimmy, que había ido lleno de buenas intenciones, reaccionó poniéndose grosero. Al levantarse para marcharse, solo se despidió de Marisa, que le había cogido cariño y le demostraba mucha simpatía. Esa misma noche la señora Pierangeli prohibió a su hija volver a ver a Jimmy. No era en absoluto el hombre al que ella le concedería la mano de su delicadísima Pier. «No entiendo qué ves en él», decía. «Es tan zafio como un granjero, no es simpático, no tiene nombre y además es feo». La verdadera razón era otra. La señora Pierangeli había pedido información sobre Jimmy y las noticias que recibió la habían horrorizado. Pase que Jimmy viviera como un bohemio, o que hiciera cosas extrañas como columpiarse en los árboles como un mono, pase que solo estuviera empezando a hacerse una carrera. Anna Maria era muy capaz de convertirlo en un hombre decente. Pero Jimmy era cuáquero y en este punto no estaba dispuesta a ceder: bajo ninguna circunstancia le habría permitido casarse con alguien que no fuera católico. «Pero si me ha dicho que quiere convertirse», se quejó Anna Maria entre lágrimas. Y la madre le replicó: «¿Casarte con un cuáquero converso? Por encima de mi cadáver».

Anna Maria montó una escena, amenazó por segunda vez con abandonar la casa e irse a vivir sola. La señora Pierangeli se mostró inflexible. Fue a ver a los productores y les pidió ayuda. Los productores prometieron hacer todo lo posible. Llamaron a Pier y le explicaron que ciertos arrebatos arruinan a veces la carrera de una actriz. Anna Maria se asustó y se lo contó todo a Jimmy. Para Jimmy fue un golpe terrible. No veía los motivos de tanta enemistad. Sintió una vez más que el mundo lo odiaba y su naturaleza desgraciada lo condenaba a ser despreciado como un paria. Preso de la rabia, ni siquiera se percataba del dolor de Pier y, mientras ella le decía entre sollozos que se casaría de todas formas con él, la interrumpió para anunciarle que se iría a Nueva York dos días más tarde. Iba a protagonizar una comedia televisiva. Si Anna Maria lo amaba, debía irse con él. Se casarían sin demasiada ceremonia en cualquier ayuntamiento. Anna Maria frunció el ceño, molesta: «Pero Jimmy, eso es imposible. ¿Qué diría la gente? Irnos de viaje sin estar casados todavía. Zanjar la ceremonia en un ayuntamiento sin avisar siquiera a Hedda y Louella. ¡Sería el fin de mi carrera!».

Entonces Jimmy se volvió violento. Empezó a gritar que se fueran al infierno, ella y sus Louellas, que estaba hasta las narices, que su madre era una bruja. «Y sobre todo no te quiero. Prefiero estar solo». Y se fue a Nueva York. Una semana después Pierangeli se comprometió oficialmente con el cantante Vic Damone, quien la cortejaba desde hacía mucho tiempo. Vic Damone, nacido Vito Farinola, era rico, famoso y católico. La señora Pierrangeli no dudó en otorgar su aprobación. Jimmy leyó la noticia en los periódicos y se quedó estupefacto. Estaba seguro de que Anna Maria no lo había tomado en serio ese día. Conocía sus crisis de nervios. Y además ¿es que no se habían despedido antes de que él se fuera al aeropuerto? Corrió a ver a Jane Deacy y le pidió consejo. «Ni con una camisa de fuerza habrías podido sujetarlo», dice Jane Deacy. «Invocaba a su madre, daba puñetazos contra la pared. Para calmarlo le sugerí que llamara a la chica por teléfono. Era imposible que ella lo hubiera olvidado en una semana. Estaba claro que le debía alguna explicación. Jimmy llamó a Hollywood. Contestó Marisa, que y se mostró muy amable. Le dijo a Jimmy que Pier estaba en casa, claro que querría hablar con él, ahora la llamaba. Pasaron dos largos minutos. Entonces Marisa volvió al teléfono y su voz sonó triste. Le dijo a Jimmy que Pier no quería hablar con él. Ella se lo había pedido con insistencia, pero se había negado».

Unos días después, Jimmy se marchó a Hollywood. Volvió a ver a Pier casi de inmediato, pero ella ya había tomado una decisión definitiva. Le gustaba Vic e iba a casarse con él. Los periódicos ya habían publicado su historia: cómo se conocieron en Austria, cuando ella estaba rodando una película con Gene Kelly, cómo se reencontraron en un *drugstore,* cómo la simpatía se transmutó en amor. Vic era un tipo como es debido e incluso el estudio aprobaba su elección. Se celebraría una gran ceremonia y Helen Rose ya había confeccionado el vestido, similar al que usó Elizabeth Taylor cuando se casó con el joven Hilton, todo de raso y encaje. «No es posible», repitió Jimmy. «Estoy seguro de que lo estás diciendo para fastidiarme». Solo se convenció el día en que ella se casó, en la misma iglesia donde habían hecho tantos planes. Jimmy no estaba entre los invitados, aunque Anna Maria le había enviado la participación. Pero cuando salió a la anteiglesia, ya como señora Damone, casi se desmaya, mientras los invitados palidecían. En la acera de enfrente, a horcajadas en su motocicleta, estaba Jimmy, todo desaliñado y con sus vaqueros.

La observaba fijamente con una mirada implacable, mientras las lágrimas le corrían por la boca, y solo por un momento sus ojos tuvieron un destello desesperado, como el de un animal herido de muerte. Luego empezó a tocar la bocina por despecho y aceleró por Sunset Boulevard.

8. Detrás de la máscara

Un hombre normal habría reaccionado con más compostura ante la pérdida de la mujer que amaba. Pero James Dean no era un hombre normal, y, de haberlo sido, no estaríamos aquí hablando de él. Los problemas que nos turban diariamente se convierten para él en tragedias; de entidad tal como para poner en discusión sus propias razones para vivir. Las alegrías que otros afrontan con moderación lo embriagaban hasta el extremo de arrebatarle todo control. Todos sus sentimientos los llevaba al paroxismo. Cuando amaba, amaba completamente. Cuando sufría, sufría de la manera más atroz. El abandono de Pierangeli, la única persona que había sido capaz de cambiar su carácter, lo perturbó con la misma intensidad con la que lo había afectado la muerte de su madre. En poco tiempo, Jimmy volvió a estar peor que antes: violento, histérico, rencoroso, con intervalos de absoluta apatía. Por ello, los meses que siguieron fueron los más dramáticos y desconcertantes de su vida.

Desde el día en que Anna Maria se casó, su desasosiego vital y el deseo de destruirse empezaron a perseguirlo con furia. Las extravagancias que había hecho en el pasado eran bromas comparadas con lo que hacía ahora. Lo mejor y lo peor de esta historia sucedió en ese breve período de tiempo. Y aunque los rumores sobre su suicidio no tienen una justificación seria, es inevitable admitir que la muerte a los veinticuatro años fue para James Dean la conclusión natural de su existencia.

Cuando, después de asistir a la boda de Anna Maria, Jimmy se alejó tocando la bocina de su motocicleta, estaba tan desesperado que podría haberse matado. Se salió dos veces de la carretera, se levantó y empezó a correr de nuevo. Si no pasó nada grave fue porque un policía lo alcanzó para ponerle una multa y hacerle entrar en razón. «Tenía tal cara», cuenta el agente Tom Garrett, «que pensé que estaba borracho. Tuve que pedir ayuda a un compañero para calmarlo». Sin quererlo, el desconocido Tom Garrett contribuyó así al nacimiento de un mito: en aquella época *Al este de Edén* todavía se estaba rodando. Jimmy se secó las lágrimas, explicó que no había estado bebiendo, pagó los cinco dólares por exceso de velocidad y volvió a actuar. A la mañana siguiente estaba frente a la cámara y representaba la escena en la que arroja su paquete de dinero y su odio a su padre. «Esa escena», dice Kazan, «sigue siendo en mi opinión la más hermosa de su carrera. Cuando la terminó, todos sentimos escalofríos y Julie Harris estaba llorando. Aunque sea cínico reconocerlo, hay que admitir que el sufrimiento benefició el arte de Jimmy. No habría sido tan bueno de haber tenido menos desaventuras. El dolor que le acarreó Pierangeli lo enriqueció con una nueva violencia, y eso también tiene su explicación. Un actor de verdad, como Dean, no es una criatura común y corriente. Un actor de verdad es psicológicamente inestable, vive en un mundo de instintos y emociones. Su capacidad para crear un personaje nace de un conflicto neurótico. Su arte brota de los sentimientos. Y la infelicidad lo hace madurar».

Un mes después, la película estaba terminada y, tras su «estreno» en Nueva York, en los Estados Unidos se hablaba de Jimmy como de un joven genio, «el artista más apasionante desde el día en que Marlon Brando apareció en la pantalla». Incluso el austero *New York Herald Tribune* dedicó un artículo a *Al este del Edén;* y esto es lo que escribió William K. Zinsser, el crítico más exigente de los Estados Unidos: «Todo alrededor de James Dean sugiere la idea de un chico de diecinueve años solitario e incomprendido. Basta mirarlo un momento para entenderlo todo sobre él. Esa forma de caminar con las manos en los bolsillos y la cabeza gacha, ese balanceo, ese deslizarse furtivo como un perro esperando el hueso son piezas de interpretación dignas de filmoteca. Obsérvenlo cuando habla y se detiene como si no estuviera seguro de lo que está a punto de decir. Mírenlo mientras se estira, rueda por el suelo, frota su barbilla contra la pared: tiene toda la zafiedad de un adolescente que está a punto de plantear preguntas terribles y solo logra hacerlo con crueldad. A veces sonríe misteriosamente, como si pensara en un juego oscuro que solo él conoce. Notamos su maldad. Y al mismo tiempo nos gusta».

Jimmy no estuvo en el cine la noche del estreno de la película en Nueva York. Había llegado en avión con el fotógrafo Dennis Stock, decidido a ponerse un esmoquin y a entrar junto a Julie Harris; pero, en el último momento, cambió de opinión. Aquel triunfo tan anhelado cuando era feliz ya no tenía ningún interés para él. Durante mucho tiempo había esperado que la película tuviera éxito y tal vez le valiera un óscar. «Sé muy bien», le decía entonces a Kazan, «que en el óscar influyen los prejuicios políticos y los intereses financieros. Me doy cuenta de que no le caigo bien a los peces gordos porque no me presto a su sentimentalismo almibarado. Pero mi interpretación es buena y quizá decidan ser objetivos, por una vez, como en una competición deportiva honesta». Ahora, aunque lo hubieran nominado al óscar, se habría encogido de hombros. Y mientras los periodistas de Nueva York lo perseguían, Jimmy estaba escondido en un *drugstore* bebiendo cerveza con el fotógrafo. Dennis Stock era un chico inteligente, se podía hablar con él. Y durante toda la noche le explicó los motivos por los que no volvería a Hollywood. No estaba dispuesto a dejarse estandarizar ni a consentir una ruidosa campaña publicitaria sobre su persona. Quería seguir siendo un actor y no convertirse en una estrella. De modo que no le hacía falta Hollywood y a Hollywood no le hacía falta él. Dennis Stock lo escuchó pacientemente y de repente su mirada se posó en la muñeca izquierda de Jimmy, donde antes llevaba la esclava con su nombre que le había regalado Pierangeli. «¿Lo has perdido, Jimmy?», lo interrumpió. «No», respondió Jimmy, «he perdido a quien me lo dio». «¿Y es esa la verdadera razón por la que no quieres volver allí?». «Esa es, Dennis». A la mañana siguiente, esquivando a los periodistas, ambos partieron hacia Fairmount.

Jimmy quería respirar «un poco de aire limpio» y, sobre todo, estudiar las reacciones que los bongo drums tendrían en las vacas del tío Marcus. Había aprendido a tocar los bongo drums, una especie de tambores negros utilizados en las orquestas de jazz, y siempre los llevaba consigo, incluso cuando viajaba. Su cerebro torturado ya empezaba a sugerirle experimentos absurdos. Se anunció a Ortensia golpeando furiosamente el instrumento con sus manos, luego se vistió de granjero y fue a plantarse en medio de un rebaño con sus bongos. El efecto fue desastroso: las vacas huyeron asustadas, derribando las vallas, y el tío se enfadó. Y Jimmy registró el arrebato de Marcus en la grabadora para poder escucharlo de nuevo. Al día siguiente llamó a su primo Markie, que ya tenía doce años, le pidió perdón por haberlo odiado cuando era pequeño y se lo llevó al cementerio para fotografiarse frente a la tumba de su bisabuelo, quien se llamaba Cal Dean: Cal como el personaje de *Al este del Edén* y Dean como él. Decía que eso le daba la emoción de sentirse ya enterrado. Al final, a pesar de sus promesas, volvió a subirse al tren y regresó a Hollywood.

La Warner Bros había descubierto que ahora tenían una estrella. Todo el mundo parecía haberse vuelto loco con Jimmy. Cada día llegaban cientos de cartas escritas por adolescentes que creían identificarse con él. Había nacido una nueva moda: la de los seguidores de Dean, para quienes los cronistas ya habían acuñado una palabra, *Dean-agers* en lugar de *teen-agers*. Y la segunda película ya estaba lista. Se llamaría *Rebelde sin causa* y su director sería Nicholas Ray. El papel parecía hecho a propósito para él: una vez más se trataba de interpretar a un chico rebelde, sediento de un confuso ideal, en busca de una ternura perdida y continuamente añorada. Los actores secundarios eran casi todos adolescentes: una masa de descontentos que fundan bandas rivales, juegan con navajas, lanzan sus coches por un acantilado, en el ímpetu de un juego cruel, se pelean con la policía. Jimmy, llevado por tanto entusiasmo, desistió una vez más de volver a Nueva York.

En Hollywood lo vieron reaparecer con aspecto triste y apático, pasar dos o tres veces por delante de la casa de Pierangeli y detenerse abatido en los lugares donde había estado con ella. Pero no pasó mucho tiempo antes de que la melancolía desapareciera, dando paso a rabiosas excentricidades. Ahora todos lo adulaban, y aunque su desconfianza campesina lo llevara a considerar siempre el peor lado de las cosas, enseguida se dio cuenta de que su vida no volvería a ser la de antes. Dejó el cuarto encima del *drugstore* de la Warner, alquiló una hermosa casa en el valle de San Fernando, empezó a frecuentar locales nocturnos, el restaurante Villa Capri y la «cafetería» Googie's, donde un mes antes apenas se atrevía a asomarse. ¿Quién se acordaba de haberlo mirado con compasión y de evitarlo incluso? Tenía siempre a los periodistas y fotógrafos detrás de él. Todo lo que decía se publicaba unas horas más tarde en los periódicos. Era suficiente con que se asomara a un bar para que todos se apresuraran a presentarle sus respetos. Cualquier clase de arrogancia le estaba permitida ahora. Por ejemplo, si entraba a un restaurante cinco minutos antes de las ocho y veía una mesa reservada para las ocho, se sentaba allí y maltrataba al camarero que intentaba aclarar el malentendido. No permitía que sus fotografías se colgaran en las paredes. Un día fue a la Sala Verde de la Warner Bros, y cuando vio su retrato colgado al lado del de Gary Cooper y Joan Crawford, lo quitó lentamente de allí, lo partió en dos y empezó a gritar: «No quiero».

Sin embargo, el hecho de no ser reconocido le molestaba también una barbaridad. Si un barman poco fisonomista le pedía su documento de identidad antes de servirle una cerveza (en los Estados Unidos no se pueden vender bebidas alcohólicas a menores de veintiún años), sacaba los documentos y, mientras los soltaba desde lo alto, con una lluvia de cartas, direcciones y fotografías, gruñía: «¿Hay algo que te interese, viejo idiota? Tengo veintitrés años y me llamo James Dean». En otra ocasión, paseando con Stewart Stern, el guionista de *Rebelde sin causa,* se encontró con el organizador Steve Trilling y un amigo. «Hola, Jimmy», dijo Trilling, «quiero presentarte a alguien», y mencionó el nombre de su amigo. Jimmy se puso de puntillas, sin mirar siquiera al hombre que le tendía la mano, sacó un puñado de monedas de un centavo de su bolsillo y se las arrojó a la cara a Trilling. Luego se alejó silbando. Stewart Stern corrió tras él. Lo agarró del brazo y quiso golpearlo. Jimmy cerró los ojos y su rostro estaba surcado de lágrimas. «Claro, Stewart, puedes darme una paliza si quieres», dijo. «Pero antes tienes que explicarme por qué he hecho esto. Yo no lo sé».

El éxito lo envenenaba. El aburrimiento lo abrumaba. Ahora lo tenía todo y ya no se divertía en luchar. «My fun days are over», mis mejores días han pasado, repetía. Se refería a los días de lucha, cuando el deseo de triunfar daba sentido a la vida. Ya no le gustaba acostarse porque mientras dormía soñaba con su madre y eso, en lugar de complacerlo, lo asustaba. El recuerdo de Mildred se había convertido en una obsesión. A menudo, en plena noche, llamaba a algún amigo, casi siempre al actor Nick Adams, que se había ganado su simpatía porque le había regalado una vieja camisa de cincuenta centavos, y le preguntaba por su madre. Nick se lo tomaba bastante mal. «Pues claro que está bien, Jimmy. ¿Cómo quieres que esté? Está durmiendo». «Quiero hablar con ella», insistía Jimmy. «Es imposible, ya te lo he dicho. ¿Te parecen horas estas para despertar a la gente?». Jimmy colgaba el auricular con gesto abatido y empezaba a quejarse de que quería una madre, una madre cualquiera. Luego salía a deambular por los bares y volvía a casa a las seis de la mañana. Dormía una hora y a las siete y media se presentaba en el estudio con los ojos morados y sin afeitar. Cuando llegaba tarde, ni siquiera se molestaba en disculparse. Cuando llegaba temprano, se esforzaba por estar alegre. A veces imitaba a Charlot, en otras ocasiones se ponía una galleta sobre un ojo a modo de monóculo. Le gustaba sorprender a la gente y mostrarse siempre diferente a lo que los demás esperaban: amable si estaban convencidos de que se comportaría de forma grosera, grosero si estaban convencidos de que se comportaría de forma amable.

Discutió con sus mejores amigos. Se peleó incluso con William Bast, a quien consideraba casi como un hermano. Al cabo de tres meses había reducido sus conocidos a un círculo muy limitado de gorrones y personas indulgentes. Uno de estos últimos era Lew Bracker, su secretario. Se encariñó con él el día que supo que su novia también lo había abandonado. Otro era el productor Arthur Loew, ante quien se presentaba a las horas más raras, asegurándose de que no hubiera extraños en la casa. Si Arthur Loew estaba solo con su mujer, Jimmy entraba y hacía todo lo posible por ayudar: arreglar el refrigerador, prepararles la cena. Si no, esperaba en la puerta a que los invitados se fueran. «Su misantropía era patológica», dice Loew. «No era raro que aparecieran algunos amigos de la familia cuando Jimmy estaba con nosotros. Entonces se encerraba en el baño y escapaba saltando por la ventana». Su tercer amigo, por último, era Nicco, el barman de Villa Capri, quien le había alquilado la casa en el valle de San Fernando. Cerca de la casa había una villa con piscina y un día Jimmy le pidió a Nicco que preguntara si podía darse un baño en ella. Nicco se informó. Al propietario, Sal Soks, le pareció estupendo. Quería conocer a Jimmy y la oportunidad era espléndida. Nicco informó de ello. Al día siguiente, Jimmy saltó el muro y empezó a nadar en la piscina. Sal Soks lo vio chapotear desde la ventana y se quedó asombrado. Salió al jardín y se dirigió hacia Jimmy para las presentaciones. Estaba a pocos pasos cuando Jimmy saltó del agua y, dejando allí su ropa, volvió a trepar la tapia, sin decir una palabra. Más tarde volvió a menudo a nadar en la piscina de Soks, pero Soks nunca logró verse con él y ni siquiera recibió un saludo por su parte.

Stewart Stern dice: «No creo que Jimmy se considerara interesante. Era demasiado inteligente y autocrítico para pensar eso. Pero ahora hacerse el interesante se había vuelto una cuestión de principio para él; y todo lo que decía o hacía tenía este propósito específico. Es cierto, en todo caso, que buena parte de sus extravagancias eran sinceras. Muchas, sin embargo, eran intencionadas, y Jimmy insistía en ellas con malicia. Deseaba descubrir si podíamos quererlo en su peor versión y eso hacía imposible la amistad con él. Nadie podía permanecer cerca de él durante mucho tiempo». Nicholas Ray dice: «Necesitaba sentirse en el centro de todo y al mismo tiempo sentirse infeliz. Era ambicioso y oportunista. Pero también era modesto y leal. Lo que lo hacía fascinante procedía de la combinación del bien y del mal que se mezclaba en él. En este sentido, *Rebelde sin causa* se adaptaba bien a su espíritu. En ese papel revivía voluptuosamente el sentimiento de ser rechazado, por más que en la vida real eso ya no le sucediera».

En *Rebelde sin causa* hay una gran actriz, Ella Logan. Jimmy le cogió cariño. Le decía: «Verás, Ella, me gustas porque eres buena. Pero el caso es que también me gusta la gente mala. Tal vez porque siento una rematada curiosidad por saber por qué la gente es mala». Ella Logan explica que Jimmy no usaba la expresión «mala» en el sentido de maldad, sino de «inusual». Su mentalidad de cuáquero le llevaba a considerar malo todo lo que no fuera conformista. Como él era un inconformista, se juzgaba mala persona. Por eso empezó a temer que estuviera loco. En aquella época iba al psicoanalista tres veces por semana (ya era rico, podía pagarse las consultas) y pasaba horas tumbado en el diván contando sus pesadillas. «Tenía miedo de descubrir algo desagradable», dice el médico, «y al mismo tiempo quería saber. No estaba loco, pero sí era neurasténico. Cabía esperar cualquier cosa de él. A veces llegué a temer que se suicidara. Tenía reacciones muy infantiles y, sobre todo, no estaba preparado para la vida. En este sentido no pude hacer nada por él. La ciencia no puede cambiar un carácter».

En el valle de San Fernando, Jimmy vivía solo. Ni siquiera soportaba al personal de servicio para la limpieza. Así que la casa siempre estaba sucia y no había una habitación decente para recibir a un huésped. Del techo colgaban los jamones ahumados que el tío Marcus le enviaba desde Fairmount. El suelo estaba atestado de discos y papeles. Ni siquiera había una cama para dormir. Descansaba sobre esteras de paja japonesas, sin desvestirse. Ya era mucho si se quitaba los zapatos. Las paredes estaban tapizadas con bustos de yeso. Había trozos de arcilla pegados por todas partes. Le había entrado la manía de ser escultor y modelaba con una cuchara sopera y un cepillo de dientes. Luego quiso aprender de verdad y acudió a la escultora Pegot Waring, y así describe la mujer el encuentro: «Llevaba unos vaqueros remangados hasta la pantorrilla y una camisa que hacía varias semanas que no había sido lavada. Las gafas le ocultaban la parte superior del rostro. Se detuvo en el umbral y empezó a mirarme con expresión recelosa. Yo permanecí en silencio. Me dije a mí misma que era él quien había venido a verme a mí, no yo a verle a él, ,así que no me correspondía saludar la primera. Al final entró y empezó a olfatear como un gato que presiente el peligro. Aquello duró unos diez minutos hasta que me acerqué a él y le pregunté, algo irritada, por qué quería estudiar escultura. Ya era un actor importante: ¿de qué le servía? Se balanceó un poco, se mordió una uña y luego respondió que era bueno como actor pero que actuar significa interpretar y necesitaba profundizar en el lado creativo de su personalidad. Le di lecciones de mala gana los primeros días, pero pronto me vi obligada a cambiar de opinión. Aquel chico tenía realmente madera de escultor. De haber continuado, se habría convertido en un artista».

Pero no continuó. Jimmy era demasiado inconstante para comprometerse por mucho tiempo con cualquier otro trabajo que no fuera el suyo. Otros intereses alimentaban su imaginación. Ahora quería ser escritor, componía poemas y soñaba con ser director. Durante el rodaje de la película llevaba siempre un cuaderno atado al cuello y no se perdía un solo gesto ni una palabra de Nicholas Ray: lo apuntaba todo para repasarlo en casa. También había empezado a ir detrás de las mujeres. Cada semana tenía una chica diferente: es increíble la cantidad de pequeños amores que tuvo en esos últimos meses, tras el rechazo de Pierangeli. Las chicas que antes ni siquiera se dignaban a sonreírle se le ofrecían sin demasiados rodeos y él seguía el juego. Le gustaba quitarles las novias a sus amigos y lo hacía con una especie de rabia, para vengarse de las humillaciones que había sufrido hasta entonces. La primera de la serie fue Lili Kardell, una sueca rubia aspirante a estrella a quien Jimmy conoció en un bar mientras se encontraba con un amigo. Jimmy sabía perfectamente que su amigo quería casarse con la chica, pero durante toda la velada no hizo más que hacerle cumplidos y en cierto momento se levantó, fue al baño y escribió una nota: «Call me», llámame. Luego se despidió y, estrechando la mano de Lili, deslizó el mensaje entre sus dedos.

Una hora más tarde Lili estaba en su casa. La relación no duró mucho. Jimmy se cansó de la joven porque su ternura lo oprimía. «Sé cómo te sientes, Jimmy. Te entiendo», le decía Lili. Y él se crispaba. «Tú no tienes ni idea de cómo me siento. No sabes nada sobre mí. Nadie lo sabe».

Su tragedia nacía del temor a que otros pudieran entender la necesidad de compañía y comprensión que se escondía detrás de su máscara de desafío. Después de Lili Kardell apareció Terry Moore, una actricilla casquivana que, antes de casarse con un agente de seguros, se hizo muy conocida en Hollywood por la cantidad de admiradores que tenía y por el escándalo que provocó el día en que cantó vestida con un bikini de armiño ante las tropas en Corea. Luego le llegó el turno a Lori Nelson, una sofisticada rubia que lo convenció para que se pusiera esmoquin. Luego vino Katy Jurado, una mexicana de expresión viperina, con ojos y pelo negros, quien lo baqueteó durante un mes. Luego Jane Withers, una chica fea e inteligente de veintiocho años con quien sobre todo le gustaba hablar. Jimmy se aburría rápidamente de ellas y las trataba con bastante dureza. Ya no era tímido con las mujeres. Ya no hablaba de casarse. La única que logró ganarse su cariño en ese período fue Natalie Wood, su compañera en *Rebelde sin causa.*

Natalie no se parecía a las chicas que se lanzaban a sus brazos con demasiada facilidad. Tenía diecisiete años, siempre había vivido cómodamente porque sus padres eran ricos, era educada y amable. *Rebelde sin causa* suponía el primer papel importante en su carrera como actriz. Nicholas Ray la había elegido entre cien candidatas porque se adaptaba bien al papel de estudiante algo cruel que tenía que desempeñar. Tenía una expresión que era a la vez infantil y corrupta. Estaba capacitada profesionalmente. No habría quedado mal al lado de un actor como Jimmy y Sal Mineo, el chico que en la película es asesinado por la policía a causa de un malentendido. Natalie había aceptado con entusiasmo, pero no había ocultado su miedo de trabajar con Dean: corrían voces poco tranquilizadoras sobre él. Por eso las primeras semanas de trabajo fueron penosas. Jimmy ni siquiera la miraba. Se hicieron amigos tras una discusión.

Jimmy tenía que rodar una escena de amor con Natalie: la del parque abandonado, cuando los chicos de la banda rival los persiguen. Se suponía que empezaban a trabajar a las siete de la mañana, pero eran casi las nueve y Jimmy no se había presentado. En el estudio todos miraban impacientes sus relojes y parecían bastante indignados. En Hollywood la gente es muy puntual en cuestiones de trabajo y no se admite que nadie vaya a lo suyo, ni siquiera si es una estrella. Luego, a las nueve y media, alguien saltó por la ventana a la sala. Era Jimmy, somnoliento y descalzo. No dijo buenos días, no explicó el retraso. Miró distraídamente a su alrededor, agarró el guion con expresión de disgusto y fue a sentarse a un rincón. Aún no se había estudiado el papel. «Vamos, Dean», dijo Ray. «No hay tiempo que perder. Tienes que rodar una escena de amor con esta chica». Jimmy ni siquiera levantó la vista. Continuó leyendo el guion y solo respondió con un gruñido.

Al final se levantó, dio un largo bostezo y declaró que era la hora de comer.

Nicholas Ray era muy paciente con Jimmy. Le toleraba cualquier cosa porque casi toda la película se basaba en su interpretación. De modo que lo contentó y todos se fueron a comer. Solo Natalie tuvo un gesto de rebelión. Gritó que al fin y al cabo él no era el amo y salió llorando, humillada. Al cabo de unos pocos pasos notó a alguien tras ella. Era Jimmy, que la seguía como un perro callejero hambriento. Daba unos pasos más que ella, adelantándola, luego se paraba, la miraba con expresión triste y los brazos colgando y volvía a seguirla. Al final se detuvo frente a ella, la agarró del brazo y refunfuñó: «A ver, ¿vienes o no?». Y la arrastró hasta el bar. Se sentaron a una mesa. Natalie seguía llorando, Jimmy la miraba fijamente como si tuviera algo que decirle, pero era incapaz de decir nada. Estaba claro que pensaba en disculparse con ella, pero nunca se disculpaba con nadie, ni siquiera cuando estaba seguro de haberse equivocado. En cierto momento empezó a comerse un bocadillo y, mientras se llenaba la boca de pan, apretándolo con un dedo, dijo: «Conozco a la gente como tú. Eres una niña que se hace la actriz». Natalie contuvo un sollozo. «Mejor que ser una actriz que actúa como una niña», gritó. Entonces Jimmy se echó a reír. Siempre apreció las réplicas orgullosas. E hicieron las paces.

Con Natalie era paciente y correcto. Físicamente, Natalie era del mismo tipo que Pierangeli, y también su familia, madre y dos hermanas, se parecía un poco a la de Anna Maria. Sin estar exactamente enamorado de ella, Jimmy la quería mucho. Y Natalie le correspondía. «Es difícil explicar la naturaleza de nuestro afecto», dice Wood.

«Para Jimmy yo no era ni una novia ni una hermana, sino una mezcla de ambas cosas. Quería ayudarlo y me gustaba sentirme abrazada por él. Pero nada más. Por ejemplo, nunca habría aceptado convertirme en su esposa. No era el tipo de persona con el que me casaría». De hecho, Jimmy se lo pidió y ella se negó. Jimmy no se ofendió. «Lo decía solo por decir», refunfuñó, rascándose la nariz. Y empezó a cortejar a otra chica: Ursula Andress.

Ursula acababa de llegar a Hollywood. Tenía apenas veinte años y su carrera había sido repentina. Hija de un diplomático alemán en Suiza, había vivido casi siempre en Zúrich, junto con su hermana gemela, sus padres y la niñera. A los dieciocho años, durante un viaje a París, se enamoró de Daniel Gélin y lo siguió a Roma, provocando un enorme escándalo en su familia. Luego Gélin la abandonó por la maniquí Sylvie y Ursula, que se había quedado sola en Italia, se refugió en la casa de Novella Parigini, la mundana pintora de via Margutta. En Roma todo el mundo conocía a Ursula. A una chica de largas piernas, protagonista de una historia de amor infeliz, y encima extranjera, no le hace falta mucho para conquistar una ciudad como Roma, donde basta con hablar italiano con acento exótico para triunfar. Ursula era hermosa, muy alta y delgada, con el pelo rubio cortado como un chico, un rostro de rasgos perfectos. Y era incluso simpática. Sobre todo, resultaba divertido su carácter alegre, ese tono ruidoso al que Ursula no renunciaba ni siquiera cuando se alimentaba de café con leche y bollos. Su protectora la utilizaba como modelo, los hombres la cortejaban y durante algún tiempo fue incluso amiga de Pier Francesco Calvi di Bergolo, quien, debido a un rival rechazado, recibió un botellazo en la cabeza y una puñalada en el hombro, provocando un pequeño escándalo. Cuando Marlon Brando fue a Roma para negociar el papel de Pierre Bezujov en *Guerra y paz,* Ursula fue la única mujer que logró romper su actitud desdeñosa hacia el sexo femenino. Por ella, Brando desvió algo de atención hacia el inseparable amigo francés que lo acompañaba. Su aventura duró siete días. Poco después, un enviado de la Paramount llegó a Roma, vio a Ursula y la invitó a Londres para una audición. Ursula era muy ambiciosa, siempre había deseado dedicarse al cine y, como la audición salió bien, se marchó inmediatamente a Hollywood con un contrato por siete años.

Jimmy la conoció en Googie's, el bar al que acudía de dos a seis de la mañana. Unas pocas palabras fueron suficientes para que se convirtieran en algo más que amigos. Se entendían porque ambos eran impetuosos y sinceros. Ursula, que también en Roma andaba siempre con pantalones, el pelo despeinado y el rostro sin maquillaje, fue la primera chica que no se escandalizaba por las extrañas costumbres de Jimmy. Se vestía como él, camisa sucia y pantalón de lona, andaba descalza y decía palabrotas que hacían las delicias de su joven amigo.

El hecho de que ella fuera europea fascinaba a Jimmy, que nunca había salido de Los Ángeles o Nueva York. Ursula le hablaba a menudo de Capri, Londres y París. Hacían planes juntos para un largo viaje por Europa. Por encima de todo, Jimmy quería ver París para pasear por Montparnasse y conocer a Genet y a Cocteau, y luego Capri para nadar en los Faraglioni y presentarse ante Malaparte, pues había leído su novela *Kaputt*. No era raro que Ursula fuera a dormir a casa de Jimmy o Jimmy a casa de Ursula; a escondidas, por supuesto, porque ciertas cosas en Hollywood están oficialmente prohibidas. Eran inseparables, y Ursula fue con toda probabilidad la única mujer con la que Jimmy se encariñó seriamente después de Pierangeli. Por otro lado, eran demasiado parecidos para llevarse bien. Se peleaban como el perro y el gato, llegando a veces a abofetearse. Una vez, en Villa Capri, Ursula pidió un bistec. Jimmy empezó a protestar: «Cada vez que te invito a cenar me cuestas cinco dólares por lo menos. Comes como un toro. ¿No podrías conformarte con un plato de espaguetis por veinticinco centavos?». Ursula se enfadó, volcó la mesa sobre Jimmy y se fue, lanzando el bistec contra el techo. Jimmy se quedó allí quejándose de que no entendía por qué se había ofendido. En otra ocasión, Jimmy le prestó su Ford y luego le montó una escena en público porque ella no lo había llamado al volver para decirle dónde había estado. «No entiendo por qué habría de hacerlo», dice Ursula, «él siempre me prestaba el Ford y no por eso yo le daba cuenta de mis viajes».

Ursula tenía un perro lobo alemán. Jimmy lo odiaba y un día empezó a gritar que había que matarlo porque comía demasiado y le costaba más que mantener a una familia. Entonces Ursula lo dejó. Había un actor que iba tras ella desde hacía mucho tiempo, John Derek, y empezó a salir con él. Para Jimmy fue otro dolor. No podía resignarse a perderlos a todos. Y durante dos semanas no dejó de acosarla con llamadas telefónicas nocturnas, suplicándole, pidiéndole perdón. A menudo la esperaba durante horas acurrucado en las escaleras de su casa. O la seguía en coche cuando ella estaba con Derek y se quedaba allí mirándola por la ventanilla, haciendo el ridículo. Una vez la abordó amenazándola con romperles la cabeza a ella y a Derek; pero Ursula se mantuvo firme. Durante demasiado tiempo había intentado encajar con él. Ahora estaba exasperada y no tenía intención de retomar una relación tan tormentosa. Esa noche Jimmy escribió al reverendo De Weerd: «Hay en cada uno de nosotros cierta predisposición hacia la felicidad o la infelicidad. Yo pertenezco a la segunda categoría. Solo consigo estar satisfecho cuando logro lastimarme y no cabe duda de que mi cerebro está enfermo si todo lo estropeo de esta manera. Vivo como un miserable, me enfado por conseguir algo y, cuando lo tengo, me deshago de ello. ¿Pero qué quiero entonces? Ni siquiera sé quién soy; pero ya no importa. No hay posibilidad de alegría en este mundo. Somos prisioneros de las convenciones y de la maldad. No tenemos más camino de salvación que la muerte. Un pez en el agua no tiene escapatoria: o se queda en el agua o muere. Andamos a tientas en la arena y poco a poco la arena nos va asfixiando y nos asalta la tentación de ahogarnos. Que Dios nos maldiga a todos, si es que existe». De Weerd quedó impresionado. Nunca le había escrito en tales términos.

A Jimmy solo le funcionaba el trabajo. Ahora que *Rebelde sin causa* había terminado, confiaba en conseguir el papel de Jett Rink en *Gigante,* una película basada en la novela de Edna Ferber y dirigida por George Stevens. No había muchas posibilidades de que lo obtuviera, porque el personaje de Jett Rink tenía dieciocho años al comienzo de la historia, pero cincuenta cuando concluía. El candidato más seguro parecía ser James Stewart, físicamente más adecuado para interpretar a un hombre de pelo blanco. En cambio, Jane Deacy habló con Stevens, Stevens llamó a Jimmy y le dio el guion para que se lo leyera. Al día siguiente, Jimmy se lo devolvió y le dijo: «Ese Jett soy yo». Confiaba en que Stevens respondiera lo mismo, pero el director guardó silencio, mirándolo fijamente y mordiendo la pipa. No estaba seguro todavía. Jimmy estaba sufriendo. Empezó a balancearse y luego añadió agresivamente: «Entonces me voy a Nueva York. Tengo un par de papeles en la televisión y no quiero perderlos». Era su truco para pedir algo: nunca abordarlo directamente por miedo a que le dijeran que no. Por nada del mundo le habría pedido a Stevens que le diera el papel. Ese gesto era lo que Stevens estaba esperando: su Rink se habría comportado así. De modo que dio una larga calada y respondió: «No te puedes ir a Nueva York. Dentro de quince días empezamos a rodar».

Jimmy se lanzó con empeño a la que consideraba la prueba más desafiante de su carrera. Por primera vez no tenía que representarse a sí mismo. El papel de Jett era el de un hombre de Texas que logra hacerse millonario partiendo de la nada y solo cuando es viejo y poderoso se da cuenta de que con dinero puede comprarlo todo menos el amor de una mujer. Se trataba de un personaje difícil. Para afrontarlo mejor, Jimmy empezó a estudiar las costumbres de Texas, a tirar el lazo como un vaquero, a familiarizarse con el trabajo de buscador de petróleo, a disparar. Poseía veintidós rifles y tenía una puntería certera. George Stevens era duro, lo regañaba a menudo, pero nunca le hizo sugerencias frente a la cámara. «Él sabía por sí mismo lo que había que hacer», dice. «Su actuación fue una combinación de técnica, inteligencia y locura. Daba la impresión de ser absolutamente natural y de improvisar. En cambio, cada detalle particular había sido estudiado con prolija precisión. Nunca cambiaba la expresión que había elegido. La primera escena siempre era buena, y cuando había que repetirla la repetía de la misma manera». Edna Ferber dice: «Había que verlo cuando representaba a Jett Rink a los cincuenta años. Era realmente un anciano e incluso lejos de la cámara se movía como un anciano: hablaba con estudiada calma, caminaba como si tuviera lumbago. Te olvidabas de que tenía veinticuatro años». Jimmy dijo: «Lo curioso es que no consigo imaginarme teniendo cincuenta años algún día». Había una escalofriante profecía en esas palabras. Nunca llegaría a cumplir los cincuenta, en efecto.

9. Las últimas semanas

Ahora que nuestro relato ha llegado a las últimas semanas de la vida de James Dean, no nos resulta difícil reconstruir los acontecimientos que caracterizaron la inquietante vigilia de su muerte. Decenas de periodistas estadounidenses se han dedicado a narrar, a través de investigaciones y testimonios, lo que le ocurrió a Jimmy en aquel trágico verano de 1955. De hecho, son numerosas las personas que alardearon de su amistad con Jimmy en aquellos días: actores, fotógrafos y chicas que confiaban, en vano, en representar algo para él. El material que nos proporcionan es minucioso, aunque peque a menudo de falta de objetividad. Resulta demasiado fácil, para todos ellos, caer en el hechizo del mito, de la misma manera que es demasiado trivial que otros ironicen sobre la fascinación que este simbólico personaje ejerce sobre nuestra generación de jóvenes. Dejaremos de lado, por lo tanto, los episodios menores que ya no nos son indispensables para comprender la personalidad de James Dean. Y nos centraremos en los dos hechos más significativos: su fatal pasión por los automóviles de carreras y la obsesión por la muerte que, cada vez con más insistencia, empezó a perseguirle.

Mercedes McCambridge, una actriz de teatro que tuvo un papel relevante en la película *Gigante,* cuenta que cuando trabajaban en Texas él no hacía más que atormentarla con conversaciones sobre el más allá. Jimmy se hizo amigo íntimo de McCambridge y, cuando a ella la hospitalizaron a causa de una insolación, iba a visitarla todos los días con un ramo de rosas. «Entraba sigilosamente», dice la actriz, «como un ladrón que teme toparse con un policía. Ponía las flores en un jarrón y me pedía por favor que no le dijera a nadie que las había traído. Luego se sentaba en la cama y empezaba a repetirme que la muerte es noble y digna, y lo único en el mundo que él respetaba. Entonces yo lo consolaba. Soy incapaz de expresar la enorme necesidad de consuelo que tenía. Sentías la soledad palpitando en él como el latido de un corazón y golpeándote incesantemente como una ola». Elizabeth Taylor, la última mujer que entró en la vida sentimental de Jimmy, traza un retrato no menos catastrófico de él. Sus relaciones fueron muy discontinuas y lastradas por una persistente melancolía.

Liz interpretó el papel principal femenino en *Gigante* y no conocía a Dean. Pero había oído hablar mucho de él y, en cierto sentido, le temía. Es una chica convencional y limitada: la mera idea de tener que afrontarlo la llenaba de consternación. El día que Stevens los presentó, temblaba como un pollito mojado. Jimmy se dio cuenta y, en aquella ocasión, fue muy amable con ella, hasta el punto de llevarla a pasear en su Porsche. Pero en el segundo encuentro ya había cambiado. Liz lo llamó alegremente con una cordial sonrisa, Jimmy la miró un momento por encima de sus gafas, masculló algo en voz baja y le dio la espalda. Sucedió una vez más lo que ya había sucedido con otros. Ella consideró el gesto como una afrenta personal, se echó a llorar y le retiró el saludo. Él reaccionó con zafiedad y no hizo el menor intento de aclarar el malentendido. Solo hablaba con ella cuando tenían que rodar una escena juntos, criticaba su forma de actuar y se pasaba el resto del tiempo mirándola en silencio, mientras se hurgaba las uñas. Más adelante, una noche, ambos se encontraron sentados a la misma mesa del Texas Country Club y los demás no estaban allí. Liz y Jimmy comenzaron a comer en silencio, fingiendo ignorarse, y de repente ella lo miró directamente a los ojos y le dijo: «No te gusto, ¿verdad?». Jimmy se sonrojó y empezó a balancearse sin contestar. «No te gusto, ¿verdad?», insistió Taylor. Entonces él le estrechó la mano. «Me gusta tu pregunta», dijo, «y me gustas tú. Y si te trato mal es por eso. No quiero dejarme hechizar por una mujer casada y con dos hijos». Pero se dejó hechizar. Esa noche regresaron juntos a casa.

«A menudo se mostraba grosero conmigo y me decía maldades sin ningún motivo», cuenta la Taylor. «Pero la mayor parte del tiempo estaba cerca de mí y me abrazaba. Le seducía el hecho de que yo lo escuchara sin interrumpirlo y me dejara contagiar por su tristeza. Estaba mortalmente deprimido, y cuando veía un hoyo excavado en la tierra se detenía al borde para mirarlo y repetía que le gustaría saber cómo era estar enterrado y cosas por el estilo. Al mismo tiempo, era brillante y genial. Nadie podía mostrarse insensible ante él». Ella era muy dulce. Lo toleraba sin reaccionar y le hacía regalos. Le regaló incluso un gato siamés porque se dio cuenta de que a Jimmy le gustaban los gatos y quería comprar uno igual al del fotógrafo Sandy Roth. Con toda probabilidad, fue a causa de Jimmy por lo que Elizabeth pidió la separación legal de su segundo marido, Michael Wilding, de quien ahora está divorciada. Liz dice: «Habría hecho cualquier cosa por él. Lo quería mucho. Pero a él no le gustaba que yo tuviera dos hijos porque decía que los niños debían quedarse con sus padres y que el matrimonio ha de ser un vínculo indisoluble. Y además era muy distante. Había como un muro entre ambos y yo no conseguía superarlo. Jimmy permanecía a menudo horas y horas con los ojos fijos en el vacío, sumido en pensamientos misteriosos; y si yo sacaba a relucir el tema de nuestro futuro, repetía lo inútil que es hablar del mañana, dado que hoy estamos aquí y mañana podríamos estar muertos».

En ese momento Jimmy había comenzado a estudiar filosofía y estaba interesado en las ciencias ocultas. Le había introducido en esta materia Maila Nurmi, una hermosa mujer de unos treinta y tantos años que se parece mucho a la actriz Arlene Dahl y que obtuvo un gran éxito en la televisión desasosegando a los espectadores en su papel de Vampira. Jimmy la había conocido en el Googie's Bar y quedó fascinado por ella. Pasaban noches enteras evocando los espíritus de los difuntos en un juego macabro llamado «reloj de la noche» que consiste en caer en estado de catalepsia mientras se abraza la prenda de un muerto. Maila Nurmi es una criatura deprimente. Nunca sonríe, mira con ojos inmóviles y oscuros y asegura que posee virtudes de médium.

Después del accidente de Jimmy ella pasó por un mal momento porque la acusaron de haberlo sometido a hechizos maléficos. Actualmente dirige su club de fans y lo conmemora una vez al mes con un montón de velas. Entonces le mandaba a Jimmy fotografías en las que aparecía sentada al borde de una fosa y las palabras: «Cariño, sígueme». Exigía que el chico la obedeciera como un esclavo y, cuando él pasaba algún tiempo sin dejarse ver, lo amenazaba con graves desgracias. Al mismo tiempo, trató de convencerlo de que era un superhombre y de que, por lo tanto, podía permitirse cualquier cosa. Después de conocer a Liz Taylor, Jimmy la dejó plantada. Pero esa amistad había dado ya sus frutos nocivos.

Le quedó cierto regusto por lo macabro. Su casa en Sherman Oaks, un antiguo garaje donde se había ido a vivir tras dejar su mansión del valle de San Fernando, estaba llena de calaveras, huesos y nudos corredizos en los que metía la cabeza para experimentar «qué sensación daba». Del techo, tan bajo que la gente tenía que caminar inclinando la cabeza, colgaba un águila de cristal que, entre algunos pueblos orientales, es un símbolo de la muerte. Había clavado un cuchillo de cocina en la rendija de un espejo roto. Le gustaba ver su imagen reflejada con ese cuchillo clavado en su cuello o en su ojo. Cerca de la estera de paja sobre la que dormía había una caja rectangular, en la que su tío Marcus le había enviado los jamones. Se tumbaba en ella «para ir acostumbrándose». Un día de agosto, Frank Worth, un fotógrafo, fue a Sherman Oaks para realizar un álbum de retratos. Jimmy lo invitó a sentarse y luego lo animó a escuchar algunos discos que había grabado. «Me entraron escalofríos», dice Frank Worth. «Eran un montón de cosas sobre la muerte: cómo le gustaría morir, cómo se sentiría después y toda esa clase de porquerías. No llegué a hacer el álbum. Me levanté y salí corriendo».

Lo único que lo distraía de sus locas pesadillas eran las carreras de automóviles. Mientras duró su amor por Pierangeli, Jimmy había renunciado a correr. Anna Maria tenía miedo y él la contentaba. «Arriesgar la vida por un motor es una estupidez», decía. «Y además, un artista con el rostro desfigurado ya no es artista». Después de que Pierangeli lo dejara, la pasión por la velocidad volvió a apoderarse de él. Ahora ya no tenía ningún motivo para cuidar de sí mismo. Con parte de las ganancias de *Rebelde sin causa* se compró un Porsche blanco, luego un Ford, luego un MG, una motocicleta inglesa y un escúter italiano. A diferencia de Kazan, el director Nicholas Ray lo animaba a correr. «Le resultaba útil», afirma. «Necesitaba hacer algo con claridad y precisión». En cuanto a su agente, Lew Bracker, lo secundaba porque a él también le gustaba correr. Al principio, Jimmy se contentó con conducir por Mulholland Drive, una carretera sinuosa pero poco transitada que se encarama por la montaña que separa Los Ángeles. Luego, cuando se sintió lo suficientemente experto al volante, decidió participar en una carrera automovilística en Palm Springs.

«Con su traje negro y su gorra a cuadros blancos y negros», dice Lew Bracker, «Jimmy era una figura dramática. Los demás corredores lo miraban con irritación y lo consideraban una seria amenaza». Muchos lo detestaban: estaban convencidos de que lo hacía por publicidad y no le ahorraban ironías. «¿Qué pretende ese fanfarrón?», decían. «Aquí practicamos un deporte en el que corremos el riesgo de rompernos el cuello. No estamos en un escenario». A Jimmy le pesaba, pero dejaba que dijeran lo que quisieran. En una carrera en Indianápolis había visto morir a Billy Vukovich, un as del volante, y se le había metido en la cabeza ocupar su lugar. Así ganó su primera carrera, en la categoría *amateur*, imponiéndose a un grupo de competidores expertos en una pista de trescientas yardas. Al día siguiente superó su propio récord y, un día más tarde, quedó segundo en la categoría profesional. Desde entonces los pilotos y los mecánicos empezaron a mirarlo con asombro y respeto. Ya no lo consideraban el James Dean actor, sino que lo aceptaban como el James Dean corredor. El mecánico Ken Miles dice: «Nunca había visto a un conductor tan experto. Correr en un coche no es solo una cuestión de velocidad, sino de inteligencia y precisión. Él tenía todo eso. Su único defecto surgía precisamente de su habilidad. La clase de habilidad que poseía se derivaba de unos desesperados deseos de ganar. Aunque era un deportista muy correcto y siempre se preocupaba por no crear dificultades a sus compañeros, su participación en una carrera constituía un peligro para él y para los demás. Su afán de victoria era excesivo y habría hecho cualquier cosa para llegar el primero».

En un coche de carreras, Jimmy era feliz. Aquello reemplazaba en su vida algo que había perdido. No le importaba que implicara un riesgo. «Cuando corro», decía, «ya no tengo miedo de morir». De esa manera, recibió con gran enojo que la Warner Bros le prohibiera correr durante el rodaje de una película. Aceptó con la condición de que le permitieran ir a «pisar un poco el acelerador» por Mulholland Drive. Luego empezó a trabajar en *Gigante* y el director Stevens le prohibió eso también. Entonces Jimmy se enfureció. Se sentía muy importante y le ponía de los nervios que Stevens le impusiera cosas que no tenían nada que ver con el cine. Pero Stevens se mantuvo firme. Tenía poca paciencia con los actores extravagantes porque, a su manera, él también es extravagante. Y además se había gastado un millón de dólares en un reparto de actores que incluía a estrellas como Elizabeth Taylor y Rock Hudson. No podía permitir, por ninguna razón, que la película quedara a medio terminar debido al atolondramiento de Jimmy. De este modo, la única vez que Jimmy intentó desobedecerlo se enfadó como una fiera, lo llamó cerdo y amenazó con dispararle.

Jimmy aguantó el arrebato sin reaccionar, mientras todos lo escuchaban. «Daba mucha pena», cuenta Rock Hudson, «verlo allí parado, con las orejas rojas y los ojos bajos, como un esclavo al que azotan». Luego giró sobre sus talones, montó en su deportivo rojo y salió corriendo, embistiendo un rebaño de vacas. «No había nada que hacer», dice Stevens. «Cuando veíamos un descapotable rojo entre un grupo de vacas, no había duda de que era el de Jimmy. Y yo fingía no darme cuenta. Por nada del mundo habría querido volver a ver esa cara abatida mientras lo regañaba». Y cuando, una semana antes de que terminara la película, Lew Bracker le habló a Jimmy de un nuevo Porsche biplaza con carrocería de aluminio, Jimmy quiso verlo de inmediato. El Porsche era realmente hermoso. Costaba siete mil quinientos dólares (unos cinco millones de liras) y podía alcanzar las ciento cincuenta millas por hora. Jimmy vendió el blanco y compró aquel modelo, para participar en la carrera del 1 de octubre en Salinas.

La película se terminó el sábado 24 de septiembre y sabemos exactamente, a partir de esa fecha, en qué empleó Jimmy los últimos seis días de su vida. La crónica, en su pobreza de elementos, es desconcertante. Resulta sin duda arriesgado hablar, como algunos afirman, de suicidio. Pero por primera vez desde el inicio de esta historia, el personaje de Jimmy se nos escapa y casi se burla de nosotros, con una carcajada infantil y satánica. De hecho, a veces se comporta como alguien que quiere vivir, otras veces como alguien que sabe que ha de morir. Probablemente lo ocurrido en la soleada carretera que conduce a Salinas fue simplemente fruto de la casualidad o, si se prefiere, del destino. Pero muchos episodios contribuyen a presentarnos la secuencia de acontecimientos como el guion perfecto de una tragedia inevitable. Y cuando esta concluye, no sabemos si experimentar lástima o sentirnos liberados de una pesadilla.

El sábado 24 de septiembre, Stevens y los actores fueron a ver el primer montaje de la película a una sala de la Warner. Cuando se levantaron, Stevens le dio una palmada en el hombro a Jimmy y le dijo: «Gracias, chico». Jimmy respondió: «La próxima vez será aún mejor». Stevens le dijo: «Pero tienes que abandonar los coches. Ahora eres un gran actor y tienes el deber de cuidarte». Jimmy respondió: «Te lo prometo. Una carrera más y listo. Ya no tendremos motivos para discutir». Al día siguiente, el domingo 25, Jimmy inauguró su Porsche de aluminio recorriendo Hollywood con Lew Bracker y Jane Deacy. La mujer había venido desde Nueva York para contarle a su protegido que la Warner había aceptado, a partir de ahora, pagarle cien mil dólares por película (casi sesenta millones), y que ya estaba lista una nueva historia: *Somebody Up There Likes Me.* Jimmy pareció alegrarse y respondió que le gustaba la idea porque había decidido convertirse en director y productor de sus propias películas y para ello necesitaba dinero. «Tal vez quieras hacer demasiadas cosas», le dijo Jane Deacy. Y Jimmy replicó: «Aunque viviera cien años no me bastaría para todas las cosas que quiero hacer». Fueron juntos a comer a Villa Capri y Jimmy, en honor a Deacy, se puso su esmoquin. Estaba muy alegre y durante toda la velada no dejó de plantar los granos de trigo que solía llevar en el bolsillo como amuleto en las macetas del restaurante. Los enterraba bien, los regaba y dijo que lo hacía para no olvidar su profesión de agricultor. En primavera, cuando brotara el trigo, organizaría una fiesta; y en verano le regalaría las espigas a Jane Deacy.

Jane se sintió muy aliviada de que, por fin, él hubiera dejado de hablar de la muerte y estuviera haciendo planes para el futuro. Jimmy le dijo: «Es hora de sentar la cabeza. Estoy cansado de comportarme como un crío. Quiero convertirme en un hombre». Quedó muy afectado cuando, después de haber acompañado a Jane Deacy a su hotel, fue testigo de un grave accidente en Sunset Strip. Un coche había atropellado a dos chicos negros que ahora yacían tirados en medio de la carretera, cubiertos de sangre. Uno ya estaba muerto, con la columna rota, y el otro estaba gravemente herido. Jimmy aparcó su Porsche, se abrió paso entre la multitud y aguardó a que llegara la ambulancia. Con los brazos cruzados y el rostro muy pálido, observaba a los chicos. Luego volvió al Porsche y le dijo a Lew Bracker: «*Gosh*, qué fácil es morir. A estas horas ese está mejor que yo».

Al día siguiente era lunes 26 y Jimmy llamó a Bracker diciéndole que tenía que hablar con él urgentemente. Había tomado una decisión terrible. Lew se apresuró a ir a verle y encontró a Jimmy de lo más contento. Le pidió que se sentara y le dijo: «Lew, tenemos que casarnos». Lew se echó a reír y respondió: «¿Tú y yo?». Pero Jimmy estaba hablando en serio: «No estoy de broma, Lew. Lo he estado pensando toda la noche. Es necesario formar una familia y darnos ejemplo el uno al otro. Piensa en lo bonito que sería volver a casa por la noche y encontrarte a una mujer que te está esperando y con quien poder hablar de todo». Bracker no salía de su asombro. Desde los días de Pierangeli, Jimmy no había vuelto a hablar de matrimonio y no había indicios de que estuviera enamorado de ninguna chica. El devaneo con Elizabeth Taylor ya había terminado, Liz había entendido que no podía imponerle a Jimmy dos hijos de otro y ya se dejaba ver por ahí con el productor Mike Todd. Su aventura sentimental con la heredera Francis Bennett solo había durado ocho días y la aspirante a estrella Jean Miller, a quien Jimmy cortejaba a ratos perdidos, no era el tipo que le gustaba a Jimmy como esposa. Por lo tanto, el asunto se quedó a medias.

El martes 27, Jimmy llamó a Lew Bracker y le dijo que había cambiado de opinión. Ya no quería casarse. Quería hacer testamento. «¿No crees que es un poco prematuro, Jimmy?», le preguntó Lew

Bracker alarmado. Jimmy contestó entre risas que efectivamente su salud era buena, aparte del astigmatismo y de la miopía; en cualquier caso, que fuera preparando los papeles. Al día siguiente, Bracker se presentó en Sherman Oaks y le llevó la documentación. Jimmy estaba sentado en su Porsche preparado para ir a dar una vuelta de prueba. Estaba muy emocionado, como siempre que se ponía al volante, y le dijo a Lew que se diera prisa. «De acuerdo: ¿quién ha de ser el beneficiario, Jimmy?», preguntó Lew. Jimmy se encogió de hombros, «No lo sé». «Pongamos a tu padre, ¿qué te parece?», dijo Lew. Jimmy levantó bruscamente la cabeza: «No». «Entonces a Marcus y a Ortensia». «No les hace falta el dinero». «¿Y por qué tu padre no, Jimmy?», insistió Lew Bracker. «Porque nunca ha hecho nada por mí», dijo Jimmy en voz baja. «Pues algún amigo, entonces; Leonard Rosenman, por ejemplo». Jimmy llevaba muchos meses sin ver a Rosenman: había discutido con él. «Me parece bien», dijo. «Pon el nombre de Rosenman». Luego entró en la casa y llamó a su amigo. «Hola, Leo. Te he nombrado heredero de mis riquezas». «Tú eres idiota», le contestó Rosenman, quien estaba resentido con Jimmy por los insultos que había recibido. Y le colgó el teléfono. Jimmy volvió a salir y se montó en el coche. «Borra a Rosenman», dijo, «dice que no quiere». Bracker se impacientó. «Vamos, Jimmy. No hagamos estupideces. Deja de una vez esta historia del testamento».

Pero Jimmy no le escuchaba. Se daba mordisquitos en un dedo y pensaba. «Pues ponte a ti», dijo. Bracker meneó la cabeza: «Sería absurdo e imposible». «Pues entonces vamos a hacer lo siguiente», dijo Jimmy, arrancando el motor. «Tengo cien mil dólares a mi disposición. Escribe cinco mil al abuelo y a la abuela, cinco mil a cada uno. Diez mil para mi primo Markie para su educación. El resto para Marcus y Ortensia». Y metió una marcha. «Oye, espera un minuto», gritó Bracker. «Tienes que firmar». «Ya lo firmaré otro día», respondió Jimmy.

El día siguiente era jueves 29 y Jimmy se quedó en casa, como siempre hacía antes de afrontar una carrera. Pero estaba de mal humor y no hacía más que llamar a gente para encontrar a alguien que lo acompañara. No quería ir solo a Salinas. Llamó a Bracker y Bracker no podía. Llamó a Jane Deacy y Jane le dijo que se marchaba esa misma noche a Nueva York. Llamó a Jean Miller y Jean estaba en cama con un resfriado. Llamó al fotógrafo Dennis Stock y Dennis tenía que irse a Los Ángeles. Llamó a Ursula Andress y Ursula le contestó: «No», cortando la conexión. Al final llamó a su padre y le temblaba la voz: «Por favor, papá. Vente a Salinas conmigo». Winton respondió que tenía cosas mejores que hacer. A Jimmy le sentó muy mal. El fotógrafo Sandy Roth lo encontró en la cama con el rostro surcado de lágrimas. Lo sacudió por los hombros, asustado: «Jimmy, ¿qué has hecho, Jimmy? Hay que estar tranquilo antes de afrontar una carrera». «Me han dicho que no», repetía Jimmy. «Todos me han dicho que no. Nadie me quiere». «¿No a qué?», preguntó pacientemente Roth. Y cuando se enteró del asunto, lo consoló diciéndole que lo acompañaría él: él y Bill Hickmann, un amigo. Ahora Jimmy se reía, feliz. «Pero tienes que dejarme sacar fotografías», dijo Roth. Y Jimmy: «*Gosh!* Todas las fotografías que quieras, Sandy. Harás un reportaje estupendo. Sandy, ganarás mucho dinero con las fotografías de mañana».

Llegó el viernes 30 de septiembre. La cita de los cuatro, Jimmy, Sandy Roth, Bill Hickmann y el mecánico alemán Rolph Wütherich, era a las once en Googie's. Jimmy les dio su Ford a Sandy y Bill y se subió al Porsche junto con Rolph. Jimmy sentía mucho aprecio por Rolph. Lo estimaba porque había luchado en la guerra de Rusia y había sufrido mucho. Y además era un auténtico experto en coches de carreras; por eso le pagaba con generosidad y no se aventuraba a ninguna competición sin él. A menudo le dejaba conducir el Porsche. Luego partieron, los dos al frente y el fotógrafo detrás, y fueron a comer al Farmer Market. Jimmy estaba nervioso. «Me he desprendido de Marcus», dijo a mitad del almuerzo. Marcus era el gato siamés que le había regalado Elizabeth Taylor. Jimmy lo quería mucho. Por él llegaba a casa puntual e incluso conducía con cuidado. «Es el único que me acepta tal como soy», solía decir. «Me quiere sin pedirme nada a cambio». Roth se quedó muy sorprendido. «Con el cariño que le tienes, Jimmy. ¿Por qué te has desprendido de él?». Jimmy se encogió de hombros: «Con la vida que llevo, puede que algún día ni siquiera vuelva a casa. Entonces, ¿qué haría Marcus sin mí?». Se quedaron en el Farmer Market hasta las dos de la tarde. El almuerzo había contribuido a mejorar el humor de Jimmy. Ahora contaba chistes y dijo, hablando de la carrera que iba a celebrar al día siguiente: «Será una gran carrera. Una de esas carreras que hacen historia». A las dos y pocos minutos partieron. Jimmy llevaba un chándal blanco y, como hacía calor, lo tenía abierto por delante. Así fue como Sandy Roth vio que ya no tenía la cadena con la medalla de san Cristóbal que le había regalado Pierangeli. Le dejó de piedra, porque Jimmy había seguido usándola incluso después de la ruptura con ella y no era ningún secreto que era lo suficientemente supersticioso como para usarlo como amuleto de buena suerte. Le preguntó por qué ya no lo tenía. «Se la regalé a Nicco», dijo Jimmy. «Total, a mí no me hace falta».

Arrancaron. El día era luminoso, la carretera estaba despejada. Rolph Wütherich conducía el Porsche y Jimmy iba a su lado. De vez en cuando se volvía para saludar a los dos que los seguían en el Ford. Condujeron durante dos horas y luego se detuvieron en Bakersfield, donde Jimmy recibió una «multa por exceso de velocidad» en el puesto de control: sesenta y cinco millas por hora en una zona de cuarenta y cinco millas. El agente que les impuso la multa recuerda haberles advertido: «Si no se lo toman con calma, no llegarán a Salinas». A las cinco, el Ford de Sandy y Bill ya estaba a varios kilómetros de distancia de ellos y Jimmy y Rolph se detuvieron a tomar un café en un bar de la autopista en Blackwells Corner. En el bar estaba Lance Reventlow, el hijo de Barbara Hutton. Lance era el propietario del avión en el que unos meses antes había muerto el joven actor Bob Francis. Jimmy, Rolph y Lance hablaron de Bob Francis y también de Carmen Miranda, que había muerto poco después de Bob. «Qué año tan terrible», dijo Lance Reventlow. «Dos se nos han ido ya». Jimmy se rio entre dientes: «No te preocupes. El tercero seré yo».

Rolph Wütherich lo miró con irritación. «No empecemos a decir idioteces. Tú en Salinas correrás de forma juiciosa». «De acuerdo», dijo Jimmy. «Mientras tanto, entretengámonos un poco». Puso a

Rolph Wütherich en el asiento de la derecha y se sentó al volante, olvidándose de abrocharse el cinturón de seguridad. Eran poco más de las cinco. El aire era cada vez menos claro y Rolph insistió en seguir conduciendo: no se fiaba de la miopía de Jimmy. Jimmy se negó. Tenía ganas de correr y pisó el acelerador de inmediato.

A las cinco y veinte adelantaron con tanta rapidez a dos policías en motocicleta que estos persiguieron el Porsche, lo detuvieron y le pidieron a Jimmy el permiso de conducir para ponerle una multa. Jimmy se lo dio con desdén. El policía lo examinó, fingió no reconocerlo y, tras renunciar a la multa, le dijo a Jimmy: «Corre menos, muchacho. Vivirás más». Por el contrario, tan pronto como los dos se alejaron, Jimmy volvió a acelerar. La carretera estaba despejada, el Porsche iba como la seda y el viento le azotaba la cara, haciéndole sentirse muy vivo. Jimmy se reía, como si estuviera ebrio de alegría. Luego, a las 5:49 de la tarde, llegaron a la intersección de la Highway 45 y la Highway 66, vieron el coche gris que se acercaba hacia ellos: cerca, cada vez más cerca. Y ese fue el final. Jimmy yacía al otro lado del borde de la carretera, cubierto de sangre, inmóvil, y todo era de lo más simple, y sin importancia alguna ya: los amores, la carrera, los deseos de triunfar. Se oían voces frenéticas a su alrededor, y luego las sirenas de la ambulancia, y luego alguien que lo levantaba suavemente y lo recostaba en algún lugar. Pero todos los sonidos le llegaban amortiguados, como bajo el agua, casi un murmullo confuso. Solo sentía que le dolía la cabeza, un dolor terrible, y que respiraba apenas, cada vez más lentamente. Luego, nada más.

El coche gris contra el que acabó estrellando su hermoso Porsche pertenecía a Donald Turnspeed, un estudiante universitario de San Luis Obispo. Donald Turnspeed tenía veinticuatro años, como él. Era rubio y pequeño, como él. Volvía de Salinas, donde había visto, precisamente esa tarde, *Al este del Edén.* Pensaba que tenía la precedencia y por eso no frenó. Tras el impacto, su puerta se abrió y salió expulsado, casi ileso. La única herida que recibió fue un rasguño en la mano izquierda. En cambio, el mecánico Rolph Wütherich tuvo que permanecer un mes en el hospital y un año más tarde, en agosto, presentó a los agentes de Jimmy una solicitud de indemnización por daños y perjuicios de cien mil dólares: atribuía a su examigo «la culpa del accidente a causa del total desinterés hacia el pasajero de su coche y de una carencia de sentido de responsabilidad». El caso fue impugnado por Winton Dean. Como Jimmy no había tenido tiempo de firmar el testamento, su padre era, de hecho, como su pariente más cercano, el único heredero de sus riquezas.

MARILYN MONROE

La aventura más americana

10. Odiada como una mujer celosa

Mi aventura con Marilyn Monroe dio comienzo en Hollywood la mañana del 9 de enero de 1956 cuando fui a ver al director Jean Negulesco con una maleta llena de camisas de hombre. Había ido unos días a los Estados Unidos, junto con otros cuatro periodistas italianos, a bordo de un Super G. Constellation de la TWA que inauguraba la línea Roma-Los Ángeles; y solo había un asunto que me interesaba abordar de cerca: el mito de Marilyn Monroe. Sabía que, desde hacía unos meses, reunirse con la actriz se había vuelto misteriosamente imposible, pero no me preocupaba. Había logrado entrevistar a Soraya en su palacio de Teherán en los días de mayor tensión, había hablado con Townsend en Bruselas, en la época en que rehuía a los periodistas como un gato enrabietado, y pensaba que al fin y al cabo Marilyn no era más que una diva: algo menos, es decir, que una emperatriz y que un aspirante a la mano de una princesa de Inglaterra. Mi confianza también se veía alimentada además por doce camisas de hombre que Pepi Lenzi, un actor italoamericano, me había dado en Roma para que se las llevara a Jean Negulesco. El actor las consideraba tan efectivas como una poderosa carta de crédito. Yo me había convencido de ello. Las había metido en mi maleta con devoción, y durante todo el viaje, mientras los demás disfrutaban contemplando el Atlántico y las Azores, a mí el problema de su transporte me angustiaba. Me preocupaba que se arrugaran. Sufría por esa sospecha. Tenía la convicción de que de la mayor o menor frescura de los cuellos destinados al señor Negulesco dependía el éxito de la entrevista.

Sacarlas intactas de la maleta después de treinta horas de vuelo fue motivo de un alivio estimulante. Llamé al director. La palabra «camisas» tuvo un efecto mágico. Dijo que estaba ansioso por verme. Me invitó enseguida a comer a su bungaló de la 20th Century Fox, en la punta extrema de Beverly Hills. La media hora que tardé en llegar recorriendo el interminable Sunset Boulevard me pareció más larga que el viaje en avión.

Negulesco me esperaba en el umbral de casa con una sonrisa ansiosa en su rostro sanguíneo, me dio efusivamente las gracias, me ofreció vino francés y ni siquiera me preguntó qué quería. Durante el almuerzo me habló de su vida, de los cuadros que hacía cuando era un pintor célebre, de los ciento setenta trajes, de los trescientos veinte pares de zapatos, y de las cuatro esposas con los que se había hecho en cuanto alcanzó la riqueza; y parecía tan convencido de que había ido a Hollywood a entrevistarlo a él que, hasta el queso, no tuve el valor de decepcionarlo. Solo al final saqué el tema de Marilyn Monroe. Negulesco la había dirigido en la película *Cómo casarse con un millonario,* así que empecé preguntándole qué clase de persona era. «Una mujer de veintinueve años, sin más», me contestó. «No se merece desde luego el éxito que tiene. Pero es terriblemente ambiciosa y trabaja con afán. Y no es ni de lejos una tonta, como dicen. Es una tímida llena de complejos de inferioridad. Cuando los demás hablan, los escucha con la boca abierta, como si estuvieran diciendo cosas maravillosas. Cuando le preguntan algo se queda callada, por miedo a decir tonterías. A veces tartamudea. Nunca responde una pregunta sin pedirle consejo a un amigo. Una vez un periodista le preguntó qué color prefería. Ella le dijo: "Espere un minuto". Se acercó a mí y me preguntó: "Jean, ¿qué color crees que debería ser mi preferido?". "No lo sé", observé, "¿es que no te lo has planteado nunca?". Y ella repuso: "No. Dímelo tú que eres pintor". "No sé", dije, "yo elegiría el rojo". "De acuerdo", dijo ella. "¿Y por qué me gusta el rojo?". "No lo sé", dije, "porque es violento, llamativo, como tú". "De acuerdo", dijo, y eso exactamente fue lo que le dijo al periodista».

Hablaba de tan buena gana de Marilyn Monroe que decidí decirle la verdad: quería entrevistarla y me había ido a verlo a él con las camisas esperando que pudiera ayudarme. De repente, Negulesco se puso rígido. Me miró con odio. «No está en Hollywood», respondió secamente. «Lo sé», respondí. De hecho, hacía once meses que Marilyn había roto con la Fox, a la que estaba ligada por un contrato de siete años, y se había ido a vivir a Nueva York. Se consideraba mal pagada, exigía cien mil dólares por película (una suma equivalente a sesenta y cinco millones de liras) y a Milton Greene, su voz en la sombra, no le resultó difícil convencerla de llevar a cabo ese acto de rebelión. Milton Greene es un joven fotógrafo. La conoció hace dos años en un reportaje para *Look* y se ganó su amistad de inmediato. Ahora se ha convertido en su mánager, es rico, puede vivir cómodamente sin dedicarse a la fotografía. Se dice incluso que es comunista, pero la acusación no le preocupa. Marilyn lo obedece como a su dueño. Fue él quien le hizo fundar una productora independiente, Marilyn Monroe Productions, de la que asumió el cargo de presidente. Y cuando la 20th Century Fox amenazó con demandarla por la ilegalidad del acto, le ordenó que se mantuviera firme y Marilyn acabo saliéndose con la suya. Una semana antes de Navidad, Fox renovó su contrato, comprometiéndose a pagarle, por cada una de las cuatro películas que Monroe todavía ha de rodar, los cien mil dólares solicitados. «Sé que no está en Hollywood, pero en cualquier caso usted podría ayudarme si quisiera». Negulesco meneó la cabeza. «Se equivoca», respondió. «No puedo hacer nada al respecto. Nadie puede hacer nada al respecto». Su mirada se posó en la maleta de camisas. Se sonrojó un poco. «*Darling*, lo siento mucho», añadió. «Yo también», dije, «lo conseguiré de todas formas». Negulesco volvió a negar con la cabeza. «Darling», dijo, «Estados Unidos es tal vez el país más democrático del mundo. Podrá ver a quien quiera cuando quiera. Pero hay dos personas con las que nunca podrá hablar cara a cara: Eisenhower y Marilyn Monroe». «No lo creo», dije. «Ya lo verá», dijo.

El viaje a Nueva York fue muy movido. La frase de Negulesco y la expresión casi altiva de su rostro pesaban sobre mí como una amenaza. Era la primera vez que iba a Nueva York. A mi llegada, el avión de TWA se había detenido solo media hora, de noche, y de esa metrópoli apenas había podido ver una fragua de luces deslumbrantes. Sin embargo, la señorita Norma Jeane Mortenson, de nombre artístico Marilyn Monroe, tuvo el poder de estropear mi encuentro con la ciudad más seductora del mundo. Nueva York era verdaderamente espléndida con sus rascacielos; caminar por Wall Street, donde ya a las dos de la tarde todo está oscuro porque los inmensos edificios la excluyen de la luz del sol, causaba sin duda cierta impresión; la multitud de negros en el barrio de Harlem era realmente aterradora; al igual que Times Square en el centro de Broadway, a las nueve de la noche. Pero todo ello lo veía yo como a través de una niebla, sin disfrutarlo, porque estaba obsesionada, por despecho, con una única cosa: la entrevista con Marilyn Monroe. No dejaba de pensar en eso enfadada mientras me enseñaban la ciudad. Ya no tenía camisas que me ayudaran y la gente se reía cuando confesaba mi plan. «¿Ver a Marilyn?», exclamó Salvalaggio, corresponsal de un periódico de Roma. «Quítatelo de la cabeza. Llevo seis meses intentándolo en vano».

Nadie sabía su dirección. Incluso la 20th Century Fox la desconocía. «Le quedaríamos muy agradecidos si nos la hace saber cuando la encuentre», dijeron. Se mostraron escépticos e insoportablemente irónicos. El *Saturday Evening Post,* añadieron, llevaba un mes buscando la misma entrevista y aún no la había obtenido. Era como buscar a Garbo, decían, en tiempos de *La reina Cristina de Suecia.* Llamé a algunos amigos del *New York Times,* el periódico más poderoso del mundo. Me contestaron que estaban en la misma situación. Telefoneé a *Life,* a *Look* y a *Collier's:* reaccionaron como si hubiera dicho que quería invitar a comer a Eisenhower. Cada veinte días, me explicaron, la señorita Monroe cambiaba de apartamento para que nadie pudiera localizarla. Joe DiMaggio, su exmarido, se pasó tres días esperando a que le llamara por teléfono, encerrado en una habitación de hotel. La llamada telefónica no se produjo. Milton Greene le había ocultado a Marilyn que Joe la estaba buscando. Joe acabó marchándose con un ataque de nervios.

Llegamos a Nueva York el jueves por la mañana. El viernes por la noche aún no había conseguido el menor indicio. Mis colegas italianos participaron en la investigación con la misma furia que yo, como si fueran a hacer la entrevista ellos mismos. Estábamos molestos, indignados, aceptábamos cada sugerencia con obstinación infantil. «Parece que le gusta el jazz», nos dijeron, «inténtenlo en los locales donde toquen jazz». Íbamos a los *night-clubs* célebres por sus bandas de jazz y durante horas y horas dejábamos que los tambores de los negros nos ensordecieran o soportábamos los maullidos de las cantantes de blues mientras escrutábamos la penumbra en busca de una cabeza rubio platino que se pareciera a la de Marilyn. «Le gustan los locales elegantes, ¿por qué no van a El Morocco». Y aquí estamos, en El Morocco, somnolientos, en traje de etiqueta, preguntando a los camareros para obtener noticias. A veces nos repartimos los frentes de investigación. Uno va al teatro, otro al cine, uno al restaurante donde quizá fuera posible encontrarla. En tan solo dos noches visitamos doce restaurantes, dieciocho *night-clubs,* ocho cines, catorce teatros. Jean Govoni Salvadore, que había acompañado a nuestro grupo a Estados Unidos en nombre de la TWA, parecía haber enloquecido. Después de tantas inútiles excursiones, su hermoso rostro blanco, enmarcado por una mata de pelo color rojo fuego, parecía el de una persona enferma. Tuve que consolarla diciéndole que no se desanimara, que lo conseguiríamos.

Fue Jean, al final, quien tuvo la idea de llamar a Irving Hoffman, el hombre que revolucionaría Nueva York y me daría un inesperado cuarto de hora de publicidad. Irving es uno de los *publicitymen* más célebres de los Estados Unidos. No hay ningún personaje en el mundo a quien no conozca. Fue él quien acompañó a la reina Isabel a comer «perritos calientes» en un *drugstore* cuando, antes de subir al trono, viajó con Felipe a los Estados Unidos. Conocía a Marilyn como la palma de sus manos. «No hay nada en el mundo que no haría yo por Hoffman», había dicho un día la diva. Le pedimos ayuda con el mismo tono de voz con el que se llama a un médico en lo más profundo de la noche. «*Darling,* es muy sencillo», dijo Irving. «Tengo incluso su dirección: 60, Sutton Place. Le mandaré un telegrama ahora mismo». Esa noche comimos todos con ganas y nos acostamos temprano sin ir a ningún *night-club.* Nos quedamos dormidos soñando con Irving Hoffman.

Pero al día siguiente nos llamó y su voz era triste. La dirección no era correcta. Marilyn no vivía allí desde hacía un mes. El telegrama había sido devuelto al remitente. Sin embargo, había que tener fe. Ahora llamaría a Mitch Miller, el famoso oboe. Miller conocía a Marilyn, pero no su información de contacto. Era necesario ponerse al habla con Arthur Jacobs, dijo, que era su agente publicitario y que vivía en California. Irving mandó un telegrama a Arthur Jacobs, quien respondió que no sabía la dirección; pero conocía a alguien que podía tenerla, y ese alguien era Earl Wilson, un famoso columnista. Earl Wilson estaba en Arizona y respondió que no sabía nada, pero que había alguien que tal vez lo supiera, Stevens Kaufmann, uno de los hombres más ricos de Nueva York, admirador de Marilyn. Stevens estaba en la ciudad, nos recibió en su lujoso apartamento, nos dio un vaso de whisky, nos dijo «please, now relax» (por favor, cálmense) y nos aconsejó que contactáramos con el periodista Leonard Lyons, quien seguramente lo sabía. Llamamos a Leonard Lyons; pero su esposa, Sylvia, respondió que Leonard se había ido a Moscú con su libreta de direcciones y que era necesario contactar con Earl Blackwell, a quien los estadounidenses llaman Mister Celebrity, porque tiene las direcciones de todas las celebridades. Earl Blackwell estaba en Chicago. Nos respondió, mortificado, que la dirección de Marilyn era la única que no tenía actualizada. Había que preguntar a Frank Farrell, otro famoso periodista, que conocía a Delaney, el abogado de Marilyn Monroe, quien quizá nos ayudara porque estaba casado con una italiana. No hubo manera de encontrar a Delaney.

A esas alturas, todo Nueva York sabía que una periodista italiana estaba intentando entrevistar a Monroe sin conseguirlo. De este modo, a los tres días empezaron a llamarme periodistas que querían entrevistarme a mí. «Me gustaría escribir un artículo sobre esta historia», decían, sorprendidos de que yo me sorprendiera. Alguien me estaba esperando en el vestíbulo del hotel para sacarme una fotografía. Querían mi currículum, estaban interesados en todo lo que hacía, y cuando Jean y yo nos quedamos encerradas accidentalmente en un teatro de la calle Cuarenta y ocho y nos vimos obligadas a dormir casi toda la noche en dos asientos del patio de butacas, el columnista Louis Sobol relató el incidente. A partir de entonces nos movimos con cautela, asustadas, como si miles de ojos nos observaran a cada momento. En Estados Unidos se necesita muy poco para adquirir un momento de celebridad. Jean y yo lo habíamos conseguido a nuestro pesar y estábamos aterrorizadas. Yo ya no tenía ganas de entrevistar a Marilyn Monroe, pero no podía confesarlo ni cejar en mi intento por ningún motivo. Habría supuesto una especie de escándalo. Definitivamente, yo era «la periodista que había venido a buscar a Marilyn» y tenía que representar mi papel a toda costa. Decenas de personas intentaban ayudarme en Nueva York y otras ciudades de Estados Unidos, en un concurso de amabilidad a nivel nacional, y no se me permitía decepcionarlos. Cada hora de mi día tenía que dedicarse a la investigación, cuando quería salir a dar un paseo o a comprar tenía que hacerlo a escondidas y lo hacía con un sentimiento de culpa, como si estuviera engañando a toda la ciudad. Marilyn se había convertido en un personaje secundario en un juego que se volvía cada vez más laborioso. Irving Hoffman ya no hacía otra cosa que buscar la dirección y su rostro se volvió cada vez más blanco; sus ojos miopes, detrás de las gafas, tenían una mirada cada vez más apagada, casi dolorosa. Había encontrado la dirección de Milton Greene y le había escrito una larga carta a la que el antiguo fotógrafo no se había dignado responder. La noticia no tardó en llegar a Louella Parsons. Louella desconocía la dirección de Marilyn, pero prometió ayudarme y describir nuestros esfuerzos en la columna diaria que publica simultáneamente en doscientos periódicos. Mientras tanto, sugirió que Irving hablara con Sam Shaw, otro fotógrafo de Marilyn.

Irving llamó a Sam Shaw e inmediatamente después vino a buscarme con la voz quebrada por la emoción. Marilyn vivía en el número 2 de Sutton Place, en el mismo edificio que Milton Greene. «Estupendo», dije. «Vamos». Me miró anonadado. «*Darling*, estamos en los Estados Unidos. ¿Crees que puedes agredir a un personaje como Marilyn sin previo aviso? Ningún portero te dejaría pasar de la entrada. Empezaremos escribiendo una carta». La carta fue enviada esa misma tarde y unas horas después todo Nueva York estaba al corriente. Se reanudaron las llamadas telefónicas de los reporteros, sus esperas en el vestíbulo de mi hotel. Louella Parsons volvió a llamar desde Hollywood, Jean tenía migrañas y a mí me dolía el estómago. No podíamos ir a un cóctel sin que nos localizaran, nos rodearan y nos interrogaran de inmediato. Las apuestas volaban. «¿Conseguirá la periodista italiana entrevistar a Marilyn?». Muchos juraban que sí, otros afirmaban que Milton Greene no lo permitiría. «La tiene hipnotizada, ¿entiendes? Hace lo que quiere con ella y la mantiene oculta para hacerla más interesante. Es de entender, esa pobre chica es el Banco de Inglaterra».

Algunos afirmaban que Marilyn ni siquiera leía las cartas ni los telegramas: alguien los leía antes que ella y se los entregaba solo si lo consideraba oportuno. Ella lo sabía y lo consentía. La torturaba la idea de ser estúpida y necesitaba que alguien decidiera por ella. Por eso leía a Dostoievski, intentaba educarse y estudiaba interpretación en el Art Laboratory de Elia Kazan. Por eso había huido de Hollywood, una ciudad que odia porque allí se vive como en un escenario, y prefería estar en Nueva York, una ciudad que ama porque resulta fácil esconderse. Solo aparecía en público cuando Milton Greene lo consideraba apropiado; y entonces era capaz incluso de representar el papel de la chica satisfecha y vivaz, vistiendo la ropa que un famoso industrial le confeccionaba gratuitamente para lanzarla después como los modelos de Marilyn Monroe, y fingiendo beber grandes vasos de whisky que, como alguien había podido constatar, no eran en realidad más que de té helado. Además, desaparecía a menudo de la circulación o se iba a Connecticut a pasar los días con la esposa de Milton Greene, Amy, una morenita delgada y atractiva con quien se decía maliciosamente que Marilyn tenía una amistad exagerada. Cuando estaba fuera, el antiguo fotógrafo vigilaba su casa. Tenía las llaves del apartamento y se comportaba como el dueño.

En efecto, fue Milton Greene quien, al cuarto día, respondió a la llamada telefónica de Irving Hoffman. El hecho de que Irving tuviera su número lo irritó. Dijo que Marilyn no estaba allí y que, en todo caso, ya le informaría él. Fue un duro golpe para Irving; y yo también, al ver su cara de dolor, intenté aparentar desolación. «Bueno», dije, «dada la situación, no queda ya nada más que hacer, lo mejor es que me monte en un avión y vuelva a mi casa». De buena gana renunciaba a Nueva York para salir de esa pesadilla. Pero Irving dijo que no, que no podía marcharme. Las docenas de personas que habían trabajado para mí habían logrado localizar a Lois Weber, la agente de prensa y amiga de Marilyn, y Lois Weber había llamado por teléfono prometiendo informar a Marilyn fuera como fuera. Me llamaría tan pronto como concertara la cita. Así pues, era necesario que me quedara en el hotel y no me moviera de allí. Eso resultaba de lo más aburrido, pero no podía ofender la cortesía de tanta gente; y fue así como tuve que resignarme a pasar mis últimas cuarenta y ocho horas en Nueva York en una habitación de la planta decimoctava del Hotel Park Sheraton, frente al televisor. Fue la indigestión televisiva más insoportable que jamás he tenido. Al cabo de un día y una noche de encierro había visto catorce películas, cinco combates de boxeo, ocho partidos de rugby, diez informativos, tres óperas, cinco operetas, siete programas para niños, dos programas de variedades en beneficio de los poliomielíticos, dieciocho transmisiones musicales, dos lecciones de costura, cuatro lecciones de pediatría, un centenar de anuncios. Ya era capaz de preparar cualquier suflé de queso, poner pañales al más caprichoso de los recién nacidos, cantar cualquier cancioncilla de vaqueros, describir con pericia el golpe que había permitido a Sugar Robinson derrotar a Bobo Olson, contar los acontecimientos de Indochina, explicar al más ignorante por qué la salsa de tomate hecha en Tennessee es mejor que la fabricada en Oklahoma. Todo ello mientras atendía la mayor cantidad de llamadas telefónicas de mi vida.

Me llamó incluso Guido Orlando, a quien los estadounidenses llaman el «Rey de la publicidad», originario de Abruzzo, y, después de haber definido mi historia como «sensacional», me ofreció la posibilidad de dar una conferencia de prensa y elevar mi fama a la de Elsa Maxwell. Rechacé la invitación, explicando que estaba enferma, que me dolían los ojos, la espalda, los oídos, que estaba al borde del agotamiento nervioso. Por lo demás, ni siquiera mentía en exceso. Orlando no quedó convencido, llamó a Igor Cassini, quien, bajo el nombre de Cholly Knickerbocker, y escribe la columna más leída en los Estados Unidos. Me hizo hablar con él. Cassini dijo que era una historia exquisita, que me agradecía que se la hubiera contado y que al día siguiente podría leerla en *Journal American.* Una entrevista con Knickerbocker era lo mejor a lo que podía aspirar una persona ávida de publicidad. «Extraordinario», decía Orlando, «extraordinario». Se enfadó cuando le dije que no habría considerado el asunto menos importante de haber entrevistado yo misma al señor Knickerbocker. Yo odiaba a Marilyn con todas sus curvas, sus miedos y sus rizos dorados, lo único que anhelaba era marcharme, al fin y al cabo la había visto, y muy bien, en una tienda de Times Square, donde las famosas fotografías en las que aparece desnuda, tumbada en una alfombra roja, se exhibían en el escaparate y se vendían libremente a veinticinco centavos cada una, cinco por un dólar. En vano me llamaba por teléfono la buena de la señorita Weber diciéndome que Marilyn estaría encantada de verse conmigo, era cuestión de localizarla porque todavía no había vuelto a casa.

El martes por la tarde, día en que había reservado una plaza en el avión de TWA, llegó como un regalo divino. Hice a toda prisa mis maletas y corrí al aeropuerto con una sensación de liberación. El avión estaba en medio del campo, reluciente e inmenso, habría querido acariciarlo. Lamenté que Jean estuviera tan triste mientras yo me sentía tan aliviada y que Irving nos acompañara con lágrimas en los ojos. Faltaban diez minutos para la salida cuando alguien me llamó por teléfono. Era Lois Weber. Su voz era triunfante y me dijo que todo estaba arreglado, que podría reunirme con Marilyn en uno de los próximos días, tal vez incluso al día siguiente. «Darling», le dije, «mi avión está a punto de despegar, mis maletas ya están a bordo. Saluda a Marilyn y dile que no le guardo rencor. Si viene a Italia estaré encantada de verla. Puede llamarme a Milán en cualquier momento». El altavoz llamaba a los pasajeros. Corrí para incorporarme a la fila. «¿Quién era?», me preguntó Irving con un destello de sospecha detrás de sus gafas. «Una amiga», contesté. «Quería despedirse. Le he dicho que la espero en Italia». «¡Oh!», dijo Irving, decepcionado. Yo, en cambio, me sentía alegre. Incluso pude pensar con simpatía en la pequeña Marilyn, que en aquel momento tal vez se estuviera arrepintiendo con Milton Greene de lo mal que había quedado. Pero no lo creo.

11. El vestido de novia manchado de sangre

Ni un solo periodista pudo asistir a la boda de Marilyn Monroe con Arthur Miller y no existe siquiera una sola fotografía de la ceremonia. La boda secreta tuvo lugar el viernes 29 de junio de 1956 y los periodistas estadounidenses recordarán durante mucho tiempo la fecha de la humillación más irritante que han sufrido desde los tiempos de Greta Garbo. La actriz y el dramaturgo fueron muy hábiles para eludir la vigilancia de la prensa, y el trágico episodio ocurrido pocas horas antes de la boda, cuando una periodista francesa murió persiguiéndolos, los ayudó a llevar a cabo sus planes. Un director diabólico no podría haber concebido un guion más desconcertante.

Los periodistas de Nueva York llevaban una semana acechando cada movimiento de Marilyn y Miller, encerrados en la casa de campo del dramaturgo en Roxbury, Connecticut. Ninguno de los dos quería testigos indiscretos en la ceremonia y mantuvieron celosamente ocultos la fecha y el lugar. Luego, el viernes por la mañana, rompieron su mutismo e invitaron a todos a una conferencia de prensa que se celebraría a la hora del almuerzo. Era alrededor del mediodía cuando Marilyn y Miller se dirigieron en coche a la cita. Una fila de automóviles los seguía; algunos periodistas habían preferido ir tras ellos durante un paseo. Detrás del coche de Miller y Marilyn iba el de Mara Scherbatoff, subdirectora de la redacción neoyorquina de *Paris Match* y amiga de la actriz. El accidente se produjo a unos setecientos metros de la casa de Miller. La periodista tomó una curva con velocidad excesiva y el coche se salió de la carretera para ir a chocar contra un árbol. Miller fue el primero en darse cuenta. Frenó y retrocedió. Marilyn corrió llorando hacia el cuerpo de la periodista, quien yacía en medio de un prado, con heridas en la cabeza, el pecho y las piernas, y apenas respiraba. Allí permaneció hasta que regresó su novio, que había salido corriendo a pedir ayuda. Luego, dócilmente, se dejó arrastrar a la casa.

Quienes la esperaban delante de la puerta la vieron llegar con la blusa y las manos empapadas en sangre, una expresión desolada en el rostro. Miller, también manchado de sangre, la sostenía. «Tenemos que posponer nuestro encuentro», tartamudeó Marilyn, «la muchacha se encuentra en condiciones desesperadas. Es horrible que haya sucedido de esta manera». Dos horas después, cuando los recibió, todavía estaba en *shock*. Parecía encogida, asustada, casi como si el drama le pareciera de mal augurio. Habló poco de la boda, «que se celebraría muy pronto pero no sabía cuándo», habló mucho del accidente. Unos minutos antes Mara Scherbatoff había muerto en el hospital, pero ni Miller ni los periodistas quisieron decírselo. En definitiva, no fue una reunión afable. Los periodistas se despidieron casi de inmediato. Marilyn y Miller los dejaron marchar y luego llamaron al juez de paz Seymour Rabinowitz, en White Plains, un barrio de las afueras de Nueva York, para preguntarle si estaba dispuesto a celebrar la boda esa misma tarde, sin contárselo a nadie. El juez dijo que sí.

Eran las 16:30 horas cuando los novios salieron por la puerta de servicio de la casa junto con los primos de Miller, Milton y Florence, elegidos como testigos de la boda. Un taxi los estaba esperando. Marilyn parecía más serena. Llevaba una falda negra y una blusa rosa. En su brazo sostenía una chaqueta de lana. Miller tenía una expresión tranquila, a pesar de sus ojos tristes. Llevaba su habitual traje azul cruzado con la corbata suelta. Entraron en el ayuntamiento de White Plains a las 19:20 horas, junto con sus primos y Milton Greene. No se habían cambiado de ropa y ni siquiera habían tenido tiempo de comprar los anillos. Miller se había quitado la corbata. El juez revisó las licencias matrimoniales y los declaró inmediatamente marido y mujer. En lugar de anillos de boda, intercambiaron dos anillos cualesquiera. «Ya los compraremos más tarde», dijo Miller. La ceremonia duró apenas cinco minutos. Cuando terminó, Miller dijo: «Ahora podemos irnos a casa». El juez contó más tarde que los dos estaban «muy cansados pero felices».

Al día siguiente, cuando un grupo de reporteros irritados fueron a Roxbury para interrogarlos sobre estos detalles, los Miller dijeron que permanecerían en el campo hasta el 13 de julio y luego irían a Londres, donde Marilyn estaba rodando *El príncipe y la corista* con Laurence Olivier. «Siempre y cuando», añadió Miller, «consiga sacar un pasaporte». En efecto, la Comisión Parlamentaria sobre Actividades Antiamericanas lleva dos semanas debatiendo sobre el pasado del dramaturgo, acusado de haber formado parte de organizaciones filocomunistas. En la audiencia del 22 de julio se retractó de sus actividades pasadas, pero se negó a revelar los nombres de los demás intelectuales que participaron en las reuniones incriminadas. «Nunca lo diré», repitió a los periodistas. Marilyn estaba sentada entre sus suegros y miraba a su marido con ojos de adoración. «Hace muy bien», comentó. Dada la situación, es probable que la señora Marilyn Miller tenga que partir sola para el viaje destinado a ser su luna de miel.

12. El embarazo

El hijo de Marilyn Monroe nacerá en octubre y los lectores pueden estar seguros de ser los primeros en recibir la sensacional noticia que todo Estados Unidos desconoce. Lo he sabido por un amigo del señor y la señora Miller que, ignorando mi profesión de periodista, me hizo jurar que no se lo contaría a nadie. Lo juré y ello no me causa demasiados remordimientos. De hecho, no se lo estoy diciendo a nadie en absoluto. Lo estoy escribiendo, que no es lo mismo. Por tanto, sé que Marilyn ha entrado en el cuarto mes de embarazo y que ya ha reservado una habitación en la clínica donde dará a luz. Esta clínica es el Doctor's Hospital de Nueva York, en la 87 East End Avenue. La habitación, con ventanas a un jardín, tiene el número 36. Marilyn la ha reservado para septiembre, con un mes de antelación. Dará a luz a su primogénito mediante un parto sin dolor. Actualmente se encuentra bien. El lunes 10 de junio, a las once de la mañana, Marilyn acudió con su marido a ser examinada por un ginecólogo de la clínica y este le aseguró que se trataba de un embarazo normal. La señora Miller solo tiene que preocuparse por comer mucho, incluso aunque aumente de peso. «No tenga miedo, señora. Recuperará su adorable figura. Es un caso de conciencia profesional y mi deber como buen americano», afirmó el ginecólogo. De hecho, Marilyn está molesta por su apariencia excesivamente florida. Ahora pesa sesenta y ocho kilos, mientras que su peso normal es de cincuenta y cinco.

El amigo de los cónyuges Miller que me confió esta noticia (y a quien el Servicio de Inteligencia no confiaría nada, dado lo dicharachero que es) ve a Marilyn casi todos los días y es un joven muy bien informado. Sin embargo, para estar seguro, pedí confirmación a otras personas que componen el reducido *entourage* de casa Miller, incluido el encargado de prensa que se ha ganado la confianza de Marilyn, reemplazando a Milton Greene. A cada uno de ellos le pregunté sin rodeos: «¿Cuándo nacerá el hijo de Marilyn?». Todos contestaron: «En octubre». Por supuesto, si Marilyn supiera que me habían filtrado su importante secreto, les retiraría el saludo. Si hay algo sobre lo que tiene intención de guardar silencio es su embarazo. Y así ha podido comprobarse en el afán con el que, hasta hoy, lo ha negado obstinadamente. Por esta razón, ningún periódico de los cuarenta y ocho estados ha publicado todavía la noticia de la relevante maternidad. La desconoce Louella Parsons, la chismosa de Hollywood que se jacta de saberlo todo sobre la vida privada de las estrellas y se regocija en comunicar esa clase de acontecimientos al mundo. La desconoce Hedda Hopper, la otra chismosa que reveló a los cinco continentes que Ingrid Bergman esperaba un hijo de Roberto Rossellini. La desconoce incluso Elsa Maxwell, quien, antes de partir hacia Europa, invitó a Marilyn a una cena en el Waldorf Astoria precisamente para saber si la diva estaba embarazada o no.

Marilyn se presentó en la cena enfundada en un vestido negro cuyas costuras estaban a punto de reventar. Su apariencia era inexplicablemente oronda y durante toda la velada estuvo envuelta en una estola de raso para ocultar todo aquel exceso. Elsa Maxwell la miró con recelo y guardó silencio. Pero al día siguiente, precedida por una llamada telefónica, irrumpió en el apartamento de los Miller en el número 44 de la calle Cincuenta y siete. Marilyn la recibió vestida con una falda plisada y el jersey de su marido. El jersey, de lana azul oscura, de manga larga y escote en pico, le quedaba muy holgado y ocultaba sus curvas. Maxwell la miró con atención y dijo: «Que una mujer lleve el jersey de su marido significa dos cosas: o está embarazada o está muy enamorada. Ahora, niña mía, sé sincera con tu vieja Elsa». Marilyn, que es toda una actriz, abrió sus dos ojazos, estupefactos e ingenuos, ante el rostro de

Maxwell. «Querida Elsa, nadie mejor que tú sabe lo enamorada que estoy de Arthur. Me encanta usar sus jerseis. Así siempre tengo la impresión de estar abrazada a él». Maxwell pareció quedar convencida y negó la noticia, clamorosa y rotundamente, en el *Weekly American.*

Lo siento por Elsa Maxwell, que, de todas, es la más simpática y, a su edad, no merece que la engañen. Ese día, Marilyn le dijo una mentira como una casa. A Maxwell le habría bastado con echar un vistazo al hogar de los Miller para notar detalles significativos que revelaban la existencia del *nasciturus.* Una de las siete habitaciones que componen el apartamento ya ha sido transformada en nido. En un rincón cerca de la ventana, Marilyn ha colocado incluso la cuna en la que su intelectual marido se chupaba el dedo pulgar. La cuna es de mimbre, similar a las que utilizan las familias israelíes del barrio de Brooklyn, y se la ha regalado la madre de Arthur, que conservaba la reliquia como un celoso recuerdo y no había querido regalársela ni siquiera a Mary Slattery, la primera esposa de Arthur. Marilyn la ha modernizado con tul blanco, sin optar ni por el rosa ni por el azul; de hecho, le da igual si el niño es un varón o una hembra. Lo único que le importa es tener un hijo. La maternidad siempre ha estado en lo más alto de sus deseos y hasta ahora solo una serie de circunstancias desafortunadas le han impedido alcanzarla.

Cuando estuvo casada con el policía Jim Dougherty, no quedó embarazada ni una sola vez. Cuando se casó con Joe DiMaggio, él le dijo enseguida que no quería tener hijos porque ya tenía dos. El día que Marilyn logró poner a su segundo marido ante los hechos consumados, una repentina enfermedad la obligó a interrumpir su embarazo. Marilyn no es una mujer robusta. Su salud siempre ha sido delicada. Sufre numerosas dolencias molestas y ha tenido que ser ingresada cuatro veces en el hospital para someterse a operaciones de riñón o de intestino. Poco antes de divorciarse de Joe DiMaggio sufrió un ataque de apendicitis con sospecha de peritonitis. En aquella ocasión fue sometida a otra delicada operación que puso en grave peligro la posibilidad de ser madre. Los médicos fueron sinceros con ella. «Podemos curarla», le dijeron, «pero no podemos asegurarle que pueda tener hijos más adelante». Marilyn sufrió un ataque de nervios. Se puso a gritar que prefería morir y se negó a entrar en el quirófano. Su querida amiga, Natasha Lytess, una rusa que le enseña recitación, la convenció. Natasha le dio a Marilyn una medalla de plata con un Cristo en relieve y le dijo: «Guárdala contigo. Quién sabe, tal vez te haga una gracia». Durante la operación, Marilyn sostuvo la medalla de plata en la mano y recibió la gracia. Una semana después, los médicos le aseguraron que, con un poco de precaución, podría completar casi con toda seguridad un embarazo sin problemas.

En cambio, las cosas no fueron tan sencillas. Después de su matrimonio con Miller, que tuvo lugar en julio del año pasado, Marilyn esperaba ardientemente tener hijos, pero no habían pasado cuatro meses cuando tuvo que soportar la tristeza de un nuevo aborto espontáneo. De hecho, cuando estaba filmando la película con Laurence Olivier en Londres, Marilyn estaba embarazada. No se lo contó a nadie por temor a que le acarreara desgracia, pero su reserva no le trajo suerte en ningún caso. Durante el viaje de regreso a Nueva York, Marilyn se sintió enferma y poco después tuvo que renunciar a su hijo. Lo mismo le ocurrió a principios de año. Por lo tanto, esta es la primera vez que consigue superar el período difícil que constituyen los dos meses iniciales. Si la mala suerte no se encarniza con ella, ya no hay peligro de que su sueño no se haga realidad. No sufre. A diferencia de Joe DiMaggio, Miller no considera inapropiado darles un hermanastro a Bob y Jane, los hijos que tuvo de su anterior matrimonio. Bob tiene ahora nueve años, y Jane, doce. Todos los sábados van a casa de su padre y de Marilyn y, junto con ellos, van a pasar el fin de semana a East Hampton (Long Island), donde los Miller tienen alquilada una casa en la playa. Los dos niños quieren mucho a Marilyn, que los ciñe con un amor casi morboso y ya ha decidido designarlos como padrino y madrina de su bebé. Esto es lo único que no le gusta a la primera señora Miller, quien no demuestra ningún resentimiento hacia la diva que le robó a su marido e, invitada a emitir un juicio sobre ella, dijo: «She is really a remarkable woman. She deserves to be happy». (Es de verdad una mujer extraordinaria. Se merece ser feliz).

No hay duda de que Marilyn está feliz. Hace unos días le dijo a mi informante, a quien el Servicio de Inteligencia no le confiaría nada: «En mi vida nunca he querido joyas, coches ni medias caras. Las joyas me intimidan, los coches no los necesito porque siempre hay alguien que pone el suyo a mi disposición, puedo prescindir de las medias porque tengo los pies bien torneados. Lo que siempre he deseado, en cambio, es una cama bonita y cómoda, posiblemente de dos plazas y media, un marido sabio y un hijo. Tengo la cama y el marido sabio. El niño también llegará pronto. No puedo pedir más». Está serena, libre ya de cualquier complejo de inferioridad. Su matrimonio con Miller le ha dado una seguridad que nunca había conocido en su vida. «Arthur es un intelectual, yo soy una ignorante. Sin embargo, nunca me siento estúpida con él», afirma. «Es la primera vez que puedo hablar con alguien que es capaz de escucharme sin burlarse de mí».

Está enamorada, Miller es para ella una especie de genio que nunca habría soñado con conquistar. Desde que lo conoció, en 1951, quedó impresionada. En aquel momento Marilyn aún no era la mujer de Joe DiMaggio y empezaba a abrirse camino en el mundo del cine. Se vieron por primera vez en Hollywood, en un cóctel, y, cuando se marchaban, Marilyn le dijo a Natasha Lytess: «¿Has visto lo que se parece ese a Abraham Lincoln? Es la clase de hombre que me gustaría tener como padre de mis hijos». Abraham Lincoln era su dios, desde entonces mantuvo el retrato de Lincoln en la cabecera de su cama. Natasha Lytess le dijo: «Déjalo correr. No es tu tipo». De hecho, Marilyn eligió a DiMaggio, que le parecía más adecuado. Así que es natural que ser la esposa de Miller le parezca ahora una especie de sueño. Basta con mirarla, dicen sus amigos, cuando está con él. Lo observa fijamente como una esclava, corre tras él como un cachorro. Su humildad hacia Arthur es conmovedora. Por él ha empezado a estudiar hebreo, un idioma muy difícil que ya habla con cierta fluidez. Por él ha empezado a estudiar la filosofía de Spinoza, de la que confiesa no entender gran cosa. Por él sigue asistiendo al Actors Studio dos veces por semana. «Quiero ser una gran actriz», repite, «quiero estar a la altura de Arthur, que, como ya sabéis, es un gran escritor». Por él se levanta cada mañana a las cinco, algo que, siendo tan perezosa, nunca se le habría ocurrido hacer. Miller se levanta a las cinco porque prefiere trabajar de madrugada y está terminando una nueva obra. Entonces, tan pronto como entra al baño, Marilyn corre a la cocina y prepara el *breakfast.* Ha aprendido a cocinar huevos con salchichas sin romper la yema ni quemar las salchichas, ha aprendido a hacer algunos pasteles que le ha enseñado su suegra. El resultado de sus dotes culinarias es tal que, en los últimos meses, el dramaturgo ha engordado doce kilos.

Miller le corresponde con ternura. Se preocupa por su salud y por su carrera. Sabe que la ambición de Marilyn es actuar en el teatro, junto a Marlon Brando, el actor que ella más estima, y le ha prometido escribirle una comedia divertida. La obra se presentará en Broadway y Marlon Brando ya ha prometido participar junto a Marilyn. Esto no lo sabe nadie, pero es fácil imaginar que los estadounidenses lo agradecerán mucho, del mismo modo que se emocionarán extraordinariamente con la noticia de que Marilyn está esperando un hijo. Más allá de sus actitudes desenfadadas y su costumbre de divorciarse, los estadounidenses son un pueblo conformista, que valoran mucho el hogar familiar. Nada les alegró más que saber que la gélida Grace Kelly amamantaría a su Carolina. El hecho de que Marilyn se convierta en madre superará incluso esa euforia. No cabe duda de que Marilyn y Miller son la pareja más popular en Estados Unidos en la actualidad (después de Ike y Mamie Eisenhower), y ni siquiera el juicio político al que tuvo que someterse Miller en Washington pudo minar su popularidad. A los estadounidenses les gustó que Marilyn estuviera presente en el juicio y que, vestida sin gracia, con el rostro sin maquillaje, unas gafas oscuras ante los ojos llenos de lágrimas, siguiera con digna compostura el drama de su marido, decidido a no revelar los nombres de las personas que habían participado con él en las reuniones comunistas de 1947. Miller ha sido declarado culpable y los estadounidenses están avergonzados. John Steinbeck, en un artículo publicado en la edición de junio de *Esquire,* defendió a Miller y escribió: «No sé qué habría hecho yo en su lugar. Solo sé que me habría gustado demostrar mi fortaleza moral y estar en paz con mi conciencia como lo ha hecho él. Nadie puede quitarme de la cabeza que los Estados Unidos están mejor defendidos por aquellos que demuestran coraje individual como Arthur Miller que por ese patriotismo demagógico al que el doctor Johnson llama "el último refugio de los canallas"». Ahora todo el mundo está a la espera de saber si a Miller lo mandarán a la cárcel o no. La decisión corresponde al juez que, si lo desea, puede cambiar la pena de prisión por una multa de diez mil dólares, y corresponde al propio Arthur Miller, quien tiene derecho a apelar la sentencia y llegar hasta el Tribunal de Casación. Miller aún no ha apelado y Marilyn ha dicho: «Si considera oportuno ir a la cárcel, no me opondré. Estoy lista para hacer las maletas e irme a la cárcel con él».

Como es natural, hay que descartar que la Corte Suprema permita que Marilyn vaya a prisión para hacerle compañía a su Arthur. Pero no es descabellado pensar que toda la opinión pública se levantaría contra la hipótesis de que el hijo de la mujer más famosa y querida de los Estados Unidos nazca mientras su padre está en la cárcel. La reserva de Marilyn evidentemente tiene un propósito. El hijo que lleva en su seno es quizá la carta más útil que le queda por jugar en favor de su rebelde e imprudente marido.

13. Una hora con Arthur Miller

Mi cita era en la propia casa de los Miller, en la calle Cincuenta y cuatro, Este, un barrio tranquilo y elegante, no lejos de Madison Avenue. Me acompañaba Warren Fisher, el encargado de prensa de Marilyn. Un portero receloso nos acompañó al piso trece y tocó el timbre con cautela. Arthur Miller vino a abrirnos y el dintel de la puerta lo enmarcó como un sello postal enmarca la cabeza de un rey. Llevaba unos pantalones grises sin raya y un jersey de lana azul oscuro. En su rostro delgado y bronceado, al que las gafas finas daban un aire más pensativo, había una expresión tímida y amable. Me pareció increíblemente alto. Increíblemente fuerte, y muy hermoso. Tal vez porque estaba enmarcado como un sello postal, pensé enseguida que los estadounidenses deberían haberlo elegido presidente en lugar de sentenciarlo a un mes de prisión: sería un presidente de lo más decorativo. Lo saludé estrechando su mano grande y nudosa, de carpintero. En el pasillo, justo frente a la puerta, había dos retratos de Lincoln. Si Lincoln no hubiera usado patillas, se habría dicho que eran retratos de Miller. «Es verdad que se parece a él, como dicen», exclamé.

Miller sonrió torpemente y se metió las manos en los bolsillos, balanceándose sobre sus larguísimos pies como para ocultar su vergüenza. «En otros tiempos», dijo, «esta historia me molestaba. Le tengo demasiado respeto a Lincoln y no lo creía, pero un día, mi hija Jane encontró una moneda con la cabeza de Lincoln y empezó a gritar que habían grabado a papá en el dinero. Así que me resigné y decidí que había algo cierto. Me parezco a él especialmente del lado izquierdo», dijo cubriendo la mitad del retrato y colocando su rostro al lado. Hablaba en voz baja y pausada, con un ligero deje de ironía y una paciencia infinita, como si repitiera un discurso aprendido de memoria a esas alturas. Le pregunté si los retratos eran suyos y si los había colocado allí para burlarse de sí mismo. «No, no», dijo Miller, «pertenecen a Marilyn. Ya los tenía antes incluso de conocerme. Siempre ha estado enamorada de Lincoln. Creo que yo le gusté sobre todo por eso. El de arriba lo tenía en la cabecera de la cama, pero cuando nos casamos le rogué que lo quitara. No podía dormir con Lincoln mirándome con tanta severidad. Hacía que me sintiera incómodo». En ese mismo momento sonó el teléfono. Miller se alejó y me quedé a solas con Warren.

Warren estaba nervioso. Ningún periodista, me repetía con educada insistencia, entra jamás en casa de los Miller; tenía que considerar esa excepción que habían hecho conmigo como un raro privilegio. Miller es un buen hombre, respondió a todas mis preguntas: por amor de Dios, no es que yo abusara de él preguntándole cosas indiscretas. Asentía sin escucharlo, absorta mirando la ropa de Marilyn que podía entreverse en un armario abierto. Había dos abrigos de visón y el vestido de lentejuelas que Marilyn había lucido en Londres para el estreno de la película con Laurence Olivier. Al lado de un sombrero de Miller había un sombrerito suyo: de paja blanca, con cintas rojas. Estaba saboreando una enorme revancha. Dos años antes, mientras estaba en Nueva York, había vivido una divertida aventura por culpa de Marilyn. Quise entrevistarla y no pude. El calvario había durado dos semanas, decenas de personas se habían movilizado para ayudarme, muchos columnistas me habían dedicado párrafos que sonaban como una invocación a la diva. Pero nadie había sido capaz de localizar a Marilyn, que, como supe más tarde, se encontraba en Connecticut con Arthur Miller.

Cuando por fin se concertó la cita, mi avión estaba a punto de despegar de la pista de Idlewild: volvía a Europa. Había escrito un artículo sobre la entrevista fallida que me valió el apodo de «la periodista incapaz de ver a Marilyn». Y ahora, por fin, estaba en casa de Marilyn. No es que quisiera hablar en realidad con ella; esta vez el objeto de mi interés era Arthur Miller, el hombre que había logrado desposarla. En todo caso, no me importaría echarle un vistazo y reírnos juntas del famoso episodio. Y Miller lo sabía. «Marilyn vendrá cuando termines la entrevista con Miller», me había informado Warren Fisher. «Arthur dice que ella también tiene curiosidad por verte después de leer en ese artículo que la odiabas como una mujer celosa».

«Era Marilyn, desde el hospital. Anoche se compró un cuchillo de cocina y mientras cortaba lonchas de salami se rebanó un dedo hasta el hueso. La veremos llegar con la mano vendada», dijo Miller, acompañándonos hacia la sala de estar. En la sala había un piano, un sofá, unos sillones, una barra llena de botellas intactas (Marilyn y Arth son abstemios). «Hace mucho tiempo que tenemos alquilada esta casa, pero el año ha sido demasiado movido: primero la película en Inglaterra, luego el juicio y luego la interrupción del embarazo. Ahora vamos a empezar a equiparlo con muebles nuevos», dijo Miller, tirándose en el sofá. La lámpara iluminaba sugestivamente sus mejillas hundidas, su imperiosa nariz judía, sus grandes ojos color avellana, que escrutan a la gente con inesperada bondad, y su incipiente calvicie. Si alguna vez hubo un intelectual con cara de intelectual, ese es Arthur Miller. Hay algo en él de digno y protector a la vez: es fácil de entender por qué una mujer insegura y solitaria como Marilyn se casó con él a despecho de todos. «Marilyn se esmera mucho por la casa, entre otras cosas porque pasamos la mayor parte de nuestros días aquí. Nuestras amistades son limitadas, salimos muy poco a pasear. Ya sabe lo que pasa con Marilyn: bloquea el tráfico cuando está en la calle. Y no basta con que se oculte con un pañuelo o detrás de unas gafas de sol: la reconocen por su forma de caminar, ya me he acostumbrado, pero en cierto sentido me sigue molestando un poco».

Sonrió con ternura. «Lo cierto es que nuestro verdadero hogar está en el campo. Hemos comprado doscientos acres en Connecticut y Frank Lloyd Wright nos está preparando el proyecto. Es un lugar muy hermoso, ni siquiera pasan los aviones. Viviremos allí hasta que seamos viejos, allí podré trabajar en paz. Marilyn quiere amueblar mi estudio y pintarlo todo de blanco excepto la máquina de escribir. Es un demonio para mi trabajo. Pretende que escriba a horas concretas y en parte lo ha logrado. Escribí mi última obra en seis semanas, trabajando en ella todas las mañanas de siete a una y todas las tardes de siete a once». Esta comedia, de la que Miller no quiere hablar todavía, tiene un personaje femenino que se inspira precisamente en Marilyn. «Cuando se lleve a escena, en otoño del año que viene, comprenderá por qué digo que solo podría haberla escrito estando cerca de mi mujer».

A diferencia de otros escritores americanos, Arthur Miller no escribe artículos, ni guiones cinematográficos, ni libros. «Solo escribí una novela y no volví a intentarlo. Demasiadas palabras. Al menos ocho de cada cien personas saben escribir una novela. Solo una de cada cien sabe escribir una obra teatral. Prefiero el teatro porque me gusta hablar directamente con la gente, con pocas frases, pero precisas». Como es lógico, esa no es la mejor manera de ganar dinero. Pero Miller no tiene especial interés en ser millonario: «Solo me hace falta lo necesario para vivir. No soy rico y estoy encantado de no serlo». Ya era una celebridad de Broadway cuando alardeaba de no tener coche y de utilizar el metro para llegar a la ciudad desde Brooklyn. En Brooklyn, cuando estaba casado con Mary Slattery, vivía modestamente: en un barrio habitado por gente pobre, armenios, turcos, sirios, italianos. Y ahora que vive en el East Side, sus costumbres no han cambiado. Por ejemplo, él y Marilyn solo tienen un coche, el Thunderbird blanco. «¿Para qué nos hace falta un coche para cada uno? Conduce siempre ella porque yo me distraigo y no tengo sentido de la orientación». «Arthur nunca se acuerda de dónde venimos y por eso me llama Direction Finder», dice Marilyn. «Pero también me llama Terrible Penny, Encanto Alado y Dulce Hermosura: todos nombres muy literarios». Ni a él ni a ella les importa la elegancia, Miller odia ir al sastre: tiene cuatro trajes. «Pero los buenos son dos: el que se puso para casarse conmigo y el otro», dice Marilyn. El otro es el esmoquin que se hizo para ir a Londres con ella. La única debilidad en términos de vestuario, para Arthur Miller, son los zapatos. Se los compra bonitos y caros, pero una vez cada dos o tres años. En casa, su personal de servicio es reducido. Solo tienen una criada negra de cincuenta años que muchas veces ni siquiera prepara la comida. La cocinera es Marilyn, quien recientemente le dijo a un periodista: «Sé hacer pan y espaguetis, pero tal vez sea mejor no publicar estas cosas».

Un nivel de vida tan modesto es coherente con un personaje como Arthur Miller, hijo de un fabricante de abrigos de señora que acabó siendo viajante de comercio. La familia Miller vivía en Brooklyn, en una casa siempre llena de ruidosos parientes, entre ellos treinta tíos que eran viajantes. La educación de Arthur Miller, como la de Marilyn, no tuvo nada de sofisticada ni de literaria. Era pésimo en el colegio; cuando llegó el momento de matricularse en la universidad, lo rechazaron porque su media académica era insuficiente. Luego le dijeron que lo admitirían si presentaba cartas de cuatro profesores que al menos dieran testimonio de su inteligencia. «Ni uno siquiera de ellos aceptó escribir una declaración tan comprometedora», afirma Arthur Miller. Así que se puso a trabajar como viajante de comercio, mecánico y conductor de camión, pescador, y solo después de leer *Los hermanos Karamazov,* tras confundir la portada con una novela policíaca, decidió dedicarse a la literatura.

Escribió una carta a la Universidad de Michigan explicando que quería ser periodista y para ello tenía que graduarse. La carta era tan hermosa que la aceptaron. «Como es natural, escribí periodista porque me daba vergüenza admitir que un cabeza hueca como yo aspiraba a escribir algo serio», dice Miller con bondadosa malicia. En la universidad escribió su primera obra de teatro, que le valió un premio y una máquina de escribir, la misma con la que trabaja hoy. Tras la licenciatura, se ganó la vida escribiendo para la radio, actividad que detesta: «Es lo mismo que escribir sobre hielo. No queda nada».

El teatro, en cambio, perdura. La cultura, en los Estados Unidos, es teatro. Y el teatro, en los Estados Unidos, es Broadway. De modo que Miller ama Broadway: «El único lugar en los Estados Unidos donde un pensador independiente puede actuar». Y Broadway corresponde a su amor proporcionándole de vez en cuando algún disgusto: dos de sus últimas comedias, como *The Crucible,* permanecieron en escena seis meses apenas. Pero Miller no se desanimó. Es testarudo como un revisor, sereno como un fraile y va directo a su objetivo sin preocuparse por comprobar si la gente lo aprueba o desaprueba. «Escribí una obra sobre un hombre que se suicida porque no le agrada a nadie. Sería un idiota si me esforzara por caerle simpático a todo el mundo». Lo entiendan o no, solo le obsesiona un problema: la necesidad del hombre de examinarse a sí mismo y sus relaciones con la sociedad.

El problema también es suyo y, desde un punto de vista privado, Miller lo ha resuelto brillantemente: casándose con la rubia más deseada del mundo. Desde el punto de vista político, en cambio, lo ha resuelto con muchas desgracias. Pero las dos cosas no son independientes la una de la otra. Miller cree que no se habría visto atrapado en la caza de brujas y no lo habrían juzgado por desacato al Congreso de no haberse casado con Marilyn. El Comité de Actividades Antiamericanas necesitaba nombres refulgentes y no es casualidad que la primera lista negra se hiciera en Hollywood y la segunda en la televisión: mientras que Broadway, que reúne a una élite de personas menos conocidas por el gran público, nunca ha tenido una lista negra. Miller obtuvo el divorcio de su primera mujer el 12 de junio de 1956 y se casó con Marilyn diecisiete días después. Fue llamado a declarar ante el comité el 21 de junio. Ahora era demasiado popular para irse de rositas. Fue juzgado en mayo del año siguiente. Fue un juicio al marido de Marilyn.

Miller habla del juicio sin prudencia y sin hipocresía. Sabe que se comportó con dignidad. El Comité de Actividades Antiamericanas de la Cámara de Representantes le hizo doscientas dos preguntas. Respondió a doscientas: es decir, las que le concernían personalmente. Es más, utilizó un tono frívolo y mundano, lo que no es habitual en él. Habló de Ezra Pound y de Elia Kazan, de los artistas de la China Roja y de Franco. «Siempre he sido defensor de la República en España y me siento orgulloso de ello. Creo que la democracia fue destruida con la victoria de Franco», afirma. Disertó incluso sobre sus obras, paciente y cortés, como si estuviera dando una conferencia en un club femenino. Cuando se le preguntó cómo juzgaba el hecho de que los comunistas sintieran tanta predilección por representar sus obras, respondió: «No me hago responsable de quienes representan mis obras, como tampoco General Motors se hace responsable de quienes conducen sus Chevrolets». Pero cuando le pidieron que dijera quién era el presidente de las reuniones comunistas en el Waldorf Astoria y quiénes habían participado en ellas, se puso rígido. «Señor juez, entiendo la filosofía que está detrás de su pregunta, pero espero que usted también entienda la mía. No puedo dar nombres ajenos ni causar daño a otros. Eran escritores y poetas, y la vida de un escritor es lo suficientemente dura como para que yo se la haga más difícil delatándoles. Al decir esto no pretendo proteger al Partido Comunista ni a los comunistas. Protejo el respeto por mí mismo».

Un comportamiento como ese se había visto en muy pocas personas. En 1948 se negaron a responder los «Hollywood Ten» (los diez guionistas de Hollywood condenados a nueve meses de prisión), el sindicalista John Watkins, la dramaturga Lillian Hellman, ninguno de los cuales era comunista, por lo demás. El resto, incluidos Kazan, Artie Shaw y Robert Rossen, mencionaron nombres para no destruir sus carreras. De hecho, ni los «diez» de Hollywood ni Lillian Hellman pueden trabajar ya para Hollywood o la televisión; cuando lo hacen, utilizan firmas falsas o no firman, por lo que el óscar de la Academia al mejor guion cinematográfico de este año fue para un autor sin firma: se cree que es Dalton Trumbo, condenado a nueve meses.

Miller padeció una ola de impopularidad a consecuencia del juicio. «Con este asunto», afirma, «me he visto perjudicado en todos los sentidos, incluso en el ámbito profesional y económico. Tendré que trabajar muchos años para pagar a mis abogados, que todavía van y vienen entre Washington y Nueva York». No quisieron darle el pasaporte para seguir a Marilyn a Londres y no faltó quien, como el columnista Walter Winchell, se burlara de él por ello: «No nos conmovamos demasiado. Los estadounidenses confunden a Marx y Lenin con Julieta y Romeo». Fueron pocos los que salieron en su defensa, con la excepción de Steinbeck, quien publicó un artículo muy valiente en *Esquire.*

Miller siente gratitud hacia Steinbeck, a quien apenas conoce, al igual que al juez Charles McLaughlin, que lo condenó y cuya actitud define como «loable pero no jurídicamente válida». Y también siente gratitud hacia los miles de estadounidenses que le han escrito cosas amables. «Solo un pequeño porcentaje de las cartas», dice, «estaban dirigidas a *ese sucio judío*». Miller dice: «Hay algo bueno en Estados Unidos: te tratan mal, pero al cabo de cinco años es posible que te exalten como a un héroe». Quizá se refiriera a Von Braun. «El otro día me invitaron en televisión a decir lo que pensaba sobre esa cosa que gira alrededor de la Tierra. No acudí: expresé mi opinión hace tres años cuando sostuve que los rusos estaban por delante de los estadounidenses en la investigación científica. Quien me reemplazó afirmó lo mismo. Todavía me quedan tres años para convertirme en héroe: una vez que quede claro que decir la verdad no tiene nada que ver con el comunismo».

¿Es Arthur Miller comunista? No lo es. Siempre se ha declarado radical, «si bien un radical afligido por muchas incertidumbres». Si fuera italiano, escribiría para *Il Mondo* y participaría en las conferencias de Pannunzio. Cuando le pregunté si consideraba que los Estados Unidos eran un país libre, respondió: «Todo país puede ser más libre de lo que es. En todo país libre se persigue y se ha perseguido a gente inocente. Sería más exacto decir que en los Estados Unidos se libra una batalla por la libertad. Y donde hay una batalla, allí quiero estar yo también. Pero si la medida de la persecución es la medida de la libertad, debo concluir que el mío es un país libre. Aquí me sentenciaron a un mes de prisión con la condicional. En Rusia me habrían fusilado».

Quienes conocen a fondo a Miller sostienen que ha cambiado en los últimos tiempos: hace dos años no habría hablado así. Tampoco la caza de brujas es ya lo que era hace dos años. «Por supuesto que he cambiado», dice Miller. «Tengo más tolerancia y más indignación». «¿Y ha cambiado a causa del juicio o ha cambiado a causa de Marilyn?». Warren Fisher me fulminó con la mirada cuando hice esta pregunta. Miller sonrió con su típica expresión de sosiego y contestó: «Es una pregunta razonable. He cambiado sobre todo gracias a Marilyn. A los cuarenta y un años soy un hombre nuevo. A través de ella he podido entender muchas cosas y quizá solo después de mi matrimonio haya aprendido a vivir».

¿Y ella también ha cambiado? Miller niega con la cabeza. Marilyn es siempre la misma y ¡pobre de ella si cambia! Sigue vistiéndose con la misma ropa ajustada y escotada, sigue llegando por lo menos tres horas tarde a las citas, sigue contestando con esas terribles frases que no se sabe si son signo de estupidez o de excesiva inteligencia: «¿Cómo se las apañan para mirarme y escribir en sus cuadernos al mismo tiempo?». (Pregunta dirigida a los periodistas durante una rueda de prensa). «Oh, claro que este vestido tiene algo especial. No llevo nada debajo». (Respuesta a un periodista durante el estreno de *El príncipe y la corista* en Nueva York). No ha renunciado a ser actriz, pronto rodará *El ángel azul.* Miller dijo: «Soy tan ambicioso respecto a la carrera de Marilyn como lo es Marilyn respecto a la mía. Es una actriz extraordinaria, no digo nada nuevo. Y puede ser una trágica insuperable, como la Duse. De hecho, solo las criaturas que tienen sentido del humor y son capaces de reír pueden comprender las tragedias de la vida».

Sus ojos brillaban detrás de sus gafas y se me vino a la cabeza el comentario del dramaturgo Si Howard: «Arthur y Marilyn son dos solitarios que han tenido la suerte de encontrarse entre la multitud. Ella era un instintiva a la que le hacía falta encontrar un cerebro, él era un cerebro al que le hacía falta encontrar un instinto. Ahora han alcanzado su equilibrio. Si tuviera que ponerle un plazo a ese matrimonio, diría: toda la vida».

Y Marilyn, ¿dónde estaba Marilyn? Arthur Miller es un conversador tan brillante que casi nos habíamos olvidado de ella. «Disculpe un momento», dijo, acercándose al teléfono, que volvía a sonar. «No te preocupes», dijo Warren. «Ella es de esa clase de personas que siempre te hace esperar». En cambio, Miller volvió solo. «Era otra vez Marilyn», dijo. «La retienen en el hospital para asegurarse de que no tenga infección en el dedo», y en su rostro tenía una expresión desolada y divertida al mismo tiempo. «¡Vaya ridiculez!», dijo, «será para la próxima vez». «No hay nada que hacer», contesté, «soy la periodista incapaz de ver a Marilyn». Y al llegar a la entrada miré con odio las pieles de visón y el vestido de lentejuelas de Marilyn. Me pareció la ropa de un fantasma. «Oiga», le dije, «¿está usted realmente seguro de que su esposa existe?». Miller se echó a reír a carcajadas y me juró que sí: «Existe, por suerte para mí». La verdad es que no le envidio a la invisible Marilyn sus formas inimitables. Le envidio a Arthur Miller.

14. La sombra de Gregory Peck

Si Marilyn Monroe no fuera, casi con toda seguridad, una de las mujeres más inteligentes de América, lo ocurrido en estos días bastaría por lo menos para destruir sus complejos de inferioridad y hacerla cruzar, sola, un paso a nivel mientras el tren va acercándose: ella, que no se atreve a bajar de la acera si no va acompañada de cinco personas. Y si Gregory Peck no fuera, casi con toda seguridad, uno de los hombres más pacientes de Hollywood, enemigo de la violencia y del lenguaje soez, cabría preguntarse cuántas veces, en estos últimos días, la ha mandado al infierno: maldiciendo el momento en que renunció a la película de la que esa mujer de treinta y tres años a quien los bobos se empeñan en calificar de «tonta de remate» ha conseguido cambiar, hasta el día de hoy, título, guion, director y protagonista masculino.

El caso es que Gregory Peck se esfuerza mucho en ser Gregory Peck y está convencido, con razón, de que, para entrevistar a un personaje como él, no hay necesidad alguna de recurrir al nombre de Marilyn Monroe. Otro dato es que Gregory Peck ha venido a Europa para promocionar su película *La hora final,* que protagoniza junto a Ava Gardner y no Marilyn Monroe. Un último dato es que se había jurado a sí mismo no pronunciar nunca más una frase sobre Marilyn Monroe. Y, sin embargo, desde que salió de su casa en Summit Ridge, encima de Sunset Boulevard, no le han dejado hablar de otra cosa que no sea de esta increíble mujer que logra capitalizar la atención del mundo cada vez que queda embarazada, se tuerce un tobillo, protagoniza una película o provoca un estropicio.

Todo empezó en el aeropuerto de Los Ángeles, donde Gregory Peck llegó con su esposa Véronique para dirigirse a Nueva York, primera parada de un viaje publicitario que finalizará en Moscú, donde Peck ha sido invitado a presentar *La hora final* a Jrushchov. Gregory se mostró, dicen, inusualmente amable y conversador: hoy en día ir a Moscú está tan de moda como lo estaba para nuestros abuelos ir a París o Budapest, y para subrayar la importancia del acontecimiento, había preparado incluso una declaración para leerla ante los periodistas. En efecto, en cuanto estos lo rodearon, Gregorio abrió sus célebres labios y empezó a decir: «My travel to Moscow...». Lo interrumpió enseguida una alborotada sucesión de gritos: «¿Qué opina de Marilyn Monroe? ¿Por qué no ha rodado la película con Marilyn Monroe?».

Gregory, dicen, quedó muy decepcionado. Murmuró algunas frases de circunstancia y subió a su avión convencido de que los periodistas de Los Ángeles la tenían tomada con él y con su viaje. Sin duda, los periodistas de Nueva York no serían tan bobos e inoportunos. Con esta certeza, siete horas después aterrizó en el aeropuerto de Idlewild y, con una sonrisa confiada, reanudó su discurso: «My travel to Moscow...». De nuevo se vio interrumpido por gritos alborotados: «¿Qué opina de Marilyn Monroe? ¿Por qué no ha rodado la película con Marilyn Monroe?». Gregory bajó las pestañas, explicándose mansamente a sí mismo que los periodistas de Nueva York pertenecen a la misma raza que los de Los Ángeles, y se subió al avión que lo llevaría a París. Sin duda todo iba a ser muy diferente en París y la presencia de Véronique justificaba este optimismo. Véronique es francesa y era una modesta periodista de *France Dimanche* cuando, hace cinco años, dejó su carrera para correr tras la estrella que había jurado conquistar. Una aventura tan audaz y romántica hace honor a toda la prensa francesa: nadie, al volver a ver a Véronique, se habría atrevido a hablar de Marilyn Monroe. Gregory llegó pues al aeropuerto de Orly y su sonrisa era más confiada que nunca mientras tomaba del brazo a su mujer, irreconocible con su capa de visón y sus hollywoodienses ayunos, y se obstinaba en repetir: «My travel to Moscow…». Entre los disparos de *flashes,* se alzaron numerosas voces: «¿Qué opina de Marilyn Monroe? ¿Por qué no ha rodado la película con Marilyn Monroe?».

Aquello superó todo límite. Dicen que Gregory Peck estaba realmente molesto. Y, sobre todo, lo estaba Véronique, que como chica sensible no comparte en absoluto la opinión de Wilder según la cual Marilyn es «una maraña tan satírica de sexo e inocencia que no molesta a las esposas celosas». A pesar de todo, se esforzaron por sonreír y se dispusieron valientemente a tomar la revancha en Roma. Gregory no había vuelto a Roma desde hacía siete años y aquí, todo el mundo lo sabía, había hecho llorar a Verónica, que había venido expresamente desde París, al negarle una ansiada entrevista. Nadie en Roma se atrevería a importunarlos con preguntas acerca de Marilyn Monroe. Sin embargo, cuando el avión aterrizó en las pistas de Ciampino y Gregory bajó las escaleras con su orgullosa consorte y las habituales preguntas volaron en el viento, quedó claro que esta vez ni siquiera le oirían pronunciar las palabras «My travel to Moscow…». Gregory llegó al hotel, resignado, y su voz sonó como un susurro consternado mientras respondía a los periodistas: «Si no he hecho esa película es porque soy un hombre afortunado. No cabe duda de que ha sido un gran golpe de suerte librarme de una película junto con Callas: *Los cañones de Navarone,* que voy a rodar en Grecia en febrero, tendrá otra compañera. Pero ha sido un golpe de suerte aún mayor librarme de una película con la señora Monroe. Aprecio, pueden verlo, a las mujeres que saben lo que quieren, pero también aprecio vivir en paz. ¿Que qué pienso de ella? Creo que en su vida es una actriz maravillosa. Si es también una buena compañera de trabajo, sencillamente no lo sé. No tuve tiempo de darme cuenta. ¿Que si me arrepiento de no haber hecho esa película con ella? Un poco, es obvio: una película con la señora Monroe es siempre un excelente éxito de taquilla».

El dardo final les pareció poco galante a algunos, como por lo demás la perorata entera. Pero para absolverlo a medias, por lo menos, hay que ponerse en la piel de una estrella que se encuentra desde hace dos semanas, contra su voluntad, promocionando una película y a una mujer que casi le causan una enfermedad del hígado. Y, sobre todo, es necesario saber qué pasó antes de que Gregory Peck llegara a Europa para comprender su irritación. A nadie le gusta que se la jueguen, desde luego, pero a un experto en diplomacia cinematográfica de cuarenta y tres años como Gregory Peck debió de gustarle aún menos que alguien como Marilyn Monroe consiguiera demostrarle que iba varios pasos por delante de él. El caso es que a Marilyn Monroe nos la suelen presentar, a intervalos puntuales, como una idiota, una huérfana ignorante y hambrienta de cultura, una esposa desconsolada por el dolor de no haber podido parir un hijo, carne de psicoanalistas y terapeutas; nadie se imagina en cambio que Marilyn Monroe puede ser también, o sobre todo, una mujer que sabe lo que quiere y se sale con la suya gracias precisamente a los equívocos que los demás alimentan sobre su personaje. Y la historia de esta última película lo demuestra, como al final no tuvo más remedio que comprender ese buen hombre, un tanto ingenuo, que es Gregory Peck.

La película de la que todo el mundo habla, aunque ni siquiera haya comenzado a rodarse, fue concebida por Billy Wilder para Marilyn Monroe y Gregory Peck. Originalmente contaba la historia de un multimillonario que decide invertir su capital en proyectos teatrales y se enamora de una *chorus girl*, en efecto, se llamaba *Billionaire* y se sostenía en sus buenas tres cuartas partes en la interpretación masculina. Wilder pensaba que para la película no podía prescindirse de Marilyn Monroe, pero también pensaba que tampoco podía prescindirse de Gregory Peck: ambos encajaban hasta físicamente en los dos personajes y eran capaces de garantizar astronómicos ingresos de taquilla. Así pues, le ofreció el papel a Gregory Peck y Gregory, sin oponerse al nombre de Marilyn Monroe, aceptó. Se lo ofreció también a Marilyn Monroe y Marilyn, a pesar de oponerse en secreto al nombre de Gregory Peck, que ensombrecía un poco el de ella, aceptó. El único cambio que requería, explicó, era el del título. «*Billionaire* se parece demasiado a *Cómo casarse con un millonario* y no me gustan las repeticiones».

Presumiblemente, ni Wilder ni Peck sospecharon que Marilyn no estaba pensando en absoluto en la asonancia con el título de otra película, sino en el hecho de que *Billionaire* atraía excesivamente la atención sobre el protagonista masculino. De hecho, no cayeron en la cuenta de que le exigió lo mismo a Laurence Olivier cuando le hizo cambiar el título de la película *The Sleeping Prince* por *The Prince and the Showgirl, El príncipe y la corista.* De modo que la modificación se aceptó. La película pasaría a llamarse *Let's Make Love.* A continuación, sin embargo, Marilyn quiso leer el guion más atentamente y descubrió que su papel era demasiado corto en comparación con el de Peck. «Si Billy no tiene inconveniente», dijo Marilyn, «mi Arthur le puede echar un vistacito. Como ustedes saben, mi Arthur es dramaturgo. Escribe muy bien e inventa además diálogos muy divertidos». Billy no tuvo inconveniente y Arthur hizo mucho más que echarle un vistacito rápido y añadir algunos diálogos. Trabajó día y noche durante una semana, en su apartamento de Nueva York, en el guion de *Let's Make Love* y cuando terminó quedó claro que de la idea original quedaba poco. En esencia, la película ya no contaba la historia de un multimillonario que, entre otras cosas, se enamora de una corista, sino la de una corista que, entre otras cosas, se enamora de un multimillonario. La cosa, dado el éxito de *Con faldas y a lo loco,* película que, sin ser en cinemascope ni en color, ha recaudado tanto como *Lo que el viento se llevó* en Europa y en los Estados Unidos, no disgustó demasiado a Billy Wilder, pero sí a Gregory Peck, quien, apoyado por Véronique, pidió a su vez poder echar un vistacito al guion, «si la señora Monroe no tiene inconveniente».

La señora Monroe no tuvo inconveniente. Gregory y Véronique trabajaron en el guion durante una semana más y, cuando terminaron, quedó claro que de los cambios aportados por Arthur Miller quedaba muy poco. La historia de la corista se había convertido otra vez en la historia del multimillonario. Pero el inicio del rodaje de la película ya estaba cerca y, para desmentir su habitual reputación de buscarruidos, Marilyn no hizo comentario alguno acerca del insulto propinado a su Arthur. Hizo algo mucho más inteligente: empezó a comer como una tuberculosa necesitada de alimento y engordó nada menos que catorce kilos. «Un desastre», dice Gregory Peck. «Ni siquiera le entraban las mallas. Enseguida quedó claro que no se la podía obligar a actuar así». «¿Qué tiene de malo?», dijo Marilyn Monroe. «A la gente le gusto regordeta, y sobre todo le gusto regordeta a mi Arthur. No querrán poner en peligro mi felicidad conyugal». Los esfuerzos por explicarle a la señora Miller que su felicidad conyugal no tenía nada que ver con lo que pasaba fueron laboriosos y muy largos. Cuando se convenció y explicó que su Arthur le había dado permiso para adelgazar «un poquito», había pasado ya un tiempo precioso: Gregory Peck iba a empezar *Los cañones de Navarone* en febrero y Wilder tenía, como él, otro compromiso. Había que darse prisa.

«Me estoy dando prisa, de verdad», replicó cándida Marilyn. «Subo y pierdo peso con la velocidad de un recién nacido, ¿saben? En ocho días habré perdido mis buenas veinte libras». Pero pasaron los ocho días y Marilyn, que ayunaba durante el día y comía por la noche, apenas había perdido una decena. Colocaron espías en su hotel para vigilar hasta el vaso de leche más inocente, encargaron al coreógrafo Jack Cole que la extenuara con ejercicios gimnásticos desde por la mañana hasta por la noche, pero ella, imperturbable, se tomaba en secreto pastillas reconstituyentes y al cabo de otros ocho días estaba en el mismo punto que antes. A esas alturas, era imposible terminar la película en febrero y Gregory Peck, exasperado, se dio por vencido. «Lo hago», dijo, «con el alivio de quien sale de una pesadilla. No quiero volver a oír hablar de la señora Monroe durante el resto de mi vida. Nunca un viaje a Europa me ha parecido más bienvenido que este que me llevará a Moscú, donde nadie se interesa por ella».

Por suerte para él, Gregory Peck solo habla inglés. De lo contrario, sabría que incluso *Pravda* había mencionado hacía unos días la próxima película de Monroe. Después de la marcha de Gregory, Marilyn ha perdido todos los kilos que le sobraban. Consiguió que aceptaran el guion reescrito de Miller. Ha decidido elegir a Rock Hudson entre los muchos candidatos que esperaban reemplazar a Peck. Y George Cukor, el director que rodará la película, dice de ella: «Nunca la había visto tan eficiente. ¿Pueden creerlo? Es puntual como un reloj, dulce como un cordero y ni siquiera espera un hijo. La película, sin duda alguna, estará terminada en febrero». «¿No es extraordinario?», ha replicado Marilyn. «Estoy encantada. Todo es de lo más interesante. A veces me pregunto por qué se fue Gregory. Quizá no le gustara su papel. ¿Pero saben lo que les digo? Dos nombres como los nuestros en una sola película son demasiados. No se le puede pedir a la gente que pague una entrada doble».

AVA GARDNER
Los hombres equivocados

15. El más joven de los cómicos italianos, Walter Chiari

Una ola de romanticismo acuna el país. Estamos en octubre de 1956 y desde hace días toda Italia parece estar envuelta en un gigantesco confeti nupcial. Esta es una semana de crónica rosa y los rumores de bodas, compromisos y divorcios no dejan de rebotar convulsivamente alrededor de los personajes más conocidos. Cualquier interesado en aventuras sentimentales puede leer lo siguiente: Henry Fonda quiere casarse con Afdera Franchetti, María Luisa de Bulgaria se ha dejado ver de paseo con el príncipe Federico de Hohenzollern, Delia Scala obtiene la anulación de su matrimonio con su primer marido y quizá se comprometa con el piloto Eugenio Castellotti, la hija del profesor Arturo Tesio no acalla los rumores sobre su afectuosa amistad con el rey Hussein de Jordania y, por último, Walter Chiari ha presentado a Ava Gardner a su madre y hay quienes aseguran que la boda de ambos es inminente. La temporada es propicia para las historias de amor y Turín es el escenario de tantos episodios apasionantes. Por una curiosa coincidencia, casi todos los protagonistas de nuestra crónica almibarada se encuentran en esta ciudad. Y los periodistas menos frívolos se empeñan en perseguir a los amantes del otoño. Cada uno recibe un trozo del gran pastel del amor. A quien esto escribe le ha tocado el de Walter Chiari y Ava Gardner.

«¿Has venido a hablar de ella?», pregunta desconfiado el joven actor, y una expresión de miedo se dibuja en su rostro notablemente más delgado. Ella es Ava Gardner. Asiento. Él se rasca la nariz, se arregla el mechón, tose y dice: «Bueno, hay muchos amigos periodistas que han venido a verme por eso, pero no he querido hablar con nadie». «Lo sé». Walter se revuelve otra vez, se marcha, regresa, da un brinco como un niño avergonzado y luego me mira con decisión: «Nada. No hay nada que decir». «Nada es demasiado poco». «Bueno: es una mujer extraordinaria. Me gusta. Le tengo cariño». «Entonces se van a casar». «¡No!». Walter Chiari grita y parece enfadado de verdad; tan enfadado que se diría que está representando la escena de un drama. «No me caso», grita, «¿cuántas veces tengo que repetirlo? No estoy hecho para casarme. No puedes dedicarte a mi trabajo, estar siempre viajando por el mundo y formar una familia. No entiendo por qué los periódicos se empeñan en adjudicarme una mujer a toda costa. Estoy soltero y puedo tener todas las amistades femeninas que quiera. ¿Es que no podéis dejar en paz a los actores?». Es difícil explicarle a un actor que eso es imposible, porque un actor pertenece al público y el público también se interesa por su vida privada. De todos modos, lo intento. Entonces se amansa, adopta un aire contrito y empieza a abrirse con un largo suspiro. Desde hace dos meses, dice, vive en una atmósfera de pesadilla.

Bastó con que Gardner llegara a Italia para que todos empezaran a perseguirlo, a hacerle preguntas embarazosas, a fantasear con hipótesis absurdas. «Los fotógrafos nos seguían a todas partes», cuenta. «Nos vimos obligados a escondernos como si hubiésemos hecho algo malo. Y no hacíamos nada malo. Soy libre. Ella es libre. ¿Qué nos impide estar juntos si eso nos gusta? Llegaron incluso a chantajearnos: nos amenazaron con publicar fotografías si no decíamos algo. Nos sentimos como si viviéramos en una caja de cristal. El otro día envié una carta abierta a un periódico para protestar contra esta conspiración. Gardner ha sufrido un ataque de nervios a causa de la rabia. Yo me he vuelto histérico». Luego se calma y explica que estas cosas las dice por los demás, no desde luego por nosotros. Se sienta frente al piano, empieza a aporrearlo, sonríe y habla de Ava. Es la primera vez, subraya, que lo hace en los últimos meses, pero es importante que se sepa la verdad. Parece muy serio y muy decidido. Deliberadamente, nunca pronuncia el nombre de Ava. Repite Gardner. Y deliberadamente no habla de amor. Usa la palabra amistad.

El primer capítulo de la novela de Walter Chiari-Ava Gardner es bastante conocido. Lo contó el propio Walter en su autobiografía publicada en el semanario *L'Europeo,* hace apenas un año. Ava estaba en Roma filmando *La condesa descalza* cuando la conoció. Sucedió en el hotel, durante un cóctel que la actriz ofrecía a la prensa. En aquella época Walter todavía estaba prometido con Lucia Bosè, y Ava estaba enamorada de Dominguín, quien a menudo, envuelto en hiperbólicas capas de torero, venía a visitarla desde España. El día del cóctel Walter estaba solo. Lucia se había ido a Milán después de decidir por enésima vez romper su compromiso y él se dejó arrastrar por sus amigos para ver a la diva. Solo la conocía por su reputación. Ni siquiera había visto ninguna de sus películas. Pero esa noche Ava estaba espléndida y Walter, con solo mirarla, se emocionó. Aunque no quiere admitirlo, siempre ha sentido debilidad por las mujeres hermosas. «Aquí tenemos al más joven de los cómicos italianos», dijo alguien presentándole a la actriz. Ella abrió mucho la boca, entrecerró los ojos y añadió: «Y al más simpático también». Walter parecía incómodo. Para superar su timidez empezó a contar un chiste en inglés. Ava estaba encantada. Esa misma noche ella lo invitó a su casa. A partir de entonces se vieron a menudo.

Walter no estaba enamorado de Ava. Le gustaba porque estaba triste, y ante una mujer oprimida por algún dolor secreto, se vuelve tan tierno como un pollito. La necesidad de ayudar a las personas está en su carácter y el sexo femenino lo vuelve indulgente. En cuanto a Gardner, a su lado conseguía serenarse. Y hasta se reía a menudo. Le gustaba enseñarle inglés. (Lo poco que sabe lo aprendió de ella). «Durante dos semanas», dice Walter, «nos comportamos como dos escolares. La llevaba a pasear por Roma y caminábamos mucho rato, cogidos de la mano y comiendo castañas asadas. Ella siempre iba vestida igual: falda de lana, jersey, zapatos planos. Parecía una chiquilla, la gente no la reconocía siquiera. Yo no podía pensar en ella más que como una amiga. Todo cambió cuando me di cuenta de que era una mujer muy dulce y profundamente buena. En aquellos días yo trabajaba en el Teatro Sistina, en la revista *Controcorrente;* y a las dos de la madrugada, una vez terminado el espectáculo, aparecía ella: con el abrigo de piel sobre el camisón, desaliñada y sin maquillaje. Traía café y bocadillos para mí y para la gente de la compañía. Se sentaba en un rincón y esperaba tranquilamente a que acabáramos de comer. Fue así como me conquistó esa mujer a la que llaman devoradora de hombres».

Ava no ocultaba el hecho de estar enamorada de Walter. Es una mujer independiente y sin prejuicios. Hace lo que quiere, como un hombre, y no le importa en exceso lo que los demás digan de ella. Cuando Dominguín encontró a Walter en su casa, no le ocultó la verdad. Le dijo al torero que amaba al chico italiano y soportó con valentía su rapapolvo. Dominguín estaba realmente celoso de Ava. Algunos amigos dicen que incluso le soltó alguna bofetada. Pero Ava se mantuvo firme. Y no es difícil entender por qué le importaba tanto el cómico milanés. En sus treinta y cuatro años de vida ha conocido a muchos hombres, pero quienes realmente le interesaban tenían, sin excepción, una marcada personalidad y buenas dosis de inteligencia. Los orígenes de Ava son muy humildes. Era una campesina de Texas cuando un «cazatalentos» hizo su fortuna. Al llegar a Hollywood, Ava solo sabía hablar el dialecto de su pueblo: era tan ignorante como un recién nacido. Tuvieron que empezar desde cero para darle un barniz de cultura y enseñarle a vivir en sociedad. Ella se puso a estudiar humildemente. Su preocupación por no causar mala impresión era casi conmovedora.

Su primer marido, Mickey Rooney, antiguo niño prodigio del cine estadounidense, no tenía nada que pudiera fascinarla físicamente. Era feo, gordo, de muy baja estatura. A ella le gustaba porque era inteligente y la hacía leer libros difíciles. Su segundo marido, Artie Shaw, era compositor, director de orquesta y se las daba de intelectual. El tercero, Frank Sinatra, tenía una personalidad muy compleja. A Sinatra se le pueden reprochar muchas cosas, pero ciertamente no la de ser un idiota. Los toreros de Ava, desde Mario Cabré hasta Dominguín, eran lo suficientemente refinados, a pesar de su profesión, como para darle la ilusión de enseñarle algo. Al igual que Marilyn Monroe, otra chica que saltó a la fama tras ser pobre, obtusa y maltratada, Ava se ve sugestionada por las personas que saben conversar y se sienten seguras de sí mismas. Walter Chiari la hechizó, no solo por su apostura, sino también porque sabía razonar y pudo explicarle quiénes son Verdi y Leopardi.

Al final, los rumores sobre la aventura de Walter y Ava llegaron a los periódicos. Lucia Bosè los leyó y cayó en un profundo estado de abatimiento. Dejó de comer, dejó de dormir, sumida en un estado de completa apatía. Una amiga en común se lo contó todo a Walter, quien rompió con Ava y volvió con Lucia. Ava lo entendió y se comportó como una auténtica dama en esa ocasión. Una vez terminada la película, regresó a los Estados Unidos y no volvió a dar señales de vida durante tres años. Al fin y al cabo, tenía con qué consolarse. Era una actriz famosa, bien pagada, viajaba por el mundo de aventura en aventura, con la valiente indiferencia que la caracteriza.

Tuvo un romance con Clark Gable, al punto de que se habló de matrimonio. Se instaló en España, en un antiguo castillo sin luz eléctrica ni teléfono donde podía vivir lejos de los cronistas de Hollywood. Se pasaba el tiempo bebiendo o dando fiestas para un pequeño círculo de amigos que tocaban la guitarra y las castañuelas hasta el amanecer. No quería volver a Hollywood. Ella también odia Hollywood. El contrato con la Metro le permitía elegir los guiones de las películas, por lo que descartaba cuidadosamente todas las que debían rodarse allí y, con gran habilidad, lograba trabajar sea en México, sea en la India, en África, en Europa, sin regresar a los Estados Unidos. No le importaba que esto le acarreara enemistades y resentimiento. Una vez, en México, rompieron todos los cristales y muebles de su habitación de hotel y luego la acusaron de haberlo hecho estando ebria.

Walter, por su parte, vivió su propia vida. Lucia se había casado. Y aunque él sufrió mucho por ello, ahora se hablaba de sus amoríos con Elsa Martinelli. A Elsa la había conocido en 1953, cuando ella todavía era maniquí. Elsa había ido junto con otras modelos a casa de Lucia para una sesión fotográfica y Walter sintió una inmediata simpatía por aquella chica esbelta y alegre. A Elsa le gustaba jugar al tenis: Walter le había regalado una caja de pelotas de tenis que había comprado en Inglaterra y a las que tenía mucho aprecio. Volvieron a verse dos años después, cuando Elsa regresó de Hollywood, a donde la había llevado un contrato con Kirk Douglas. Y no perdieron el tiempo en escaramuzas. A Walter le gustaba Elsa porque era una chica sencilla e ingeniosa que se parecía un poco a él: igual de loca e impetuosa. La fama no se le había subido a la cabeza. Vestía con descuido, iba sin maquillaje y desaliñada, y él le decía: «No tienes pinta de una que ha estado en los Estados Unidos». Cuando él estaba en Roma y ella en Lombardía rodando *La risaia,* hacían locuras para verse. Todos los sábados por la tarde Walter montaba en un avión en Ciampino e iba a pasar el domingo con Elsa. El lunes por la mañana tomaba el avión de regreso en Malpensa y una vez al día se llamaban para decirse cosas cariñosas. Pero nunca hablaron de casarse. «También con Elsa fui honesto», dice Walter Chiari. «No le oculté que tenía intención de seguir soltero y que, dada nuestra profesión, era imposible formar una familia. Cuando vi que las cosas estaban tomando un cariz demasiado serio, lo rebajé todo al nivel de una amistad normal. No es cierto que dejara a la Martinelli por Ava Gardner. No es cierto que ella fuera a Rávena para montarme una escena de celos. Elsa es demasiado inteligente y orgullosa para hacer esas cosas. Cuando llegó a Rávena, en la primera quincena de julio, aún no había nada entre Gardner y yo. Yo solo había vuelto a ver a Gardner un día en París».

Y he aquí, en la versión de Walter Chiari, cómo se reanudó su amistad sentimental interrumpida bruscamente a causa de Lucia Bosè. Ava Gardner estaba en París para firmar el contrato de *La cabaña* y el productor Hugh Herbert buscaba un actor para que los acompañara a Stewart Granger y a ella en la película. Lo que necesitaban era un joven exuberante y simpático, capaz de actuar y sobre todo de dar volteretas. El productor había pensado en Christian Marquand; pero alguien sugirió a Walter Chiari, que había hecho una interpretación excelente en *Nanà.* No del todo seguro, Hugh le pidió consejo a Gardner. Ella respondió con una exclamación de alegría. Le habría encantado tener un amigo tan querido en la película. Y Walter Chiari fue invitado a París para firmar el contrato a su vez. Eran los últimos días de junio. El encuentro fue cordialmente afectuoso, pero de pocas horas: lo que duró la cena en un club nocturno. Se hablaba por entonces de un coqueteo entre Ava y Porfirio Rubirosa, algunos incluso mencionaban el nombre de Peter Townsend, quien había sido huésped de la actriz en Madrid. Los dos se despidieron con un apretón de manos y luego Walter volvió a Rávena, donde estaba rodando una película de Leonardo De Mitri.

El 15 de julio dio comienzo el rodaje de *La cabaña* en los estudios de Londres. Walter fue para allá y, entre una escena y otra, restableció por completo su antigua amistad con Ava. El 1 de agosto comenzaba en Roma la segunda fase de la película. Juntos reservaron un asiento en el avión y aterrizaron en Ciampino. Inmediatamente después corrieron los rumores sobre una próxima boda. «Nada era cierto», dice Walter, «como tampoco es cierto que alquiláramos juntos un apartamento en el barrio de Parioli.

»El apartamento pertenece a Nina Gómez, una amiga de Ava Gardner con quien ella se alojó unos días para no quedarse en el hotel, donde los fotógrafos la torturaban. Yo estaba en mi casa de Monte Mario, como siempre. Es cierto, sin embargo, que pasábamos mucho tiempo juntos; pero eso es normal entre compañeros de trabajo. Luego, a finales de agosto, terminó la película y Gardner regresó a España. Como tenía que tomarme unas vacaciones, yo también fui allí, entre otras cosas, porque mi hermano estaba en España. Teníamos un yate y navegamos por la Costa Brava y luego por aguas francesas, junto con otros amigos. Gardner estaba libre de compromisos laborales. Cuando terminaron las vacaciones, me siguió a Roma y pasamos unos días aquí. Luego vine a Turín para ensayar la comedia musical *Buonanotte Bettina* y ella se vino a Turín conmigo.

»Quizá habríamos conseguido no provocar tanto alboroto si no hubiésemos llegado juntos, en el mismo coche cama procedente de Roma, el lunes 8 de octubre. En la estación nos separamos y Ava Gardner logró pasar inadvertida; pero al día siguiente, sea como fuere, todo el mundo lo sabía. Esta clase de escándalo se produjo aquí. En ningún lugar nos habían perseguido tanto. Gardner había reservado un apartamento en el Villa Sassi, pero tuvo que marcharse porque no nos dejaban en paz. Se vino a mi hotel y ocurrió lo mismo. En Turín tuvo que irse a vivir a la casa del industrial Rivella. Luego se armó un gran alboroto porque nos vieron juntos en Milán. Pero también en Milán ella vivía en un hotel y yo vivía en casa de mis padres, en piazza Tricolore. Es cierto que me quedé en el hotel varias veces, pero solo porque se me había hecho tarde. Cuando la llevé a ver a mi madre, dijeron que quería presentársela de cara a la boda.

»Disparates. Habíamos estado de caza y pasé por casa para afeitarme. Gardner subió, pero no hubo ninguna conversación comprometedora ni vinculante. Solo estuvimos allí el tiempo suficiente para tomarnos una taza de té. Mi madre estaba encantada de conocer a una actriz tan famosa, pero intercambiaron pocas palabras porque mi madre no habla inglés y Gardner no habla italiano. A mi madre le he presentado a muchas chicas. Si tuviera que casarme con todas las chicas que le he presentado a mi madre, a estas alturas tendría un harén.

»También acompañé a Gardner a La Scala. ¿Qué tiene de extraordinario acompañar a una amiga al teatro? Sin embargo, esto ha dado lugar a un sinfín de suposiciones. Ahora Gardner está en París. Se fue porque tenía que firmar un contrato y también porque estaba obsesionada con tanta publicidad. Volverá en diciembre, para la inauguración de la temporada en La Scala. Se la presenté a Ghiringhelli porque es una entusiasta de la ópera y admiradora de Maria Meneghini Callas. Ghiringhelli la invitó a seguir toda la temporada y también le ofreció un palco permanente. Ava se sintió muy halagada y no puede esperar a volver porque, entre otras cosas, quiere conocer a Wally Toscanini. Como es natural, permanecerá en Milán casi todo el invierno; pero eso tampoco significa que nos vayamos a casar. De hecho, hasta diciembre no nos veremos en absoluto. Estoy muy atareado con la revista y no puedo perder el tiempo en viajecitos. Dicho esto, no es que me importe viajar con Gardner. Luego, en mayo, probablemente tendré que ir a Hollywood: tengo un espléndido contrato con la Metro. Pero lo cierto es que Gardner no me seguirá a Hollywood».

He aquí pues la versión oficial de una romántica historia de este frívolo otoño. Walter Chiari parece sincero. Pero a juzgar por su rostro demacrado y sus ojos inquietos, no nos resulta difícil jurar que está actuando y tomándonos el pelo.

16. Una intuición formidable

Sobre todo, no la envidien, porque es una mujer infeliz. No se dejen engañar por su sonriente bravuconería porque es una mujer decepcionada. No la acusen sin indulgencia porque es una mujer muy merecedora de perdón. De la vida ha obtenido belleza, éxito y dinero. Pero no ha obtenido lo que más le importaba y lo que millones de mujeres poseen sin tener su encanto: un poco de paz y un hijo. Son legión los hombres que la desean porque es verdaderamente espléndida, con ese cuerpo esbelto, esa cara de melocotón, esa eterna expresión de animal hambriento, siempre a la espera de sensaciones excitantes. Sin embargo, ella misma se considera desafortunada en el amor: «Siempre he fracasado en asuntos sentimentales. Parece que tengo una intuición formidable a la hora de elegir a los hombres equivocados».

Ha tenido tres maridos y un número indeterminado de pretendientes; los más famosos donjuanes de nuestra época corrieron tras ella y la conquistaron. Sin embargo, se siente terriblemente sola, sin nadie que la quiera. Una vez dijo, sin pudor (porque nunca se avergüenza de lo que hace): «He tenido muchos amantes, y ningún amigo». En otra ocasión contestó así a Hemingway cuando este le sugirió que se calmara un poco y se fuera a casa: «Papá, no tengo casa. Tenía una mansión en Los Ángeles. Pero la he vendido».

La cerró, en efecto, tras su ruptura con Sinatra, el hombre al que más ha amado sin duda y al que se dice que sigue amando en secreto. Vendió los muebles en una subasta de Beverly Hills y se vino a Europa. Desde entonces no ha vuelto a ese Hollywood al que debe toda su fortuna y todas sus desgracias. Dice que allí le asaltan los malos recuerdos en cada esquina y que la vida de Hollywood, con su falsa moral, no está hecha para ella. «Aquí en Europa soy una señora, aunque provoque escándalo. En Estados Unidos soy esa-que-ya-sabes».

Así, desde hace cuatro años, deambula entre Roma, Madrid, Londres y París, cada vez más cínica, cada vez más inquieta y agresiva. Se presenta de improviso en los aeropuertos, en las estaciones, en los puestos fronterizos, a donde llega conduciendo el Cadillac que le regaló Sinatra y del que no quiere deshacerse, y aparece envuelta en visones, aparece con tacones bajos y una falda arrugada, aparece con el pelo suelto como una gitana o arreglada como un maniquí, y los ojos verdes perennemente ocultos tras unas gafas de sol, para pasar inadvertida. Nunca pasa inadvertida. Y los fotógrafos la persiguen, los periodistas intentan entrevistarla: «¿Es cierto que no piensa divorciarse de Frankie? ¿Es cierto que se casará con Walter Chiari? ¿Es cierto que está comprometida con Curd Jürgens?». Ella no responde a las preguntas, insulta a los más indiscretos con un lenguaje barriobajero, golpea con su bolso a los fotógrafos en la cara, mostrándose desagradable a menudo.

Luego sigue su camino: altiva, despectiva, con ese serrallo de amantes que cambian con la misma facilidad con la que se cambia de camisón. Ahora es un torero, ahora un actor, ahora un diplomático, ahora otro torero (por los que siente debilidad). Se dice que volvió locos nada menos que a Townsend y Rubirosa, que hizo sonrojar a Bertil de Suecia, que sonrió de manera excesivamente tentadora a Felipe de Edimburgo. «Lo cierto es que da la impresión», observó el periodista Joe Hyams, «de que no puede evitar tener muchas aventuras, del mismo modo que un elefante no puede evitar ser grande».

Se ha comprado una casa en las afueras de Madrid, una especie de choza sin luz eléctrica ni teléfono (pero con piscina, nadie sabe por qué), que se llama «la Casa de la Bruja». Y allí vive la mayor parte de su tiempo, con dos perros, un loro y su hermana Beatrice, que la escolta desde hace quince años, impidiéndole hacer más tonterías y consolándola cuando llora, lo que sucede a menudo. En la Casa de la Bruja solo recibe a toreros y a gente «que no la considera un monstruo del vicio» y muchas veces se pasa la noche con ellos bebiendo, comiendo y bailando. Bebe de todo: whisky, ajenjo, cerveza, tequila (este a la mexicana, poniendo una pizca de sal en la punta de la lengua e ingiriendo el licor de un solo trago), y no consigue emborracharse. Come como un lobo: seis comidas completas en veinticuatro horas y no consigue ganar peso. Baila como una negra, le vuelve loca el flamenco, y bailando le dan las siete de la mañana, a veces ni siquiera se va a dormir. «De todos modos, no tengo que justificarme ante nadie. Soy una mujer libre y sé por mí misma lo que debo y lo que no debo hacer».

Luego incluso las noches de flamenco llegan a aburrirla y entonces nos la encontramos en otro sitio, con la cara más cansada, los ojos más apagados, la voz más ronca. Con la misma desenvoltura se presenta ante las madres de sus enamorados, se inclina ante la reina de Inglaterra con un vestido negro demasiado escotado, llama a Dior pidiéndole en tono arrogante que le haga doce vestidos exclusivos en veinticuatro horas, ordena a Walter Chiari que vaya al aeropuerto a recibir a la perrita que ha venido en avión desde Madrid. O se decolora el pelo, se pone gafas para miopes y va a ver a Grace Kelly, y consigue que la reciba en menos de cinco minutos. Se planta como un ciclón en la plaza de Mónaco, cruza la verja con la cabeza erguida, abraza a su vieja amiga sin inclinarse ante ella, ajena por completo a la etiqueta, vuelve a su coche y se va a Cannes a despilfarrar el dinero en la ruleta.

Europa le gusta: la vida allí puede ser muy agradable para una mujer hermosa con mucho dinero. Por la noche hay siempre un casino abierto, al atardecer hay siempre un vástago de la aristocracia listo para acompañarte a cenar o bailar, y es reconfortante dejar volar la imaginación mientras te susurran cumplidos al oído sin que los escuches. Y, además, Europa está muy lejos de Hollywood, donde «la vida es una maldita carrera de ratas». Puede rechazar todas las películas que no le gustan, puede tener todas las rabietas que quiera y, sobre todo, permitirse despertar lástima. «En primer lugar, siento mucha lástima por mí misma. Habré triunfado como estrella. Pero he fracasado como mujer». Y he aquí la respuesta que le dio a un colega cuando este le preguntó quién le hubiera gustado ser si no habría sido quien es: «La reina de Inglaterra. Pero no porque sea una reina. Sino porque todos la respetan».

En realidad, a nadie se le ocurre pensar que esta mujer tumultuosa sea una de las criaturas más descontentas con las que uno pueda toparse, continuamente oprimida por una tristeza contagiosa, perpetuamente torturada por complejos de inferioridad, absolutamente convencida de que no tiene ni el carácter ni la inteligencia para merecer el éxito. Una criatura que desprecia su propia belleza, que lamenta no haber seguido siendo una chica corriente, que se muere de ganas de serle fiel a alguien, que no ha nacido para tener una carrera: este es el patético personaje de Ava Lavinia Gardner, ciudadana estadounidense de treinta y tres años, actriz de profesión, cuya difícil vida estamos a punto de contarles.

Nació en Grabtown, Carolina del Norte, la noche de Navidad de 1922, la menor de siete hermanos. Smithfield es una ciudad sin importancia: en aquel momento contaba tan solo con 3.678 habitantes, ahora tiene cinco mil. Carolina del Norte es una región de granjeros y de negros, una tierra miserable, habitada por gente ruda que trabaja duramente para ganarse la vida. «Sobre todo, no tiene nada de romántico, como aparece en las películas de Hollywood», nos cuenta ella. «Nunca he visto grandes villas de estilo colonial, habitaciones aireadas, mosquiteros de organza y hermosas mujeres escuchando espirituales mientras hacen bordado». La casa donde nació era una casa de campo, con un enorme porche y una enorme cocina. Sus padres, Jonathan y Molly, tenían cuarenta años cuando ella vino al mundo. Eran campesinos y, durante toda su vida, no se dedicaron a otra cosa. Jonathan Gardner era propietario de una granja en Boon Hill, pero la perdió a causa de una mala cosecha y tuvo que empezar a trabajar como plantador de tabaco para otros. «Era un trabajo agotador, pero nada desagradable», afirma Ava. «No entiendo por qué los londinenses arrugaron la nariz cuando, en un salón, les conté que mi padre plantaba tabaco».

Jonathan y sus hijas, Myra, Ines, Beatrice y Ava, salían de casa al amanecer y regresaban al anochecer. A los ocho años Ava ya había aprendido a cavar. Prefería trabajar la tierra a secar platos y lavar la ropa. En el campo podía ir vestida de harapos, dormir sobre la hierba y blasfemar sin causar escándalo. Era una niña huraña y salvaje: nadie conseguía domarla. Cada reproche le provocaba una crisis, y los gritos de las discusiones familiares, mezclados con sollozos, herían muchas veces los oídos de los vecinos. Después de cada pelea, Ava huía descalza al campo y se quedaba allí noches enteras, insultando al universo. Fue entonces cuando aprendió a caminar con los zapatos en la mano y a imprecar, una costumbre que no ha perdido. Todavía hoy se la ve llegar descalza a un cóctel: es alérgica al calzado. Tiene cientos de vestidos, pero solo quince pares de zapatos. Es más normal oírle soltar sus coloridas blasfemias. Cuando se enfada, no hay quien la pare. Le fascinan las palabrotas, con una suerte de regusto infantil. Especialmente cuando los pronuncia con su indefinible acento sureño o en español.

A causa de su carácter, no tenía amigos. Los otros niños siempre tuvieron miedo de que, al acercarse a ella, les cayera una bofetada. Hizo sus primeras amistades al ir al colegio. Allí no destacó como una excelente alumna y la maestra la consideraba poco inteligente. «Tal vez estuviera enferma de timidez», dice la profesora Dorothy Kills. «Siempre se quedaba acurrucada en el pupitre y, cuando le preguntaba la lección, me lanzaba una mirad torva sin contestarme. Faltaba a menudo a clase. Aprendió a escribir un año más tarde que los demás». El caso es que Ava se sentía una extraña entre las niñas vestidas de blanco y con moños en el pelo. Prefería huir con los chicos para trepar a los árboles y fumar cigarrillos que ellos mismos liaban con el tabaco que robaban a sus padres. Ya entonces prefería la compañía de los hombres. «Siempre he creído», dice, «que los hombres eran más excitantes que las mujeres». Pero en ningún caso coqueteaba con ellos. Los que la atraían eran los jóvenes maduros.

A los nueve años se enamoró del carnicero de Smithfield porque, en la anteiglesia, después del sermón, le hizo un cumplido: «Vales más que cien Shirley Temples». Efectivamente, era muy guapa, de piernas largas, cuerpo delgado, cabello color miel, un rostro delicado e insolente. Y como estaba convencida de ser fea a causa de una cicatriz que le desfiguraba el ojo derecho, el halago la impactó. Su amor por el carnicero duró tres años y él nunca lo supo. «Era un joven rubio y vulgar», dice Ava, «pero a mí me parecía tan guapo como un dios. Cuando cortaba la carne, su gesto tenía un no sé qué de violencia que me fascinaba. Siempre iba yo a comprar filetes y, cuando los pedía, se me quebraba la voz en la garganta de la emoción. El día que nos fuimos de Smithfield sufrí mis primeras penas de amor».

Los Gardner tuvieron que abandonar Smithfield por falta de dinero. El dueño del campo pagaba cada vez menos y hubo días en que el bueno de Jonathan se vio obligado a alimentar a la familia solo con patatas. Le ofrecieron un trabajo en Newport News, Virginia, y aceptó. Se trataba de un puesto de jornalero en un aserradero. Molly trabajaría de camarera en una pensión. Se fueron con cuatro maletas (no les quedaba casi nada) y mucha nostalgia. Para los Gardner, el sur era la tierra donde habían nacido y crecido. Para Ava, la tierra de su amor. Durante el viaje, estaba tan desesperada que intentó saltar del tren. La detuvieron mientras intentaba tirarse por la ventana. Gritaba entre lágrimas: «Robert», el nombre del carnicero. Tenía doce años. El *shock* que le provocó aquella separación le duró casi toda su adolescencia. En Newport News nunca se echó novio.

«En aquella época», dice Ava, «le tenía miedo al amor. No quería involucrarme en aventuras equivocadas y me aterraba la idea de pecar. Además, me habían educado de forma muy estricta en lo que a las relaciones sexuales se refiere. Mi madre siempre repetía que una mujer honesta solo debe pertenecer al hombre con el que se casa y yo pensaba que, de transgredir este principio, el infierno acabaría engulléndome. Los sentimientos de culpa me torturaban. A los quince juré sobre la Biblia que solo besaría a mi marido. Más tarde rompí este juramento. Pero antes de conocer a Mickey, mis coqueteos eran absolutamente inocentes».

Como ocurre con todas las chicas sencillas, su deseo constante era el de formar una familia. Soñaba con un matrimonio sólido y muchos hijos, tal como les había sucedido a mamá y papá, que siempre se habían amado mucho. «No estoy segura», dice Ava, «de si mi padre faltó al respeto alguna vez a mi madre. En cuanto a mi madre, era una santa. Yo quería ser como ellos. No entiendo a esos hombres que engañan a sus esposas ni a esas esposas que se lo toman con filosofía. Es una pena que mis maridos no lo creyeran así. Yo, por mi parte, siempre les he sido fiel». Ese deseo le impedía tener otras ambiciones.

A los quince años ya era muy hermosa, pero la idea de explotar sus dotes físicas como actriz o modelo ni siquiera se le pasaba por la cabeza. Solo en una ocasión aceptó participar en una representación escolar, pero, cuando salió al escenario, la vista del público la paralizó y permaneció congelada en medio de la escena mientras todos le gritaban «menuda momia». Se sintió tan herida que se juró a sí misma no volver a actuar nunca más, otro juramento destinado también a romperse. Por un extraño destino, la vida siempre le ha impedido a Ava cumplir los compromisos que asumía consigo misma y con los demás. A fin de cuentas, es una tragedia bastante común. A la gente honesta suele ocurrirle que no sabe cómo salir airosa de sus propios enredos.

Estudiar le importaba bien poco. Los libros no le interesaban. Lo único bueno que hizo en esos años que pasó en Newport News fue aprender mecanografía y taquigrafía en el Atlantic Christian College. De esta manera esperaba encontrar trabajo como secretaria para ayudar a papá. Al cabo de un mes, ya había aprendido a escribir sesenta y cinco palabras por minuto a máquina y ciento veinticinco en taquigrafía. Al cabo de un año obtuvo un diploma, pero nunca lo aprovechó. De haberlo hecho, a estas alturas sería una señora cualquiera, que tal vez habría engordado un poco, y tendría marido y muchos hijos. Después de todo, para eso había nacido. En cambio, el azar o, si se prefiere, el destino dispuso otro camino para ella y su belleza le jugó una mala pasada. Esto sucedió en 1941, cuando tenía dieciocho años e, inocente como una paloma, tomó el tren a Nueva York.

Beatrice, su hermana mayor, se había casado con Larry Tarr, fotógrafo de profesión, y vivía en Nueva York. Beatrice es un personaje muy importante en la vida de Ava. Fíjense bien en ella, si tienen ocasión de toparse con la diva en algún sitio. Donde está Ava también está Beatrice. No la abandona ni siquiera cuando viaja con sus enamorados. Es una señora rubia, de unos cuarenta años, bastante elegante, que no se parece en nada a ella. Ava la llama Beppie y la quiere muchísimo. «Muchas veces», dice, «si no hubiera sido por ella, me habría suicidado». De este modo, cuando supo que Ava estaba buscando trabajo, Beatrice le escribió invitándola a ir a Nueva York. Y Ava aceptó. Era la primera vez que salía de casa sin nadie. Como es natural, lloró. Nueva York la asustaba. Como es natural, no encontró el trabajo que buscaba. Nueva York está llena de secretarias con títulos en mecanografía y taquigrafía. Pero Larry Tarr, que pretendía especializarse en fotografía de estrellas y buscaba desesperadamente practicar con modelos que posaran para él, descubrió una manera de consolarla. «Diez dólares a la semana. ¿Te parece bien?». «Sí, pero ¿para qué?», preguntó Ava. «Tú no te preocupes. Siéntate ahí y quédate quieta». Ava se sentó en una silla del estudio, muy iluminada, y Larry empezó a sacar fotografías. Un poco más a la derecha, un poco más a la izquierda, inclina la cabeza, echa la garganta hacia atrás, entrecierra los ojos. Ava tenía un rostro tan fotogénico, una nariz tan hermosa, unos rasgos tan precisos que no se corría el riesgo de desperdiciar película. Larry le tomó sesenta retratos y puso muchos de ellos en el escaparate para demostrar lo bueno que era. Y fue allí donde los vio el señor Barney Duhan, pasando por casualidad.

Hay que ver lo ocurrente que llega a ser el destino cuando se conjura contra una persona. El señor Barney Duhan nunca había tenido nada que ver con el cine o la publicidad. Era un hombre tímido, todo casa y familia, empleado de un bufete de abogados. Rara vez veía películas: a su esposa no le gustaba gastar dinero en tonterías como esas. Lo que hizo por Ava fue el único acto incontrolado de su vida. Aún hoy sigue siendo un misterio qué le llevó a hacerlo. Dice que actuó por obediencia a un «imperativo categórico». El caso es que pasó por delante del escaparate de Tarr, se detuvo a mirar los retratos de Ava y quedó fulminado. «Aquel era el rostro de la chica con la que te habría gustado casarte», dice. «Vibrante, eso es: vibrante».

Así que entró en el estudio, se presentó como un cazador de talentos de la Metro Goldwyn Mayer y preguntó si podía enviar una docena de fotografías a la productora, junto con el nombre, el apellido y la dirección de la joven. Larry Tarr respondió que a él le parecía estupendo, pero que era necesario pedir permiso a su esposa y a la interesada. De este modo, Ava y Beatrice fueron convocadas en presencia del falso cazatalentos. Ava titubeaba. Dijo que quería ser mecanógrafa y que no se creía adecuada para ser actriz. Beppie la hizo callar. «Tú harás lo que yo te diga». Y le dio las fotografías a Barney Duhan, quien las envió a la Metro. Una semana después, Ava recibió una invitación para asistir a una audición en las oficinas de la Metro en Nueva York. Como es natural, no quería ir. Como es natural, Beppie la arrastró hasta allí.

Ava dice: «A los dieciocho años aceptas fácilmente los consejos de los demás, y, a medida que crecía, me fui volviendo muy tímida. Todo lo que ocurrió fue ajeno a mi voluntad, no tenía el menor interés en hacer la audición, no tenía el menor interés en convertirme en actriz, no creía poder llegar alguna vez a serlo. Nunca he sido ambiciosa. Nunca he buscado dinero ni popularidad. Pero no sabía cómo oponerme a la voluntad de Beppie, y Beppie creía que actuaba por mi bien».

Cuando estuvo frente a la cámara, con su mejor vestido, de seda roja, muy escotado, de aspecto terrible, temblaba como un perro mojado. A causa de la emoción, le ocurrió lo que siempre le pasaba: se le cerró la garganta. «Vamos», dijo el hombre de la Metro. «Adelante. Diga algo, muévase». Ella permaneció en silencio y parecía una estatua de madera. Cuando terminó tan penoso experimento, rompió a llorar y, por primera vez desde que llegó a Nueva York, se puso a blasfemar como un camionero, maldiciendo el día en que dejó Newport News. La vergüenza había desaparecido para dar paso a una gran ira. Siempre ha sido orgullosa: la sospecha de haber hecho el ridículo la hirió. Se habría quedado atónita escuchando los comentarios de quienes revisaron la audición: «No sabe actuar, no sabe hablar, no sabe moverse. ¡Sensacional! ¡Sensacional!».

Atónita se quedó de verdad cuando le llegó la propuesta de trasladarse a Hollywood con un contrato por cinco años. «¿De verdad tengo que ir allí, Beppie?», preguntó angustiada. Beppie le contestó haciendo las maletas. Hollywood le pagaba cincuenta dólares a la semana, una suma sensacional para la pequeña campesina de Smithfield. ¿Se atrevería a renunciar a ello? Se marcharon juntas y, con las prisas, se olvidaron incluso de darle las gracias a Barney Duhan. Después ya no volvieron a pensar más en él. Que se sepa, nadie le ha dado nunca las gracias al pobre Barney, que ahora es policía, con un salario insuficiente y ni siquiera tiene una fotografía autografiada de Ava Gardner.

Las aspirantes a estrellas son las personas más melancólicas de Hollywood. Es bien sabido en qué consiste ser una aspirante a estrella: una chica que llega a Hollywood con un contrato y, tras alquilar una habitación con derecho a cocina o un pequeño apartamento, queda a disposición de la casa de producción que la ha contratado. A veces ocurre que la aspirante a estrella tiene suerte y se convierte en una estrella de inmediato, como Kim Novak. Sucede más a menudo que la aspirante a estrella tenga que esperar algunos años antes de que le den un papel secundario. Mientras dura la espera, el trabajo de la aspirante a estrella consiste en tomar clases de canto y baile y posar para fotografías publicitarias. Cada año, a la más guapa se la elige Miss Tarta de Queso y la fotografía de la Tarta de Queso se publica en revistillas de cine para estudiar el efecto que sus curvas causan en el público, con pies de foto de esta guisa: «La chica con la que más os gustaría quedaros atrapados en el ascensor del último piso del Empire State Building».

Durante algunos meses, esa fue la vida de Ava Gardner en Hollywood. La fotografiaban en traje de baño, vestida de odalisca, maquillada como una duquesa. Difundieron sus medidas: altura 1,67; peso, 62 kilogramos; cintura, 59; pecho, 93; caderas, 89. Y ella no reaccionaba: amable, obediente con todos. Ella precisamente, que tan orgullosa y nerviosa había sido. Nos cuenta: «Ni siquiera recuerdo mi entrada en el mundo de las celebridades: estaba demasiado asustada. Me sentía incómoda, no sabía cómo comportarme. Me preguntaba continuamente por qué había terminado allí y maldecía el momento en que obedecí a mi hermana. Beppie me provocaba rabia con solo mirarla. La veía segura y dinámica, y eso incrementaba mi malestar».

Beppie se encargaba de todo. Fue Beppie quien encontró el pisito en Mayfair House. Era Beppie quien lo mantenía ordenado y preparaba la comida. Era Beppie quien negociaba con la gente de la Metro. Era Beppie quien rechazaba las invitaciones de quienes querían atentar contra la virtud de su hermana. Por lo demás, las invitaciones que recibía Ava no eran muchas: Hollywood está repleto de chicas hermosas. Y Ava no quería que la cortejaran en absoluto. La mera idea de tener que repeler un ataque amoroso la hacía desmayarse. Es sorprendente pensar lo poco preparada que estaba en ese momento. Una niña en todos los sentidos. Aunque fuera una niña con cuerpo de mujer. También es curioso cómo, a pesar del entorno, era incapaz de cambiar. Su encargado de prensa había acuñado un eslogan para ella: «The second-look girl» (la chica que atrae con la segunda mirada). No tenía nada en común con la vampiresa en la que acabaría convirtiéndose: ni la coquetería, ni la voz ronca, ni los ojos negros. La mera visión de un actor ya célebre la hacía sonrojarse.

Los complejos de inferioridad que habían permanecido latentes en Newport News afloraban ahora con violencia. Ni siquiera se atrevía a hablar a causa de su marcado acento y los estudios la obligaban en vano a estudiar dicción. Tenía a menudo ataques de llanto durante los cuales le rogaba a Beppie que la llevara a casa. Extrañaba las plantaciones de tabaco, correr descalza, a los negros del sur. Permitía que todo el mundo se burlara de ella. Linda Christian, que era una aspirante a estrella como ella, la llamaba «el salami». Melvyn Douglas la llamaba «la bonita campesina». Mickey Rooney fue el primer hombre que la tomó en consideración, que la miró como a una mujer, que le dijo cosas amables. Y quizá por eso se enamoró de él: por agradecimiento.

17. «Cuando me enamoro, me caso»

Una cosa importante que hemos de decir sobre Mickey Rooney, el primer marido de Ava Gardner, es que a los veinte años no superaba el metro cincuenta de altura y era el hombre más feo de Hollywood. Con ese careto arrugado y simiesco, esos ojillos malvados, el cuerpo achaparrado, las piernas cortas, parecía un gnomo del bosque. Su complejo de fealdad y baja estatura lo aquejaba desde niño. Todas las noches, al acostarse, rezaba al Señor para que le hiciera crecer algunos centímetros y por la mañana se levantaba con la esperanza de que la gracia le hubiera sido concedida y se medía escrupulosamente de la cabeza a los pies. Como el Señor había determinado que debía permanecer chiquitajo, cualquier oración era inútil y Mickey reaccionaba canalizando su rabia en un temperamento infernal. Era arrogante, chismoso, infantil, discutía con todos y hacía las paces con todos. Charloteaba como una mujer: las palabras brotaban de sus labios como agua de un manantial. Su obsesión por no pasar inadvertido lo obligaba a estar siempre en movimiento. No hacía más que revolverse, saltar, reír, como si, revolviéndose, pudiera volverse más guapo y más alto. La sospecha de que se burlaban de él lo llevaba a bromear sobre sí mismo. Su *sketch* favorito era tirarse al suelo y gritar: «¡Atención! ¡Vuestro gran hombre se ha caído en un agujero!». Y si la gente no se divertía, la emprendía a mamporros. A primera vista, cualquiera habría jurado que un tipo así no estaba destinado a agradar. En cambio, era una de las estrellas más populares de los Estados Unidos.

Es difícil adivinar de dónde se deriva esa predilección que el público siente por él. Hay quien lo ha explicado por el hecho de que, tan arrogante y embarullador, Mickey era el prototipo del niño estadounidense, como lo habían sido, antes que él, Shirley Temple y Jackie Coogan. En definitiva, gustaba por su exuberancia, su ingenuidad, su habilidad para liarse a mamporros. Y además era un actor excepcional, con una consumada experiencia. Llevaba la interpretación en la sangre: su debut teatral se produjo a los tres años, cuando se encaramó, sin ser visto, a un escenario y empezó a hacerle pedorretas a un cantante muy malo. Trabajaba en compañías de variedades cuando aún no sabía leer y todavía se llamaba Joe Yule. Su especialidad eran las canciones y su presencia de ánimo era desconcertante. El día que se olvidó de la última estrofa de una canción, se detuvo de repente y le dijo al público: «Lo siento, señores. Se ha roto el disco». Consiguió su primer papel cinematográfico a los nueve años, en los cortometrajes de Mickey McGuire: setenta y ocho peliculillas que le valieron el apodo de «wonder boy», el chico maravilla, y le indujeron a cambiar su nombre por el de Mickey Rooney. A los trece años ya había interpretado cuarenta películas y fue elegido para el papel de Puck, el inolvidable geniecillo shakespeariano en *El sueño de una noche de verano.* A los dieciocho años ya había ganado el óscar. Se lo habían dado por su excelente actuación en *Forja de hombres.* En 1941, cuando Ava llegó a Hollywood, Mickey era una especie de héroe nacional.

Los productores lo mimaban, las mujeres lo cortejaban, los periódicos publicaban páginas enteras hablando de él. Se sabía todo sobre este entrometido chiquitín que parecía compensar con su inteligencia una irremediable falta de gracia. Se decía que tenía una memoria prodigiosa: solo necesitaba leer el guion una sola vez para aprendérselo de principio a fin. Se decía que sabía tocar el piano, el violín y la trompeta y que componía exquisitas canciones bajo el seudónimo de Larry Greenwood. Había compuesto incluso una sinfonía, *Melodante,* y había tenido el valor de presentarla en un concierto, arriesgándose a desencadenar las carcajadas del público. (En cambio, fue aplaudido). También era conocido como uno de los actores más ricos de Hollywood y por ser un donjuán. Por extraño que parezca, sentía debilidad por las mujeres muy altas. «Me gustan las mujeres», decía, «que me obligan a agarrar un taburete y a subirme a él para mirarlas a los ojos». Y este es el jovenzuelo al que, una mañana de julio de 1941, le fue presentada la inexperta campesina de Smithfield.

El director de la Metro, Milton Weiss, quería que Ava saliera con alguien. Al final le vino a la cabeza Mickey Rooney y le preguntó a Ava si no le gustaría conocerlo. «¿Para qué?», dijo ella cándidamente. Milton Weiss no respondió. A la mañana siguiente la acompañó a los estudios donde Mickey estaba rodando la película *Babes on Broadway* con Judy Garland. Ava había visto al actor en el cine y no tenía ni idea de cómo era realmente. No pudo evitar un sobresalto cuando Milton Weiss la condujo hacia un hombrecillo vestido de esmoquin: «Rooney, quiero que conozcas a Ava Gardner, la última adquisición de la Metro». Rooney se la quedó mirando con expresión hechizada. «¡Menuda adquisición!», gritó. «¿Te vienes a cenar conmigo esta noche?». Era la actitud insolente que Rooney adoptaba con las chicas guapas, pero Ava no estaba acostumbrada. Se sonrojó, se ofendió, balbuceó que tenía un compromiso: lamentaba no poder aceptar. «¡Ava!», se quejó Milton Weiss, que vio cómo se desvanecía un devaneo publicitariamente valioso. Pero ella lo fulminó con una mirada: «Y, sobre todo, nunca salgo con extraños». Luego se fue.

Era la primera vez que una desconocida rechazaba la invitación del chico maravilla. Y Mickey, en lugar de ofenderse, quedó intrigado. Al fin y al cabo, la reacción de correr detrás de quienes no nos quieren es bastante trivial, especialmente en los hombres. Esa misma noche Mickey telefoneó a casa de Ava y las noches siguientes hizo lo mismo, sin desanimarse en absoluto por el hecho de que no se pusiera y encargase a Beppie que le dijese que tenía mucho que hacer. Al final, halagada, capituló. Cogió el auricular y dijo: «Hello!». No tuvo tiempo de decir nada más. «Me arrolló con un torrente de palabras», cuenta Ava. «Que por qué era tan tímida, que por qué era tan altiva. ¿Es que no me gustaba Hollywood? ¿O me caía mal él? Si le daba la oportunidad de conocerlo, cambiaría de opinión. ¿Me gustaban los *tagliatelle?* ¿O prefería las orquídeas? Mi nariz era absolutamente deliciosa. ¿Había visto su última película? Oh sí, en política él era republicano. Por supuesto, siempre dudaba entre la música clásica y el jazz. Conocía un restaurante delicioso: ya había reservado una mesa para dos comensales».

Ava se quedó sin palabras. Se enfrentó al ciclón comportándose como una pequeña dama sureña: le había prometido a Beppie que saldría con ella. Imposible cambiar de programa. Mickey cayó de las nubes. Solo le faltaba eso. Con tal de no renunciar a la cena, las invitó a ambas. Y fue así como la futura devoradora de hombres tuvo su primera cita con un pretendiente: acompañada por su hermana.

Mickey fue de una cortesía seductora. Las llevó al local más chic de Beverly Hills, sin avergonzarse de sus vestidos inadecuados, las llevó al Teatro Chino, las paseó por los clubes nocturnos, les presentó a muchas personas importantes: «Amigos y población, quiero presentaros a la chica más hermosa del mundo y a la hermana de la chica más hermosa del mundo». Regresaron a casa al amanecer y, en la puerta, Mickey se inclinó para besarles la mano con una reverencia. En agradecimiento, Ava casi se echa a llorar. Desde que estaba en Hollywood, nadie la había tratado así. Al día siguiente llegó una cesta con cien rosas rojas. Eran de Mickey, con una nota: «Para Ava, su devoto caballero». Mickey, que estudia siempre el lado débil de las personas y encuentra siempre la manera de llevarse bien con los demás, había comprendido el drama de Ava: su complejo de inferioridad. Para conquistarla había que ser galante, amable, hacerla sentir alguien. No le importaba que ella fuera una desconocida, zafia e incluso un poco tonta. Sus ojos verdes y todo lo que podía admirarse desde los ojos hacia abajo lo habían hechizado. Pasó seis meses haciéndole la corte, mandándole cien rosas rojas cada día, y durante ese tiempo nunca osó hacerle ninguna propuesta que pudiera parecerle incorrecta. Al final, Ava capituló.

Se casaron en Las Vegas la tarde del 10 de enero de 1942. Ella vestía un traje de chaqueta gris, recto y desgarbado, y llevaba una orquídea blanca en el hombro izquierdo. Él iba vestido de azul y llevaba un clavel blanco en el ojal. El juez zanjó el asunto en cinco minutos, y cuando posaron para la fotografía, Ava se quitó los zapatos y dobló las rodillas y la cabeza para no parecer mucho más alta que su marido.

Mickey, en cambio, se puso de puntillas. Ambos estaban en su primera boda, y, sin embargo, no fue una ceremonia conmovedora. Por una cruel casualidad, aquel acontecimiento que siempre había estado en la cumbre de los sueños de Ava se trasmutó en una serie de episodios errados. Había deseado un príncipe azul y, en cambio, se casó con el extravagante enano que era Mickey. Había deseado una ceremonia en la iglesia, con un vestido blanco y flores de azahar (al fin y al cabo, se las merecía) y, en cambio, se casó vestida de traje, delante de un juez y en la ciudad de los divorcios. Había deseado una luna de miel muy romántica y, en cambio, tuvo una luna de miel ridícula. Los estudios de la MGM habían decidido aprovechar la boda con fines publicitarios, por lo que envió a un encargado de prensa tras los dos prometidos. Mickey había intentado en vano rehuirlo con la boda sorpresa en Las Vegas. Los localizó y desde entonces no los había dejado solos ni un minuto.

No hay escapatoria de la dictadura de Hollywood. Y así lo cuenta Ava: «Ya en nuestra misma noche de bodas ese maldito perro estuvo insoportablemente cerca de nosotros. Tomó la habitación contigua a la nuestra y se puso a escuchar a escondidas. Lo oíamos arañar la puerta y tuvimos que tapar el ojo de la cerradura por miedo a que nos espiara. Una situación como esta habría desconcertado a cualquier hombre, Mickey estaba tan nervioso que se pasó toda la noche escribiendo cartas y paseándose de arriba abajo por la habitación. Los días siguientes no fueron mejores. Bajábamos a desayunar y ahí estaba él. Íbamos a cenar y ahí estaba él. Corríamos por la playa y ahí estaba él, siempre insoportablemente cerca. Después me enteré de que escribía la crónica exacta de lo que hacíamos cada día y mandaba el reportaje al estudio, que a su vez lo entregaba a un periodicucho. De esta manera, todo Estados Unidos sabía cómo había ido nuestra luna de miel. Qué asco».

Pobre Ava. Lo peor es que la situación no mejoró ni siquiera cuando volvieron a casa. Y, como si eso no fuera suficiente, Mickey resultó ser un pésimo marido. Los dos no tenían nada en común y a Louella Parsons no le faltaba razón cuando escribió que aquel matrimonio entre la ingenua provinciana de Carolina del Norte y el niño prodigio experto en cine era de lo más extraño. Ava intentó en vano transformar aquel *ménage* en la unión tranquila con la que siempre había soñado. Repetía en vano que le gustaría tener un hijo. Mickey era un ciclón con el que un matrimonio burgués parecía imposible. Nunca quería quedarse en casa, arrastraba a su esposa a los locales nocturnos, la hacía beber, la obligaba a pasar el rato en las compañías más difíciles, reprochándole siempre que no estaba a la altura. «Aquí no estamos en el campo», le decía. «Aquí hay que mostrarse ingenioso y mundano». Sostenía que era necesario estar en los «círculos que cuentan»; solo así se conocía a las personas influyentes. Era caprichoso, tenía cambios bruscos de humor, llevaba al paroxismo todos sus estados de ánimo.

Durante unos meses Ava intentó adaptarse a esa vida frenética, luego hizo las maletas y volvió con Beppie: «Ya no era capaz de soportar sus gritos salvajes y sus incontenibles explosiones de alegría. Siempre estaba en un escenario imaginario, concentrado en interpretar el papel de niño-hombre. Su única preocupación es entretener a los demás, pretende que todo el mundo no haga otra cosa más que admirar su ingenio. Me di cuenta de que mi papel no debía ser el de esposa o compañera, sino el de espectadora admirada».

Antes de que terminara el primer año de matrimonio, Ava y Mickey ya estaban divorciados. Al juez de Las Vegas Ava le dijo entre lágrimas: «Su Señoría, no me casé con un hombre. Me casé con el movimiento perpetuo». A los periodistas les dijo: «Éramos demasiado niños: los dos». Hoy dice: «Me pregunto cómo pude haber sido tan ingenua, engañándome de poder encontrar la felicidad con un individuo cuya naturaleza inquieta lo condenaba a no alcanzar nunca la verdadera madurez. Sin embargo, siempre me pasa lo mismo cuando me enamoro: dejo de ver las cosas con claridad. Al fin y al cabo, él también tenía sus aspectos positivos; por ejemplo, era alegre, y si hubiera sido un poco más alto, ni siquiera lo habría considerado feo. Cuando me casé con él, estaba convencida de que me amaba mucho. En cambio, su madre tenía razón cuando sostenía que, en cuanto lograba algo, dejaba de valorarlo. Eso es lo que le pasó conmigo».

Mickey ha sido menos dicharachero sobre esta experiencia conyugal. Cuando se le pregunta su opinión sobre Ava, responde: «Tengo un código ético y este no incluye chismes sobre mis exesposas». (De hecho, ha tenido varias esposas. Después de Ava, Jane Rose, 1,79 de altura sin tacones, luego Martha Vickers, 1,80 de altura con tacones, luego Elaine Mahnken, 1,81 de altura, no se sabe si con tacones o sin tacones. Y todas, como es natural, muy hermosas).

El personaje de esta mujer esencialmente desafortunada empieza a delinearse, con cierto color, solo después de su divorcio de Mickey Rooney. Y, por muy escéptica que pueda una ser, es un personaje que consigue conmoverte. Las estrellas de cine suelen despertar antipatía, es verdad. Inducen a menudo al cinismo, es verdad. Sin embargo, una no puede dejar de meditar sobre el extraño destino de una chica que quería ser madre de familia y, sin haber cumplido todavía los veinte años, se encuentra divorciada en la pérfida jungla de Hollywood. En ese momento, Ava no era ni lo suficientemente corrupta ni lo suficientemente inteligente como para aprovecharse de una situación de la que otros se beneficiarían. Beppie cuenta que, durante algunas semanas, su hermana estuvo al borde de la locura. Lloraba sin freno y no conseguía adaptarse a la soledad. Su convulsa existencia al lado de Mickey Rooney no había bastado para cambiarle el carácter, pero, naturalmente, Ava ya no era la chica inocente que había conocido. Ahora era una mujer y, lo que es peor, una mujer herida y llena de deseos reprimidos.

Mickey la había acostumbrado a los clubes nocturnos y ahora ya no podía renunciar a ellos. Mickey le había enseñado a beber y ahora sentía la necesidad de beber. Mickey le había dado el amor y ahora ya no podía vivir sin amor. Si no había conseguido liberarla de su zafiedad, el matrimonio había revelado, por el contrario, un lado insospechado de su carácter: su irresistible atracción por los hombres. Atrás quedaron los días en que Ava juraba sobre la Biblia que solo besaría a su marido; olvidados, las rígidas enseñanzas de una madre puritana, la sospecha del infierno, el miedo al sexo opuesto. A partir de enero de 1943, la característica predominante de Ava fue la abundancia de coqueteos y su cándido disfrute de relaciones siempre nuevas.

Así la vemos llegando a medianoche a Ciro's o al Mocambo, la vemos emborracharse, la vemos con Greg Bautzer, el abogado de las estrellas, con Jerry Wald, el director de orquesta, con Bob Neal, el actor, con Billy Daniels, el bailarín, con Tom Rogers, el productor, con Peter Lawford, otro actor, con Robert Walker, aún no casado con Jennifer Jones, con Irving Reis, el director, con Sydney Guilaroff, el diseñador, con Michael Woulfe, el músico.

Hace dos años un periódico de Hollywood publicó fotografías de los enamorados que tuvo durante este período y las fotografías, aunque muy pequeñas, ocupaban cuatro páginas completas. Beppie intentaba en vano frenarla. Ava coqueteaba con la misma ingenuidad con la que antes evitaba los cumplidos. «¿Qué tiene de malo?», respondió. «Aquí todo el mundo hace lo mismo». Fue en esos meses cuando conoció a Howard Hughes, el productor multimillonario. Hughes, el hombre que había tenido a las mujeres más hermosas de Estados Unidos, desde Lana Turner hasta Katharine Hepburn. Hughes, el poderoso. Hughes, el generoso.

Como había sucedido con otras actrices, fue Hughes quien decidió su carrera, quien la hizo estudiar danza e interpretación, quien le proporcionó sus primeros papelitos: uno en una película junto a Norma Shearer, otro junto a Franchot Tone, otro junto a John Carradine. Por eso Ava se hizo muy amiga de él («Nunca me sentí ridícula a su lado: siempre estaba distraído») y por eso tienen trato todavía. «Le tengo mucho cariño por varias cosas», le dijo a Joe Hyams. «En primer lugar, él siempre quiso casarse conmigo y eso es algo muy halagador para una chica. Luego tiene el don de hacer posibles la mayoría de las cosas que deseo. Por ejemplo, si estoy en Kansas City y quiero tomarme un Pernod en Ciudad de México, me basta con llamar a Howard Hughes por teléfono. Al cabo de cinco minutos hay un automóvil de Hughes parado frente a mi puerta. El conductor me hace una reverencia y me lleva al aeropuerto, donde hay un avión privado de Hughes que me lleva a Ciudad de México, donde encuentro otro coche de Hughes que me lleva al mejor hotel de la ciudad, donde Hughes ya ha reservado y pagado la mejor *suite* y el mejor Pernod». En estas afirmaciones se revela toda la psicología de la mujer que ha sido pobre y maltratada. Por esta razón a algunos les pareció que Hughes era el mejor candidato para convertirse en el segundo marido de Ava. En cambio, Ava conoció a Artie Shaw, el intelectual, y prefirió casarse con él.

Ava dice: «Tengo una pésima costumbre. Cuando me enamoro, me caso. Y cuando me caso, bien podéis jurar que ese sujeto no es adecuado para mí». Pues bien, si había un hombre en todo Estados Unidos que no era adecuado para Ava, ese era precisamente Artie Shaw. Lo primero que hay que decir sobre este judío neoyorquino es que se trata de un esnob y de un tipo aburrido. Autodidacta, experto en política y economía, licenciado en Filosofía, su mayor afán es parecer inteligente (aunque, en realidad, lo sea). Su mayor coquetería es parecer culto y sofisticado. Su principal afición es coleccionar libros (tiene veinte mil) y esposas (ha tenido ocho). A las mujeres les gusta: primero porque es un hombre guapo y luego porque es famoso e intimida. Estudió en la New Haven High School y escribió un libro, *The Trouble with Cinderella,* en el que narra la difícil vida de un judío en el mundo moderno. Como es natural, lo sabe todo sobre Kierkegaard, se ha estudiado a Hegel de memoria, adora a Bach y Vivaldi. Habla con suficiencia del jazz, lo que no le impide ser, de profesión, director de orquesta de jazz y tocar el clarinete. Hay que decir en su favor que es uno de los mejores clarinetistas de los Estados Unidos. Eso sí, hay que tener cuidado de no ir a almorzar con él. En medio de un plato de gambas a la armoricana quizá se le oiga pronunciar la siguiente frase: «El concepto estático de la dinámica ética en una sociedad heterogénea es absolutamente esotérico». Y lo dice como si se lo creyera.

Ava lo conoció una noche de 1944 en el Mocambo. Siempre iba al Mocambo porque le gustaba el *hot jazz,* aunque no supiera bien lo que era, y el clarinetista que tocaba con aire desganado le parecía atractivo. No sabía su nombre, pero la seducía la forma con la que lograba sacar todo ese aliento de sus pulmones, una impresión de fuerza física que ya le había dado el carnicero de Smithfield y que volvería a encontrar más tarde en los toreros.

«Como es lógico, ya lo sabrás todo sobre Artie Shaw», le dijo Hughes mientras le presentaba al clarinetista. Hughes es psicólogo, y no tardó en darse cuenta de que Ava tenía interés por conocerlo. «Oh, sí. Hace años que quiero felicitarlo», respondió Ava, apretando la mano derecha que Artie extendió para besarle la suya. Como es natural, era la primera vez que oía mencionar su nombre. «Yo también lo sé todo sobre ella», dijo Artie Shaw. Y, como es natural, era verdad. Luego se sentó a la mesa mientras Hughes se despedía discretamente. Al cabo de media hora constató que Ava era realmente hermosa, al cabo de una hora decidió que también era tonta, al cabo de dos horas estableció que quería añadirla a su colección de esposas.

Para lograr seducirla, Artie recurrió a una técnica completamente diferente a la utilizada por Mickey Rooney. Ni cumplidos, ni rosas rojas, ni actitud respetuosa. Una mirada, un repasito a su sabiduría, y Artie Shaw había decidido que era necesario poner cerco a la espléndida muchacha colocándola en una posición incómoda. Así que empezó diciéndole que, a juzgar por su forma de moverse, padecía un complejo de inferioridad. «¿Complejo de qué?», preguntó Ava, abriendo mucho los ojos. Artie se estremeció, pero no se desanimó. Luego añadió que necesitaba liberarse de las trabas del subconsciente. «¿Y eso qué es?». Él aprovechó para darle una pequeña lección de patología. Por último, añadió que necesitaba un hombre con mano dura que la guiara. Y Ava se mostró de acuerdo. Esa noche, al regresar a casa, ya estaba enamorada; convencida, es más, de haber encontrado al hombre de su vida, capaz de ofrecerle hijos, comprensión e indulgencia. Dos meses después eran marido y mujer. Y empezaba la segunda fase de la tragedia de Ava.

Si el matrimonio con Mickey Rooney le había parecido a cierta gente «un pelín extraño», este incluso fue tachado de «absurdo». La ignorancia de Ava era tan profunda como un pozo y Artie no podía evitar escandalizarse. Así que se comprometió a educarla, a darle un cerebro digno de su adorable cuerpo. La empresa no era fácil, pero Artie Shaw estaba bien entrenado para el papel de Pigmalión. Antes que con Ava lo había experimentado con Lana Turner, a quien impedía maquillarse y acudir a los locales nocturnos. Lo logró tan bien que, al cabo de unos meses de matrimonio, Lana recitaba a Shakespeare en sueños y se había vuelto tan dejada y desaliñada que todos se burlaban de ella. Con Ava inició su particular cruzada marchándose de luna de miel con un baúl de libros.

«Fue una luna de miel de lo más extraña», cuenta Ava. «Por la noche, en lugar de irnos a la cama, me daba un lápiz y una libreta y empezaba a hablarme de un sujeto que se llamaba Kant, exigiéndome que tomara apuntes. Durante el día, en lugar de llevarme de paseo, me encerraba en mi habitación para que leyera libros y cuando regresaba me obligaba a contarle lo que había leído para demostrarle que había entendido algo. Me regaló un libro que se llama *La montaña mágica* donde se habla todo el rato de enfermos que escupen: un aburrimiento indescriptible. Luego me dio otro libro llamado *Guerra y paz* y este fue aún peor. Aquel libro no se terminaba nunca y yo no entendía por qué tenía que perder tanto tiempo siguiendo historias que no me interesaban sobre personajes a los que nunca había conocido».

Artie afirmaba que convertiría a esa criatura sin alma en una verdadera dama, y Ava lo obedecía como un autómata. Ni siquiera se rebeló cuando él le ordenó que se tiñera de rubio, ya que a él le gustaban las rubias. Tampoco se rebeló cuando, al regresar de su luna de miel, la obligó a matricularse en la Universidad de Los Ángeles, en la Facultad de Economía y Literatura Inglesa, y le conminó a leerse *Das Kapital*. Como era de esperar, no aprendió mucho sobre esas ciencias. Para compensar, adquirió la costumbre de escribir capital con K, error que todavía comete hoy. Ava dice: «Artie era todo lo contrario de Mickey: me cuidaba demasiado. Sostenía que en sus manos yo tenía que ser como una bola de arcilla a la que él daba forma a su antojo. Yo siempre le decía que sí. Me enterraba bajo los libros: todos los días me traía uno nuevo y me lo entregaba como si fuera una joya o un abrigo de piel de marta. Se enfadaba porque yo no conocía a Aristófanes ni a Proust. Decía que quien no conoce a Aristófanes ni a Proust no merece seguir vivo. No sé quiénes son estos señores, y si aún están vivos, les pido perdón por haberlos odiado».

Lo cierto es que Ava era una pésima estudiante y no tardaron en montarse las primeras escenas. Un día, en un hotel de Chicago, mientras se dirigían desde California hasta Nueva York, Artie le gritó a su esposa que era «el ser más ignorante del universo». Luego añadió: «Quítate de en medio. Sal y compra un libro y ¡ay de ti si es un libro que no merece la pena!». Ava se fue y regresó con un libraco bajo el brazo. Se lo mostró a su exigente marido con una mirada triunfal. Estaba segura de que él lo aprobaría. Artie leyó el título y luego, con un grito enorme, lo arrojó por la ventana. El título era *Forever Amber*, el libro era de Kathleen Winsor.

Ava dice: «No entiendo por qué la tenía tomada con la señora Winsor ya que, después de nuestro divorcio, se casó con ella. En verdad hay cosas en el mundo que están más allá de mi comprensión».

La tortura intelectual duró trece meses para Ava. Al final de este periodo sus nervios estaban destrozados y tuvo que buscar tratamiento con un psicoanalista. Este la hizo recostarse en un sofá, la escuchó admirando sus curvas y la ayudó a recuperar el equilibrio mental. Al cabo de algunas sesiones, Ava ya no amaba a Artie Shaw. Extremadamente mansa y sumisa mientras esté enamorada de un hombre, esta mujer se vuelve una furia cuando empieza a sentir indiferencia hacia ese hombre. ¡Ay de aquellos que sean víctimas de su contraataque! En los primeros meses de matrimonio, ella había tolerado incluso patadas donde la espalda pierde su nombre; de hecho, Artie la maltrataba hasta el punto de golpearla. Y Kathleen Winsor, en su juicio de divorcio, dijo que, ante los leñazos, Ava «siempre respondía noblemente». Pero después de las sesiones con el psicoanalista empezó a razonar. ¿Era tan estúpida en realidad como Artie decía? De acuerdo: admitamos que fuera una estúpida. ¿Por qué se había casado con ella? Y si se había casado con ella, ¿por qué no cerraba nunca la boca? Entonces llegó el día en que Artie le dio un puñetazo en el ojo y ella hizo lo que nunca había hecho: se lo devolvió. Lo bueno es que no se conformó con devolvérselo, sino que, con toda la furia de su origen campesino, le rompió varias botellas en la cabeza, le dio patadas y, mientras yacía medio desmayado en el suelo, pidiendo misericordia, le arrojó todos los libros de la biblioteca encima, dejándolo medio enterrado bajo un montón de literatura.

Una semana después, Ava estaba de regreso en casa de Beppie (que mientras tanto se había divorciado de Larry Tarr) y cuatro meses después estaba de regreso en Las Vegas: para el divorcio. En el juicio, Ava lució un vestido sin costuras exquisitamente confeccionado, llevaba un sombrero *cloche* de hermoso satén beis y era más sofisticada de lo que Artie la había visto nunca. Hablaba con propiedad, sin errores de pronunciación, y se movía como una gran dama. Los periodistas escribieron: «Se ve que ha madurado». Con voz muy digna anunció que renunciaba a la pensión alimenticia: se contentaba con que se le reembolsaran los cinco mil dólares que había invertido personalmente en su relación. Con aire de indiferencia, declaró que se enteraba en aquella ocasión de que ella había sido la cuarta señora Shaw y no la segunda, como pensaba. El juez estaba estupefacto. Ella respondió: «Señoría, no me preocupan esas inepcias». El juez le preguntó por qué había abandonado el hogar conyugal. Ava respondió lacónicamente: «Me dijo que me fuera. Así que me fui». Y aún hoy, después de trece años, Ava no habla mal de su segundo marido. «De mis tres maridos», dice, «Artie sigue siendo el que más he admirado. Siempre se ha casado con las mujeres que amaba y, aunque ha tenido muchas esposas, es uno de los hombres más honestos hacia nuestro sexo. Personalmente creo que es imposible vivir con él o ni siquiera mantener relaciones de amistad, pero lo considero una persona muy valiosa. Gracias a él leí *Muerte en la tarde* y así, cuando conocí a Hemingway, tuve algo que decir. También me dejó muchos discos de música sinfónica».

Es sorprendente lo generosa que es Ava con los hombres que la han lastimado. Es un hecho que no es capaz de guardarles rencor. Puede que al principio hable de ellos con hastío, pero, a medida que pasan los años, se vuelve cada vez más indulgente. A lo sumo los menciona con benevolente ironía, más a menudo con dulzura. «Las culpas», afirma, «siempre hay que repartirlas entre dos. Y es un error esperar demasiado de los hombres. Les falta generosidad, y no puede una enfadarse por eso de la misma manera que no puedes enfadarte con un pez porque no tenga patas». No cabe duda de que los disgustos le han enseñado algo.

18. Frank Sinatra: un drama de principio a fin

El personaje principal del drama de Ava Gardner se llama Frank Sinatra. Luego veremos qué clase de personaje es y de qué clase de drama se trata. Cada vez que uno escribe sobre el asunto, descubre algo nuevo. Hemingway tenía razón al decir: «Ojalá no fuera cierto para poder inventarlo yo». Es, en efecto, una historia desesperada, tumultuosa, que se desarrolla en medio de escándalos, imprecaciones y blasfemias. Es decir, terriblemente humana. Por eso a los estadounidenses les gustó tan poco que lo convirtieron en una cuestión de conciencia nacional, y a las personas respetables les gusta aún menos. Haced que un hombre y una mujer se amen contra toda clase de conformismos religiosos y mundanos, como ellos dos lo hicieron públicamente, y veréis cómo los lapidan millones de personas que se consideran honestas solo porque la prudencia les prohíbe seguir su pésimo ejemplo. Aunque no nos gusten los amores de las estrellas, no podemos evitar que esta historia nos impresione: en comparación con ella, todos los demás episodios de nuestro relato pierden color y significado. Para empezar, démonos cuenta de cómo fue madurando desde el día en que, elegantemente vestida de beis, la exseñora Shaw abandonó el tribunal de Las Vegas, divorciada de su segundo marido.

El clarinetista filósofo había perdido el tiempo rellenando el pobre cerebro de Ava con conocimientos que no podía absorber. En compensación, había sentado las bases de su metamorfosis. Curada por las rabietas y por el psicoanalista, Ava ya no era tan estúpida. Espabilada por sus experiencias matrimoniales y por la publicidad, ya estaba lista para convertirse en una diva. De su matrimonio con Mickey Rooney había salido con un gran deseo de coquetear con cualquiera que le cayera bien. De su matrimonio con Artie Shaw salía con un gran deseo de convertirse en alguien. No es que descuidara el amor (de hecho, el carrusel de los clubes nocturnos y las citas se reanudó), pero estaba dispuesta a equilibrar hábilmente ambas cosas. Y fue entonces cuando conoció a Mark Hellinger. Ese hombre era un productor, y un productor valiente. Le gustaba correr riesgos con guiones difíciles y actores desconocidos. Después de ver a Ava en algunos pequeños papeles, se le metió en la cabeza que ella sabía actuar. «Es estimulante, dejad que os lo diga. Estimulante. Como un aperitivo con mucha ginebra». Hellinger estaba buscando dos caras nuevas para la película *The Killers* e, inesperadamente, la contrató a ella y a un figurante llamado Burt Lancaster.

Ava, al principio, se mostró hostil a la idea. Le parecía un compromiso demasiado difícil. Aceptó para complacer a Hellinger. Adoraba a ese hombre. Y ese hombre la adoraba a ella. Pero, increíblemente, no hubo ningún paréntesis sentimental entre ellos. «Él fue el único que no me hizo daño y que no intentó hacerme el amor», dice Ava con su brutal franqueza. «Por esto se ganó mi confianza y mi respeto». Hellinger era paciente y testarudo. La guio hábilmente, la animó. *The Killers,* que recibió en España el título de *Forajidos,* acabó siendo una obra maestra. Hay que añadir que les trajo suerte a todos: actores, directores, guionistas, excepto a Hellinger, que falleció poco después. Ava lloró por él, juró abandonar el cine, pero, a estas alturas, su carrera estaba en marcha. Unos meses más tarde, Léonide Moguy, que había emigrado de París a los Estados Unidos a causa de la guerra, la quería en *Whistle Stop,* junto a George Raft. Al año siguiente, Clark Gable solicitó que fuera su compañera en *The Hucksters.* Fred MacMurray la quiso con él en *Una vida y un amor.* Van Johnson la requirió para *Wanted.* Cuando, como remate, actuó junto a Gregory Peck en *El gran pecador,* dirigida por Siodmak, había nacido una estrella: Ava Gardner.

Empezaron a acuñarle apodos algo tontos, como «el Ciclón», «la Reina de Corazones», «El animal más bello del mundo». La pusieron en la lista de las «dangerous women», junto a Joan Crawford, Rita Hayworth, Lana Turner. Se convirtió en la heroína de numerosas anécdotas picantes. A su alrededor florecían las leyendas y la oficina de la Metro se benefició de ello. Cuando llegó el momento de elegir una vampiresa para el papel de Venus en *One Touch of Venus,* no dudaron en recurrir a ella. Se trataba de una película sin pretensiones artísticas, pero se habrían visto las piernas de Ava y también una estatua que la reproducía al natural. El escultor Joseph Nicolosi recibió el encargo de modelar la estatua. Nicolosi era de origen italiano y un artista acostumbrado a trabajar en vivo. Ava se presentó ante él con un bikini diminuto. Cuando la estatua estuvo terminada, no había ni un centímetro cuadrado que no hubiera sido escrupulosamente copiado del natural. El director casi se desmaya. «¡Por el amor de Dios, Joseph! Esto tiene que cobrar vida en la película. Ponle algo encima», farfulló. De mala gana, Nicolosi vistió la estatua con un velo y, según dice Ava, «fue una verdadera lástima. Con lo bien que me había retratado. Nicolosi no merecía ese disgusto. Sabía lo que hacía». El comentario dio la vuelta a Hollywood, causando indignación. Greer Garson lo calificó de «repugnante», y Norma Shearer, de «vergonzoso para nuestra categoría». Pero la reputación de Ava como mujer irresistible creció. Cuando Robert Mitchum, su compañero en la película, preguntó a la Metro si era correcto pedirle una cita, la Metro contestó: «Por todos los dioses, Robbie. *Tienes* que sacarla por ahí. De lo contrario, la gente cuestionará tu masculinidad».

Lo extraordinario es que la única que no se complacía con semejante éxito era la propia Ava. Ya no ponía entusiasmo en su trabajo, no hacía nada para que la valoraran. Después de la muerte de Hellinger, ya nada le importaba. «No me interesa actuar. Como actriz no valgo un pimiento», afirmaba, y, ni que lo hubiera hecho a propósito, esa indiferencia contribuyó a aumentar su popularidad. Sin darse cuenta, estaba siguiendo el ejemplo de Greta Garbo, quien, con su timidez, siempre lograba hacerse notar. Sin quererlo, obedecía las enseñanzas de Marlene Dietrich, según la cual «una estrella no debe apremiar a su público porque este reacciona del mismo modo que un hombre que se siente perseguido. Al contrario, ignoradlo, y os adorará». La cosa más extraña es que solo el deber de cronista nos lleva a hablar de su carrera. En este relato, lo último que nos parece interesante para entender el personaje de Gardner son sus éxitos profesionales. Los hombres siempre han tenido una importancia definitiva en su vida. La carrera, nunca.

Como es natural, conoció a muchos hombres: también en ese período. Siempre le ocurre lo mismo entre un matrimonio y otro. Además, tiene una disposición irreparable a enamorarse de sus compañeros de reparto. «No es culpa mía si, a fuerza de representar el papel de enamorada, me acaba gustando el chico de verdad. No estoy hecha de madera». Así que perdió la cabeza, por turnos, por Burt Lancaster, Clark Gable (que siempre había sido su ídolo), Van Johnson (que despertaba en ella «instintos maternos culpables»), Gregory Peck, James Mason, Robert Taylor y Keenan Wynn. Todos flechazos que no duraban más de quince días y se mantenían en secreto si se trataba de hombres casados. No porque conservara los escrúpulos de cuando era niña, sino porque tenía en gran consideración a la familia y respetaba el matrimonio. Es una faceta singular de su personalidad de mujer sin escrúpulos: «Pueden acusarme de todo, pero no de ser, por disposición, una *destrozafamilias*». Así que el actor con el que más coqueteó fue Howard Duff, un jovenzuelo algo soso que actuaba para televisión, pero de lo más soltero. Howard quería casarse con ella y se lo suplicaba. Y tal vez Ava se habría acabado casando con él si, en diciembre de 1949, no hubiera ido a Nueva York para el estreno de una película y no hubiera visto al hombre que siempre le había dado miedo: Frank Sinatra.

Incluso los psiquiatras se han interesado por este hombre feo, irascible, maleducado y simpatiquísimo para establecer de qué depende su encanto. Que sea irresistible es un hecho que ni siquiera merece la pena discutir. Es más difícil entender qué lo hace tan irresistible. Físicamente es una calamidad. Tiene un cuerpo enclenque, piernas que parecen palillos de dientes, hombros curvados, un rostro que él mismo define como de tipo hambriento: con una boca desmesurada, dos ojillos enloquecidos y una cicatriz que le recorre la mejilla izquierda. Es tan frágil que, según dice Robert Mitchum, «cuando camina por la calle tiene que pasar dos veces para dejar la sombra en la acera». Viste como un gánster de 1929: trajes a rayas o a cuadros, camisas negras o azules, sombreros con cintas estampadas de diez centímetros de grosor. Un periódico de Boston publicó una vez su fotografía con el siguiente titular: «¿Han visto alguna vez a un tipo más ridículo que Frank Sinatra?». El *Time* escribió: «Parece una mala copia de un admirador de Frank Sinatra». Si te topas con él y eres mujer, te sentirás fatal. Pero cuidado con mirarlo con insistencia: acabarás encontrando un-no-sé-qué. Y cuidado con hablarle: acabará pareciéndote atractivo. Y cuidado con entablar amistad con él: podrías caer enamorada.

Su personalidad es desconcertante. Es un zafio. Habla siempre con la boca cerrada, dejando un resquicio apenas en la comisura de los labios (y por eso parece estar haciendo una mueca). A menudo no responde a los saludos e insulta a la gente. Es valiente: afronta cada situación sin temblar. Sam Goldwyn, que en otros tiempos fue amigo suyo, dice: «No es un hombre. Es un tigre. Está amasado de hierro y dinamita». Una vez la emprendió a puñetazos con todos los camareros de un restaurante porque se negaron a atender a un hombre negro. Es un fanfarrón: vive rodeado por una pandilla de canallas que parecen haber sido elegidos en los archivos de la policía criminal y a muchos de ellos, en realidad, les han retirado el pasaporte por mala conducta. Entre sus amigos más íntimos se encuentra Joe Fischetti, uno de los jefes de la pandilla de Al Capone. Antes de ser expulsado de los Estados Unidos, se llevaba bien con Lucky Luciano. Es bueno: si eres su amigo y lo necesitas, puedes llamarlo en cualquier momento del día o de la noche y puedes jurar que hará todo lo posible por ayudarte. Si se equivoca, no reacciona. Hace tres semanas aguantó sin mover un dedo las bofetadas de Rex Harrison, quien lo había sorprendido cortejando a Kay Kendall, su novia.

Es un histérico. Recientemente canceló una gira por Australia solo porque no le gustaba el asiento que le tenían reservado en el avión. A Marlon Brando, que quería conocerlo, hizo que le dijeran: «¡Que tenga cuidadito! Me cae mal. Si se presenta ante mí, le aplastaré la nariz de un puñetazo». Su padre, que era boxeador, le enseñó a pelear y desde entonces se pega con la gente por cualquier nimiedad. Incluso quiso sacudir al sacerdote que, en el bautismo de su hijo Frankie, se negó a aceptar un padrino judío y una madrina protestante. Es tremendamente generoso. Nunca firma un cheque por un valor inferior a cien dólares: da el resto como propina. Una vez financió la boda de un amigo con cinco mil dólares (tres millones de liras). En otra ocasión se gastó treinta mil dólares (dieciocho millones) en regalos de Navidad. Cinco de esos regalos fueron Cadillacs. Cuando le preguntaron por qué lo hizo, respondió: «Esos tipos se habían quedado sin ruedas». El año en que Judy Garland, una mujer a la que quería mucho, ingresó en una clínica de Boston, él nunca dejó de mandarle cien orquídeas al día. Y cuando supo que ella estaba triste y aburrida, alquiló un avión y le llevó desde Hollywood a todos sus amigos para que le hicieran compañía. Y, por último, es inteligente. Hizo fortuna sin que nadie le ayudara. De niño vendía periódicos en Jersey City, luego se convirtió en reportero deportivo y a los diecisiete años debutó como cantante en la orquesta de Jimmy Dorsey sin saber una sola nota.

Cuando Ava volvió a verlo en Nueva York, estaba en la cima de su popularidad. Sus discos se vendían por tandas de ochocientas mil copias. Los periódicos se volvieron locos acuñando adjetivos halagadores. Lo llamaban «la Voz», «la Laringe», «el Barítono de oro», «el Caruso huesudo». Los críticos escribían columnas para aclarar las razones de tal éxito y atribuían su popularidad sea a la degeneración del gusto provocada por la posguerra, sea al instinto maternal que despierta su sutil canto. (Pero él mismo había dado la explicación diciendo: «Soy un cantante de alcoba»). Era también uno de los hombres financieramente más prominentes de Estados Unidos. Sus ganancias alcanzaban cifras tan elevadas que pagaba un millón de dólares al año solo en impuestos. (Equivalente a seiscientos millones de liras). Poseía ocho automóviles, una granja en Palm Springs valorada en ciento sesenta y dos mil dólares, una villa en Holmby Hills valorada en doscientos cincuenta mil, un casino en Las Vegas, una editorial de canciones; tenía muchas acciones petroleras y, por último, era el empresario de boxeo más potente del estado de Nueva York. Las mujeres perdían la cabeza mirándolo. A menudo, cuando regresaba al hotel, encontraba a una chica escondida en la cama o en el baño.

Frankie era un marido y un padre afectuoso (se había casado con Nancy Barbato, una amiga de colegio, en 1939, y tenía tres hijos con ella), pero llevaba una vida que no era propicia para la fidelidad conyugal. Había conquistado a todas las bellezas más célebres de Hollywood, desde Lana Turner hasta Jane Russell. «Pero a mí nunca me gustó por eso», dice Ava Gardner. Pocos saben que Ava conocía a Sinatra desde hacía casi diez años, es decir, desde que estaba casada con Mickey Rooney. Se lo habían presentado en un club nocturno y ella inmediatamente sintió «una peligrosa atracción hacia él». Volvió a verlo al cabo de dos años, antes de casarse con Artie Shaw. Pero el estudio le había advertido de que no se comprometiera con un hombre casado y ella obedeció. «En nuestra profesión», dice, «no es raro que nos encontremos con colegas aquí y allá. Siempre tuve miedo de volver a verlo y me cuidé mucho de no acudir a los lugares que él solía frecuentar. Cuando me topé de narices con él en Nueva York, me quedé sin aliento».

Algo parecido debió de sucederle a él también, porque permanecieron juntos toda la noche y Howard Duff quedó completamente olvidado. Al día siguiente, mientras la acompañaba al aeropuerto, Sinatra estaba triste. Habían jurado no cultivar su mutua simpatía. En cambio, volvieron a verse, dos meses después, en Palm Springs. Era febrero de 1950. Fue un encuentro casual. «La forma en que se miraron», escribió Louella Parsons, «no auguraba nada bueno». Él le dedicó una canción. Ella le dijo, jugando con su vaso de whisky: «Si yo fuera un hombre como tú, no tendría una buena opinión de mí mismo». Él no estaba de acuerdo. Salieron juntos de la fiesta y aquello causó revuelo, y no solo en sentido figurado. Los vieron subir a su Cadillac y dirigirse hacia la localidad de Indio disparando unos revólveres por la ventana. Al día siguiente, el periódico de Los Ángeles dio la noticia: «Frankie dispara por Ava. ¿Qué piensa de ello Nancy?».

Nancy pensaba lo peor, pero estaba acostumbrada a los amoríos de su marido. Estaba enamorada y, como todas las mujeres enamoradas, se negaba a creer que algún día la abandonarían. Además, Frankie adoraba a sus hijos y eso le hizo creer que el devaneo terminaría como los anteriores. En cuanto a Ava, era feliz y sufría. «Me sentía terriblemente culpable», le dijo a un amigo, «y al mismo tiempo no podía evitar sentirme así». El caso es que no se trataba de un amor equivocado, como el de Mickey o Artie. Sinatra y ella parecían destinados a estar juntos. Ambos provenían de una familia pobre, ambos eran impetuosos, sinceros y sin inhibiciones. Una semejanza de carácter que a la postre resultaría perjudicial para ambos. El único obstáculo era la familia de él. De ese modo, el que le ofrecieran el papel principal en la película *Pandora* y que eso supusiera ir a España durante dos meses por lo menos les pareció, a los dos, una vía de salida. Ava se fue en mayo de 1950: estaba decidida a reemplazar su enamoramiento por Sinatra con otra persona.

El sustituto apareció y se llamaba Mario Cabré. El primero de la larga lista de sus toreros. Mario Cabré era un pésimo torero y un hombre muy guapo. Por eso le dieron un papel en la película. Interpretaría el papel de un torero que se enamora de Pandora. Como tenía muy poca experiencia con mujeres como Ava, al cabo de una semana de pruebas ya estaba tan colgado como un balcón. Le cantaba serenatas bajo sus ventanas, le escribía poemas apasionados y ridículos. A Ava le gustaba: no le hizo suspirar demasiado mientras esperaba. Y el departamento de publicidad de la Metro comprendió de inmediato que había que aprovechar el asunto para publicitar la película. Envió fotógrafos tras ellos, difundió las instantáneas más indiscretas: ora abrazados en un coche, ora cogidos de la mano en una taberna, ora a la orilla del mar, mientras tomaban el sol en bañador. Algunas de estas fotografías no escaparon a la mirada de Frank Sinatra, quien no perdió el tiempo. Tomó un avión y fue a Tossa de Mar, donde estaba acampada la *troupe*. Como suele ocurrir cuando los protagonistas de una historia de amor son actores famosos, su marcha no se produjo en secreto. En el mismo avión viajaban cinco enviados especiales.

No fue difícil para alguien como Sinatra desembarazarse de un tipo ingenuo como Mario Cabré. Esta vez no hubo necesidad de peleas a puñetazos. En cuanto lo vio aparecer, Ava se le echó al cuello. Se mostró arrepentida y dispuesta a cortar por lo sano con el torero. Sinatra permaneció en Tossa de Mar solo dos días; luego se dirigió a París, seguro de su victoria. A la mañana siguiente, el periodista Earl Wilson telefoneó a Gardner desde Madrid. Wilson preguntó: «He oído que estás enamorada de ese torero al que llamas "Mario mío". ¿Es verdad?». Ava contestó: «Mataré al hijo de perra que ha hecho circular esa historia». Wilson preguntó: «He oído decir que está enamorado de ti. ¿Te casarías con él?». Ava contestó: «Ni en sueños. Ya sabes que prefiero a los estadounidenses, especialmente los escuchimizados que cantan». Wilson preguntó: «¿Pero Frankie está enfadado? ¿Discutisteis antes de que se fuera?». Ava contestó: «¡No, qué va! Esta tarde me llama desde París». Wilson preguntó: «Tengo entendido que te ha regalado un collar de esmeraldas por valor de diez mil dólares. ¿Es verdad?». Ava contestó: «No es cierto. Me trajo seis botellas de Coca-Cola y un paquete de chicles. Me hizo más ilusión que un collar».

La entrevista telefónica se publicó en el *New York Post* y fue suficiente para que estallara el escándalo. Sinatra ni siquiera había pedido el divorcio en ese momento. Y el estudio de Metro animó en vano a Mario Cabré a no dejar que Gardner se le escapara. Cabré siguió a Gardner hasta Londres, armó un gran revuelo, distribuyó a los periodistas el poema que había escrito para ella: «Tus labios son como rosas de la mañana, / tus cabellos de un ébano precioso...». Ava leyó el poema, dijo que había un error de sintaxis y se reunió con Sinatra en los Estados Unidos.

Su unión sin matrimonio duró casi dos años, entre discusiones, maldiciones y reconciliaciones estrepitosas. Frankie le había pedido el divorcio a Nancy, pero Nancy, en parte porque es una católica ferviente y en parte porque confiaba en que todo terminase, se negó. En vano se esforzaban en explicarle la imposibilidad de vivir al lado de un hombre que ahora solo tenía que elegir entre una multitud de mujeres.

Nancy solía decir: «Cuando ninguna se interese ya por él, estaré lista para acogerlo a mi lado». Al final, los dos enamorados decidieron renunciar al divorcio. Nunca lo habrían hecho. La antipatía que los rodeaba se transmutó en desprecio. Todo el país se volvió contra ellos: asociaciones religiosas, clubes de fans, productoras cinematográficas, periódicos. Lapidaron a Frank, el infiel, el padre desnaturalizado. Lapidaron, sobre todo, a Ava, la infame. Muchos dirigieron sus protestas a la «Bitch Jezebel Gardner», la zorra de Jezabel Gardner. A menudo la abucheaban en público. Ella se encogía de hombros. El columnista

Sidney Skolsky escribió: «Ava está angustiada, está perdiendo peso. Pero ha descubierto que el escándalo, a estas alturas, ya no la hiere». De repente, Frankie se encontró con que no había películas en las que actuar ni clubes nocturnos donde cantar. Sus acciones se desplomaron. No ganaba ni un centavo y tenía que pagar impuestos según los salarios anteriores. Su programa de radio se cerró. En un año se le agotaron las riquezas.

Tuvo que vender sus acciones petroleras, su editorial discográfica, tuvo que dejar de ser mánager de boxeadores. Ahora ningún boxeador quería pelear ya con él. Los periodicuchos de Hollywood publicaban constantemente fotografías de Nancy con la cara triste y de los tres niños con los dedos en la boca, a punto de llorar. «Ahí están», escribían, «¿no les desgarran el corazón? Lloren ustedes también por las tiernas e inocentes criaturas». Acusaron a Ava de tener otros amantes. Fue entonces cuando el periódico de Smithfield publicó la noticia de su coqueteo con el cantante negro Sammy Davis Jr., que era amigo de Sinatra y de Ava Gardner desde hacía muchos años. No debemos olvidar lo racista que es el sur: basta con decir que una mujer blanca ha bailado con un hombre negro para ponerla en la picota. La fotografía publicada en el *Smithfield's Journal* mostraba a Ava estrechando la mano de Davis. Se formó un club de ciudadanos en Smithfield que se comprometieron a no volver a ver una película de Gardner. Alguien le pidió a la actriz que se retractara públicamente de la acusación. Ella se negó, diciendo solo que «la historia distorsionaba los hechos» y que no se avergonzaba de su amistad con Sammy Davis: «Es un gran artista y no creo que la amistad y el talento dependan del color de la piel». Sammy pasó por un mal momento. Los hoteles lo rechazaban, nadie le alquilaba un apartamento. El generoso Sinatra lo salvó de la catástrofe. Una mañana le envió un coche que lo llevó a una hermosa casa en Beverly Hills. Él mismo la había alquilado para Sammy y había pagado dos años de alquiler.

Como ocurrió tras la fuga de Ingrid Bergman, salió a la luz la hipócrita moral de Hollywood, donde todos pueden hacer lo que les venga en gana siempre y cuando lo hagan en secreto. Existe en Hollywood una categoría especial de personas llamadas «beards». Los *beards* son hombres y mujeres a los que cualquiera puede alquilar, por una suma modesta, para hacer de sujetavelas cuando sale con un hombre o una mujer casados. No solo tres personas son menos llamativas, sino que el hombre o la mujer casados siempre pueden decir que el amante de su amante es el *beard*. Nadie se escandaliza por ello. Pero amarse públicamente, sin divorcio, ¡eso no! El día que Sinatra hizo su debut en un club nocturno de Reno donde había aceptado cantar para ganar algo de dinero, sobrevino la tragedia. Ava estaba valientemente en primera fila. Sinatra se acercó al micrófono y el público comenzó a reclamar a grandes voces la canción «Nancy», que dedicaba en otros tiempos a su esposa. Gritaban como locos, parecía que el techo estaba a punto de derrumbarse. Sinatra guardó silencio un rato y luego cantó la canción. Todos empezaron a carcajearse y a señalar a Ava. Ava se levantó y se fue.

Esa misma noche Sinatra tomó una abundante dosis de barbitúricos e intentó suicidarse. Lo salvaron justo a tiempo y Ava fue la primera en correr al hospital: el humillante episodio de Reno quedó olvidado. Unos días más tarde, en agosto de 1951, se fueron a México para pasar «unas tranquilas vacaciones juntos». Sin embargo, no fueron unas vacaciones tranquilas. La noticia del divorcio había comenzado a circular y a algunos les parecía incluso más reprobable que la relación ilegítima. En el aeropuerto de El Paso, cuando bajaron, había alrededor de un centenar de periodistas. Ava estaba temblando. Frankie estaba lívido de rabia. «¿Es verdad?», preguntaron los periodistas. Y él replicó: «Estáis perdiendo el tiempo. Id a casa a comer». En Ciudad de México volvió a perder los estribos. Los periodistas nunca le han gustado mucho por más que, como ocurre con otros actores, hayan contribuido a cimentar su popularidad. Les contestó: «Quitaos de en medio, hijos de perra». *La Prensa* se vengó escribiendo que era «un tenorcillo mediocre que odiaba al mundo a causa de sus limitados recursos».

Ofendido, Frank se llevó a Ava a Acapulco, para visitar el club nocturno que Hedy Lamarr y su nuevo marido, Ted Stauffer, habían abierto a orillas del mar. Hedy es una que apareció en *Éxtasis* sin llevar encima siquiera una hoja de parra. Ha tenido cinco maridos y su debilidad por el sexo masculino no es menor que la de Ava, si bien comulga todos los domingos y tiene la Biblia en su mesilla de noche, como le gusta repetir en las entrevistas. Sin embargo, cuando Ava entró, ni siquiera le tendió la mano y le reprochó a voces que se presentara allí, explicándole que el suyo era un lugar para gente honesta. Ava contuvo las ganas de abofetearla y salió con la cabeza alta, seguida de Sinatra. En la puerta, un reportero intentó fotografiarlos. Como siempre, Sinatra exageró. La emprendió a puñetazos, y si no se lo quitaban de las manos, lo mataba. Mientras Ava y Frank se consolaban en la playa, Hedy Lamarr y su marido lo observaban todo desde el balcón. Luego dijeron a los periodistas: «Creían que nadie los veía, porque estaba muy oscuro. En cambio, ambos iban vestidos de blanco y se les veía a la perfección. ¡Por Júpiter! Fue más divertido que el espectáculo en nuestro club nocturno».

Entonces Ava perdió la paciencia. «O Nancy o yo», le dijo a Sinatra. Y él corrió a Hollywood, se arrojó a los pies de su mujer y le imploró que aceptara el divorcio. Los papeles ya estaban listos. Nancy capituló. A los periodistas que esperaban en la acera, Frank les dijo lacónicamente: «Creo que ya pueden decir con seguridad que la señorita Gardner y yo vamos a casarnos». En efecto, se casaron en Filadelfia el 7 de noviembre de 1951, a las siete de la mañana, en casa de unos amigos. Nunca hubo una boda tan impopular en los Estados Unidos y tan poco alegre. Frankie pesaba para entonces cuarenta y dos kilos y parecía enfermo. Ava estaba terriblemente delgada. Al darse el «sí, quiero», los vieron tambalearse. Frankie dijo: «Por fin lo hemos conseguido». Y se frotó las manos. Parecían felices. Pero cuando salieron a la calle, los periodistas los rodearon y, una vez más, Sinatra se mostró odioso. Gritó: «¿Cómo es que estos cerdos saben que estamos aquí? Le moleré la cara a golpes al primero que nos siga!». Y así publicó el periódico más amable la noticia de esta boda. «Después de la ceremonia, Ava corrió hacia la madre de Frankie y le estampó un bonito beso en la mejilla. Todos parecían felices. Casi todos. En efecto, en Hollywood seguía habiendo una madre bastante mona. Que era Nancy. También había tres niños maravillosos que, con sus grandes ojos bien abiertos de asombro, esperaban a su adorado papaíto. Frankie y Ava sentían esos ojos clavados en ellos y Ava dijo con el pensamiento: "Pero Frankie: y de Nancy y tus criaturitas, ¿qué me dices?". Pobre, pobre

Nancy. Allí sigue ella, con el corazón desgarrándosele en el pecho, incubando su dolor, tan profundo como un abismo».

Nancy no estaba contenta, como es lógico. Pero el proceso de divorcio le había asegurado, como pensión alimenticia, una suma ciclópea, la casa en Holmby Hills, dos coches y un porcentaje abundante de los futuros ingresos de su exmarido. Además, un productor ya le había ofrecido interpretar el papel de una esposa infeliz en una película; y ella había aceptado. Por lo demás, lo que les pasó después a la pobre Ava y a su legítimo marido fue incluso más desalentador que los estúpidos comentarios que se escribieron sobre su boda.

19. Una habitación con las paredes de cristal

Hace tiempo le ofrecieron a Ava Gardner ciento cincuenta mil dólares por escribir la historia de su vida. Al principio, Ava se negó con una ocurrencia irónica: «Si ahora vale ciento cincuenta mil dólares, dentro de dos años valdrá trescientos mil por lo menos. Lo mejor será que espere». Luego se puso hecha una fiera. «Qué necesidad tienen de reírse de mis faltas de ortografía. A estas alturas no hay un solo episodio que me pertenezca. He envejecido en una habitación que tenía las paredes de cristal». Es una frase que suscita piedad y que está muy lejos de ser una estupidez. Sobre el capítulo más importante de su vida, su matrimonio con Frank Sinatra, no hay detalle que haya escapado a sus escrupulosos biógrafos. Lo sentimos por ella. No lo sentimos por aquellos que se interesan por su personaje. Todo lo que le pasó a Ava Gardner a continuación, desde su fuga a Europa hasta las aventuras sentimentales de las que hablaremos, estuvo determinado por el amor por su tercer marido. Es probable que no estuviéramos aquí hablando de ella si su romance con Frankie no hubiera estado entre los más fascinantes de los últimos años, digno de aparecer junto a los casos Margaret-Townsend y Bergman-Rossellini.

Si su relación había escandalizado en los Estados Unidos, su matrimonio causó una gran irritación. Después de la ceremonia en Filadelfia, Ava y Frank Sinatra se encontraron completamente solos. Su luna de miel, en el mar Caribe, fue melancólica. «Nos daba la impresión de ser dos amantes infieles en lugar de dos cónyuges legítimos». Otra razón para el mal humor era el hecho de que Frank no tenía un centavo y que Ava se hacía cargo de todos los gastos familiares. El estudio MGM había sabido explotar hábilmente el ruidoso asunto y había ocurrido un hecho embarazoso: mientras la fortuna de él disminuía, la de ella aumentaba dramáticamente. Le mejoraron el contrato. Le ofrecieron otras películas importantes: *Estrella del destino,* junto a Clark Gable, y *Las nieves del Kilimanjaro,* junto a Gregory Peck y Susan Hayward. Esta último se basó en un relato de Hemingway. Para alargar el papel de Ava, Hemingway permitió que la historia se estropeara con cambios radicales. El personaje de la primera esposa, que apenas se menciona en la historia original, ocupa un tercio de la película. El propio Hemingway sugirió los cambios, haciendo que la heroína muriera como conductora de la Cruz Roja en la guerra española. Luego dijo: «No habría alterado mi historia ni por todo el oro del Lloyd's de Londres. Pero aquella maldita chica se lo merecía». La película fue un éxito de taquilla. Ava ganó lo suficiente para pagar muchas de las deudas de su marido.

Sinatra estaba agradecido con su esposa por los sacrificios que hacía, pero, al mismo tiempo, se sentía humillado. Las emociones de los dos últimos años le habían hecho perder la voz, aunque hubiera querido, no habría podido encontrar trabajo en una orquesta. De modo que desahogaba su rabia discutiendo. Sus estruendosas peleas fueron frecuentes, al igual que sus reconciliaciones. Se amaban y odiaban furiosamente, como corresponde a dos personalidades intolerantes y orgullosas. Sin embargo, eran lo suficientemente listos como para no contárselo a nadie. Los llantos e insultos quedaron resguardados entre las paredes del hogar. Pasaban casi todas las noches en casa: él tocando la flauta, ella viendo la televisión. Las cosas solo quedaron claras cuando tuvo lugar esa especie de pieza cómica en Palm Springs.

Ava era muy amiga de Lana Turner, aunque esta hubiera protagonizado uno de los amoríos más intensos de Frank Sinatra. En ese momento, Lana sentía debilidad por Ben Cole, el agente publicitario de Ava. Un día, para poder pasar un fin de semana con su amante, Lana le pidió hospitalidad a Gardner. Ella se lo ofreció en la granja de Frankie en Palm Springs. No pidió permiso a su marido. Simplemente le avisó de que llegaría a casa más tarde de lo habitual para no molestar. Quiso la suerte que Frankie se presentara inesperadamente justo cuando los dos hacían de las suyas en la casa y la sorpresa no le gustó nada. «¿Qué estáis haciendo vosotros dos en mi casa?», susurró, verde de ira. Lana intentó apaciguarlo: «¿Qué dices, Frank? Sabes muy bien que Ava nos ha invitado». «Yo no sé nada de nada». «Bueno, pues si te lo tomas de esa manera, hay docenas de personas en Palm Springs que estarían encantadas de acogernos», dijo Lana. En ese momento llegó Ava. Frank la tomó con ella. Ava hizo un gesto a los dos invitados para que se fueran: ella se encargaría de solucionarlo. Los dos se marcharon, pero, al cabo de unos metros, Lana recordó que había dejado algo en la casa de Sinatra que no tenía más remedio que recoger. Volvió atrás, sola, y habría sido mejor que no lo hubiera hecho.

Ava y Frankie se estaban ametrallando con todos los objetos a su alcance: platos, sillas, adornos y hasta un péndulo de reloj que, después de haber destrozado, ella hacía girar con habilidad de espadachín. «¡Ayúdame, *darling!*», gritó Ava a su amiga. Lana agarró una botella de whisky e hizo lo que pudo, apuntando a la cabeza de Frankie. La batalla se estaba desarrollando, con un afortunado contraataque por parte de Frankie, cuando apareció la policía. Nadie fue detenido. Cuando el sargento pidió explicaciones, Frankie, herido y jadeante, se limitó a decir: «Se ha acabado todo. Las dos señoras salen de mi casa inmediatamente». Lana salió con la cabeza en alto, afrontando los *flashes* de los fotógrafos. Ava se fue llorando y amenazando con divorciarse. Al día siguiente, todos los periódicos hablaban del suculento episodio y Westbrook Pegler, presidente del sindicato Celebrities (que la tenía tomada con Frankie porque, como buen demócrata, había financiado la campaña electoral de Adlai Stevenson), escribió: «Sinatra, siempre tan belicoso como su séquito de discutibles amigos, ha descubierto un nuevo pasatiempo: liarse a puñetazos con mujeres. Debutó en este papel en Palm Springs, donde noqueó a la segunda y a la cuarta esposas de Artie Shaw, Ava Gardner y Lana Turner. La policía evitó lo peor». Louella Parsons comentó: «Yo lo había visto venir».

Ava dijo: «No quiero volver a verlo nunca más». Dos días después, Frankie la llamó para disculparse y, cuando ella respondió «vete al infierno», él disparó dos tiros con su revólver a la almohada. Ava corrió a su casa, se puso hecho una fiera por haber sido burlada, se rio como una niña por el peligro esquivado. Y, para celebrar que había hecho las paces, decidieron viajar a Europa. Todos recuerdan ese desastroso viaje. Aunque todavía estaba con poca voz, Sinatra había aceptado una gira por los grandes teatros por veinticinco mil liras el minuto. Y nunca como en aquella ocasión se verificó el viejo dicho de que no hay nada peor que casarse con una mujer famosa. Unos años antes, todas las miradas del público habrían estado puestas en Frank. Ahora eran solo para Ava. Para su marido, ella se reveló como el más temible de los competidores. En Londres, donde fueron recibidos por la reina, todos los elogios recayeron en Ava. Felipe de Edimburgo le dedicó nada menos que cuatro vueltas de vals y Sinatra no tuvo más remedio que quedarse en un rincón y mirar. En Italia lo llamaban «el señor Gardner». En Turín, mientras cantaba «Luna rossa», la gente empezó a reclamar a su mujer: «¡A-va! ¡A-va!». Algo peor ocurrió en Florencia. Cuando supieron que Ava, en lugar de estar en el patio de butacas para aplaudir a su marido, había ido a otro teatro a ver *La Bohème,* se fueron todos a ver *La Bohème,* dejando a Sinatra frente a cientos de asientos vacíos. Para vengarse, Sinatra obligaba a su mujer a no hablar con nadie, a no salir del hotel, y ella le obedecía. Adoraba a ese hombre, lo disculpaba. Sus complejos de inferioridad se habían transmutado en complejos de culpa: «Siempre hago daño a las personas que amo». Así que aprendió a rechazar a periodistas y fotógrafos. Se mostraba altiva, inaccesible y grosera; simplemente, era infeliz.

Aceptó protagonizar *Mogambo,* que se rodó en Nairobi, para no robarle más público y devolverle la seguridad que había perdido. Frankie accedió pero, en su mejor momento, interrumpió la gira y se fue a África para reunirse con su mujer. Había oído que ella no se despegaba de Clark Gable y los celos lo carcomían. En realidad, había poco de cierto en los rumores de tal devaneo. A Ava siempre le había gustado Clark Gable, pero esta vez no podía hablarse de traición. Cuando Frankie llegó al aeropuerto de Nairobi con un gran ramo de rosas rojas envueltas en celofán (se las había comprado en Londres), Ava lloró de alegría. Tuvieron una segunda luna de miel que duró quince días. Al final del decimoquinto día lo vieron salir de la tienda de Ava gritando que se iba. Pero la selva no es el lugar más adecuado para una partida digna. Frankie no conocía la carretera que conducía a través de la selva hasta la estación y, en pleno camino, escuchó el silbido de una serpiente. No podría emprenderla a puñetazos con una serpiente. Dio media vuelta y regresó a la tienda de su esposa, posponiendo su viaje. Cuando finalmente se fue, todavía no habían hecho las paces. Ahora solo le preocupaba una cosa: reconstruir su arruinada carrera, salir de esa ridícula situación de príncipe consorte.

Se fue a Hollywood, cambió de mánager, se sometió a una operación de garganta y empezó pacientemente su escalada. La forma en que logró recuperar el tiempo perdido tiene algo de milagroso. De hecho, es conmovedor. Al cabo de unos meses volvió a cantar en la televisión y actuó en una importante película: *De aquí a la eternidad*. Sabiendo que Zinnemann buscaba un actor dramático para el papel del soldado Maggio, pidió leer el guion. «Maggio soy yo», exclamó. Estaba dispuesto a cualquier cosa para conseguir ese papel y demostrar que no solo sabía canturrear. Aceptó un contrato por solo mil dólares a la semana, una cifra que antes le habría dado risa. Para compensar, aquella película marcó la fecha de su renacimiento. Al año siguiente le dieron el óscar.

Aquello significó el final de su matrimonio. A medida que recuperaba la confianza en sí mismo, Sinatra se iba distanciando de su mujer. Su nuevo mánager le había explicado que, para que los estadounidenses lo perdonaran, ante todo tenía que ocuparse de sus hijos. Cuando tenía un momento libre, Frankie iba a ver a sus hijos y no a Ava. Al mismo tiempo, las mujeres empezaron a correr tras él otra vez, y él no sabía resistirse. Ava estaba en España cuando se enteró de que Frankie cantaba en público para Marilyn Maxwell y que cortejaba a Deborah Kerr. Ante la noticia, reaccionó como nunca lo había hecho en matrimonios anteriores: aceptando a su vez la corte de alguien. Ese alguien era un torero, el segundo de la serie. Su nombre era Alfredo Leal. El coqueteo duró algunas semanas. Pronto apareció un tercer torero en el coso de Ava: Luis Miguel González, conocido como Dominguín. Luis era guapo, rico, elegante; había sido uno de los matadores más famosos de España. ¿No se había atrevido acaso a compararse con Manolete gritando, en plena corrida de toros: «Soy el número uno»? Todavía lo llamaban así, «el Número Uno». Todo el país lo amaba y le perdonaba extravagancias discutibles. Por ejemplo, Dominguín siempre salía acompañado de una amante india, un enano y un perro. La india era hermosa, silenciosa y vestía con un sari. Se comportaba como una esclava y muchas veces se inclinaba para besarle la mano. El enano medía ochenta centímetros de altura, vestía un traje amarillo y morado y actuaba como su bufón. El perro era un lobo: inmenso, negro, gruñendo. Verlos a los cuatro juntos era sin duda todo un espectáculo.

Con las mujeres, Dominguín tenía fama de ser irresistible. Las seducía sobre todo con su sonrisa cruel, su bravuconería descuidada, su mirada irónica y fría. A Ava le gustó de inmediato. Sin embargo, no quería engañar a su marido. Solo aceptaría la corte de Dominguín tras pedir el divorcio. Y, con este proyecto, regresó a Hollywood. El anuncio lo hizo la Metro el 31 de octubre de 1953. Después de dos años de matrimonio, los cónyuges Sinatra declaraban con gran pesar que ya no existían razones para la convivencia; y aunque reafirmaban su mutua estima, habían decidido separarse para siempre. Al día siguiente, Ava sufrió un peligroso ataque de nervios. Frankie se cortó las venas. Se salvó a tiempo porque un camarero entró por casualidad en su habitación. Ava se enteró, corrió a su lado y permaneció junto a su cama hasta que sus heridas sanaron. Luego subió a un avión para ir a pasar las Navidades con Dominguín.

No las pasó con Dominguín. De vez en cuando, en la novela de Ava, Frank Sinatra cierra un capítulo y luego, inesperadamente, abre el siguiente. Toda la vida de Gardner parece dominada por los manejos de este hombre tierno y violento, en un loco vaivén de odio y amor. Los periódicos no habían empezado apenas a hablar del nuevo novio de Ava cuando Frankie ya estaba pensando en reunirse con ella. La fotografía de Ava y Dominguín dándose un tierno beso en el aeropuerto le hizo tomar una decisión. Empezó a consultar compulsivamente los horarios de las compañías aéreas. No había ningún despegue hasta dos días más tarde. Entonces se puso a buscar un avión privado. El tiempo era terrible y nadie quería volar. Frank estaba desesperado y pataleaba como un niño. Estaba al borde de la histeria cuando el piloto de un pequeño avión turístico se le acercó: no le aseguraba que pudieran lograrlo, bien podría ser que se estrellaran en el océano, pero por diez mil dólares se animaría a intentado. Frankie aceptó. Llegó al Gran Hotel de Madrid mientras Ava lucía un espléndido vestido verde para salir con Dominguín. Cuando supo que Frankie había arriesgado su vida para ir a verla, se conmovió. Llamó a Dominguín para decirle que había cambiado de opinión y pasó las Navidades con su marido. Una semana después estaban juntos en Roma, él la llamaba «honey», ella lo llamaba «darling», vivían en un apartamento de corso Italia, inauguraron el año 54 en la Hostaria dell'Orso besándose largo rato bajo el muérdago, se juraron no volver a separarse nunca más. «¿Ni por trabajo siquiera?». «Ni por trabajo siquiera». Frankie llamó de inmediato a Hollywood para pedir permiso con el fin de quedarse en Roma unos días más. En Hollywood se lo negaron. Se marchó desanimado y Ava ni siquiera lo acompañó al aeropuerto. Dijo que estaba resfriada.

Dos años atrás, ella lo habría acompañado, aunque hubiera tenido una pulmonía, pero, a esas alturas, eran muchas las cosas que habían cambiado. «Si rompes un vaso, puedes volver a pegarlo con cola, pero nunca volverá a ser el mismo vaso». Ella tampoco era la misma mujer. Mostraba cierto cinismo, disfrutaba haciendo sufrir a los demás lo que otros le habían hecho sufrir a ella. El campo estaba despejado para Dominguín. Hemingway, que le tenía cariño, intentó disuadirla en vano. Gardner lo conoció mientras filmaba *Pandora* en España y tenía gran confianza con él desde entonces. Era extraordinario cómo aquel hombretón barbudo la entendía. A Hemingway no le gustaba Dominguín y lo dejó claro en su libro *Muerte en la tarde,* donde escribió, con acritud: «Lo único que tengo ganas de decir de él es esto: no le prestéis dinero». Ava fue a Cuba para explicarle la situación y Hemingway le dijo: «Corta con ese asunto, hermana». Ella contestó: «No puedo». Y empezó a dejarse ver por ahí con el torero. En ese momento estaba ocupada en *La condesa descalza,* película que le gustaba mucho porque sentía el personaje: «Tenemos mucho en común, María Vargas y yo: orígenes modestos, éxitos no deseados y la incomprensión de los hombres. ¡Por todos los santos! Bien sabe Dios que a mí también me molestan los zapatos». La película se rodó en la Riviera francesa, en Londres, en Roma, y Dominguín siempre estaba con ella.

Lo veían llegar de repente, envuelto en sus extravagantes capas forradas de rosa y azul, sus pantalones ajustadísimos, los zapatos de raso bordados, la sonrisa mordaz, y le montaba escenas de celos. La acusaba sea de coquetear con Rossano Brazzi, sea con el actor español Octavio Signoret, sea con un príncipe romano, y a menudo volaban bofetadas. Ella lo soportaba con paciencia y ya no parecía la chica combativa que había enterrado a Artie Shaw bajo una pila de libros y había mantenido a raya a Sinatra con el péndulo de un reloj. Más delgada, con ojos negros y rostro impenetrable, parecía una marioneta en manos del torero. Y nadie podía comprender si era tan humilde porque estaba verdaderamente enamorada o porque se sentía abrumada por acontecimientos más grandes que ella misma: «Todo estaba muy confuso en mi cerebro. Me resultaba muy difícil aclarar las cosas». Beppie, que estaba a su lado, como siempre en los momentos complicados, era la única capaz de afrontar sus crisis de desesperación.

Beppie también era la única que sabía la verdad: a pesar de Dominguín, Ava seguía pensando en Sinatra. Y Sinatra todavía pensaba en ella. Lo demuestra lo que cuenta Lauren Bacall, quien, a finales de mayo, viajó a Roma para reunirse con su marido Humphrey Bogart, el compañero de Ava en la película. «Unos días antes de marcharme, Frankie vino a verme y me preguntó ansiosamente si podía llevarle un regalo a Ava. Le dije que sí y parecía tan contento que me pregunté si es que quería confiarme un piano. Pero no parecía convencido y todos los días me llamaba para preguntarme si de verdad iba a llevarle su regalo a Ava. Le repetía que sí y me lo agradecía dulcemente. La mañana que tomé el avión llegó con el regalo y me aconsejó que tuviera cuidado: era un pastel de coco. Lo había hecho especialmente para Ava, a quien le gustaba mucho. Así, durante seis mil millas, sostuve ese precioso paquetito sobre mis rodillas y, después de llevarlo sano y salvo más allá del mar, las montañas y los valles, se lo entregué a la señora Sinatra». Ava se comió el pastel y lloró. Luego llamó a Hollywood y pidió hablar con su marido. Le contestó una voz de mujer, la de Anita Ekberg. Ava colgó el auricular y nunca volvió a intentar hablar con Frankie. Aquel patético mensaje de cariño fue también el último episodio de una historia de amor destinada a terminar.

Y esto es lo que Ava le dijo a Joe Hyams cuando, un año después, el periodista la entrevistó para *Look:* «Antes de conocer a Frankie, había decidido no volver a casarme con un actor nunca más. Pensé que ya estaba harta de bodas cinematográficas. Entonces Frank apareció en mi vida. Con él he sido más feliz que con cualquier otro hombre. La mayor parte del tiempo era dulce y maravilloso. Por desgracia, no siempre era capaz de serlo. Discutíamos, tenía una desconcertante capacidad para ponerme hecha una fiera por nada. Pero nos parecíamos. Soy exclusivista y celosa. Frank lo es también. Tiene un temperamento italiano: estalla por cualquier tontería. Así soy yo también. La única diferencia es que él se comporta de forma irritante cuando la discusión llega a su clímax. Me da la espalda y sale de la habitación, dejándome sola mientras me consumo de ira. Además, tiene otro defecto. Mientras le rodea la desgracia, es bueno y bondadoso. Cuando tiene éxito, se vuelve mezquino y grosero. El éxito le sienta mal. Con todo, Frankie es el hombre más fascinante que he conocido. Su encanto es infinito. Quizá si hubiera aceptado compartirlo con otras mujeres, habríamos sido felices. Pero no pude aceptarlo. Todos mis otros maridos fueron honestos con las mujeres. Frankie, no».

Por incrédulo que pueda ser una ante los sentimientos de las estrellas, no puede evitarse considerar con compasión las desgracias de Ava y con indulgencia las aventuras amorosas a través de las cuales intentó olvidar su pasión por Sinatra. Si aceptamos este punto de vista, muchas cosas encuentran su explicación; por ejemplo, el hecho de que amara a Walter Chiari y a Dominguín al mismo tiempo. Se sabe todo sobre el encuentro con Walter Chiari: que tuvo lugar en un cóctel en Roma, cuando Dominguín estaba en Madrid. Su amistad se convirtió en el cuento de hadas de la capital, y el hecho de que Dominguín, herido en su autoestima, corriera a Roma para abofetear a Ava no ayudó desde luego a cambiar las cosas. Walter actuaba ese año en la revista *Controcorrente,* en el Teatro Sistina. La trataba con ternura, complaciéndose tal vez de su conquista, pero no parecía haber perdido la cabeza. En ese momento amaba a la Bosè, con quien estaba comprometido, y cuando supo que Lucia estaba sufriendo por su relación con Ava, volvió con ella arrepentido. Ava se lo tomó con filosofía. O si se prefiere, se comportó como una señora. Lo entendió. Episodios como ese ocurren a menudo en el inquieto mundo del cine. Sin embargo, es menos frecuente que una diva sufra por ello.

En junio de 1954, cuando viajó a Londres para recibir tratamiento a causa de un cálculo renal, Ava se encontraba en un estado lamentable. A la humillación de haber sido maltratada por Dominguín y abandonada por Walter Chiari se sumaba el terror de una enfermedad incurable. Pocas personas saben, en efecto, que Ava está obsesionada con la idea de morir de cáncer, porque su madre y su abuela murieron de cáncer. Se pasaba el día y la noche llorando, y como suele suceder a menudo cuando se necesita a los demás, nadie se preocupaba por ella. El único telegrama de consuelo que recibió en el hospital fue de Robert Mitchum. La única persona cercana a ella era Beppie. Dominguín se hacía el ofendido. Frankie guardaba silencio. Un día, convencida de que tendría que afrontar la operación y de que no sobreviviría, Ava hizo que escribieran a Frankie. Quería verlo. Frankie no contestó. Estaba muy ocupado con Anita Ekberg y con el casino que había comprado en Las Vegas. «Es imposible que no venga», se quejaba Ava. «Tiene que venir, me estoy muriendo». Beppie cuenta que era desgarrador verla así. Cada vez que escuchaba un ruido de pasos en el pasillo, Ava se sentaba en la cama y se peinaba frenéticamente, diciendo que Frankie había llegado y que no debía verla fea. Pero Frankie no apareció. Y entonces ella dejó el hospital para completar los trámites de divorcio en Las Vegas.

Como tiene por costumbre, organizó el viaje de la peor manera posible: pidiéndole a Dominguín que la acompañara. Y Dominguín aceptó. Llegaron a Las Vegas, junto con Beppie, en agosto de 1954, y allí les esperaba una sorpresa muy embarazosa. Los maridos presentes y pasados de Ava estaban en Las Vegas, contratados por tres clubes nocturnos diferentes: Mickey Rooney, Artie Shaw y Frank Sinatra. Ridículo, ¿verdad? Se marcharon a Lake Tahoe, donde alquilaron una cabaña.

La cuestión era sencilla: se trataba de fijar residencia en Nevada durante seis semanas y luego firmar la sentencia de divorcio en Reno. Durante esas seis semanas, Ava no salió de casa. Los fotoperiodistas la asediaron con teleobjetivos, desplazándose a bordo de barcos de guerra por el lago Tahoe. Dominguín, en cambio, salía a pasear. Y no le importaba que le hicieran preguntas. Ya había estado allí con Lana Turner, una mujer cuya historia se entrelaza extrañamente con la de Ava. Los periodistas le preguntaron, con cuestionable gusto, si prefería a miss Gardner antes que a miss Turner. Con gusto igualmente cuestionable, Dominguín contestó: «¿Por qué? miss Turner es rubia, miss Gardner es morena. Me gusta la variedad». Ava no se lo reprochó al torero, pero, al final de sus seis semanas en Nevada, hizo lo que nadie habría imaginado. Se marchó sin ir a Reno a firmar el divorcio. Y aún hoy tiene que firmarlo.

Lo que ocurrió después es aún más difícil de entender, admitiendo que resulte difícil comprender las extravagancias de una mujer herida que disfruta haciéndose daño. Ava fue a Río de Janeiro para el estreno de *La condesa descalza*. Empezó por inscribirse en la lista de pasajeros del avión con el nombre de señora Sinatra. Se bajó en el aeropuerto con los zapatos en la mano. Llegó al teatro con una hora de retraso. Esa noche se llevó a su apartamento a toda una orquesta de negros y empezó a cantar, beber y bailar con ellos hasta que la echaron. El cónsul estadounidense tuvo que intervenir. Mientras esto sucedía, Dominguín no estaba con ella. Se había ido para no volver nunca. Siete meses después se casó en Las Vegas con Lucia Bosè, la mujer por la que Walter Chiari había renunciado a Ava Gardner. A quienes le preguntaron si le había dolido este matrimonio, Ava respondió: «¿Por qué? Nunca me habría casado con él. Era demasiado joven para mí. Puede que me enamore de un chico de veintiocho años, como él, pero eso no significa que sea lo suficientemente ciega como para casarme con él. No quiero ponerme en una situación tal como para que mi marido me rompa el corazón cuando tenga cuarenta y cinco años». En cambio, le había afectado, y mucho, hasta el punto de que decidió cambiar de vida y abandonar los Estados Unidos, que tanta gloria y tanta infelicidad le habían dado. Ava se marchó de Los Ángeles una mañana de diciembre de 1954, decidida a no volver nunca más. Se marchaba a Europa después de haber vendido su casa en Beverly Hills. Además de los baúles de ropa, se llevó consigo muy pocas cosas: el Cadillac blanco que le regaló Frankie, los perros lobo que le regaló Frankie y el piano de cola que Frankie le había comprado. No había un solo fotógrafo en el aeropuerto de Los Ángeles. Solo Morgan Hudgins, agente de prensa de la Metro, Ben Cole, su mánager, y Sydney Guilaroff, su peluquero, fueron a despedirla. Como es natural, Beppie estaba con ella. En lo alto de la escalerilla, Ava se detuvo un momento, miró a su alrededor y le dijo a Beppie: «No dejo nada detrás de mí. Y el problema es que no hay nada esperándome».

De hecho, no tenía enamorado, no tenía casa, no tenía trabajo. Se iba a Madrid porque es la ciudad que mejor conoce. Pero igualmente podría haberse ido a Berlín, Chipre o Shanghái. En Madrid vivirá unos meses en un hotel para luego retirarse a la Casa de la Bruja, situada en un lugar desierto llamado La Moraleja. Ya hemos explicado cómo es esta casa, rodeada de árboles y de alambre de púas. A Ava le gusta porque «no hay cámaras de televisión apuntando en dirección a tu dormitorio» y porque vive allí sin hombres. «Algo bastante conveniente. Incluso puedes permitirte el lujo de tener la mejilla hinchada por un dolor de muelas». Sus escasos invitados son preferentemente toreros, o empresarios toreros, o bailaores de flamenco, o cantaores ambulantes, gente con la que no es necesario hacer el papel de dama. A veces sucede que alguien le gusta y se queda unos días como invitado: no hay freno a los caprichos dictados por su hastío y su soledad. Como resultado, las calumnias florecen y su reputación se resiente.

Un día, fuera de España, mientras está con un viejo amigo en una taberna, un jovenzuelo se acerca a Ava y le pregunta: «¿Es usted la señora Gardner?». El viejo amigo responde: «No. Simplemente se le parece». El joven pone una sonrisa indefinible y añade: «Me alegro de que solo tenga sus rasgos. Espero que no tenga también su nefasta moralidad». Ava palidece y aprieta los puños. «¿Por qué?», le pregunta. «¿Es que Ava Gardner es una mala mujer?». «Sí, muy mala», dice el joven, dándole la espalda. Esa misma noche, Ava tiene una de sus crisis habituales e intenta suicidarse.

Algún tiempo después, va a la boda de Grace Kelly. Ella es la única que va sin acompañante, por lo que en el último momento Morgan Hudgins se ve obligado a escoltarla, y cuando Grace Kelly entra en la iglesia del brazo de su padre, Ava murmura en voz baja: «*Gosh!* ¡Daría diez años de mi vida por tener un padre que me acompañara al altar, reverenciada por todos!». Ya es una mujer madura, perfectamente consciente de lo que hace. Y de esta manera, encarga en Roma un atuendo escandaloso: un manto de sacerdote, con sombrero de cura, y un crucifijo en el pecho, «lo que la divierte muchísimo». Y de esta manera empieza a coquetear con Rubirosa en Cannes, y en Londres hace que pierda la cabeza lord James Granville, primo de Isabel II. Le gusta viajar, le ayuda a ahuyentar la tristeza, y en uno de esos viajes a París se reencuentra con Walter Chiari.

Hace dos años que no se ven. Él es libre, ella es libre. La antigua simpatía se reaviva. Después de una cena en la Tour d'Argent, se van a la Costa Brava, en España, y luego viajan a Roma para rodar *La capannina* juntos. Ella alquila un apartamento en el Excelsior y luego uno en via Archimede, él cada vez se deja ver menos en su casa. Cuando le preguntan si están comprometidos, responde: «Solo compañeros. Trabajamos en la misma película». Pero la película termina y su entendimiento continúa. Él va a Turín, por la revista; ella va a Turín. Ella va a Londres para firmar un contrato; él va a Londres. Él va a Milán a ver a su madre; ella va a Milán, donde alquila un apartamento. Ella va a Madrid, a una corrida de toros; él va a Madrid. Ava parece retraída, distraída; no está claro si está enamorada de ese Walter Chiari o no. Y cuando el periodista Fred Harris le pregunta si se trata de algo serio, ella responde con aire compungido: «No». Walter escribe un artículo: «No me casaré con Ava Gardner». Pero se la presenta a sus padres y la noche de Navidad les comunica que está comprometido con ella. Y añade: «Me casaría mañana mismo, si ella quisiera». Veinticuatro horas después discuten y ella regresa a La Moraleja, donde la espera un amigo muy fiel. Se rumorea que se pusieron uno al otro un ojo morado. Para Nochevieja están juntos de nuevo. Él corre a España para pedirle perdón.

Entonces ¿se aman? Quién sabe. Una semana después, está en París, donde también se encuentra Curd Jürgens, de cuarenta años; y la prensa anuncia que los dos van a casarse. Curd Jürgens no lo desmiente, dice que no está hecho para la soltería (y, en efecto, ya ha tenido dos esposas). Ella responde: «¿Curd Jürgens? ¿Quién es? No lo conozco». Pasa un mes, Ava se ha teñido de rubio para rodar *Fiesta,* donde interpretará al personaje de lady Brett. Ya nadie habla de Curd Jürgens. Walter va a buscarla a Niza y la convence de que vuelva a Roma. Ahora Walter está más colgado que un balcón. No duerme por las noches, está nervioso durante el día, constantemente con fiebre, unas ojeras que dan miedo. Siempre fantaseando como un Pierrot infeliz, y la madre se preocupa: «Mirad en qué estado está, pobre hijo mío. Ya no lo reconozco. Ella es buena chica, ya lo sé. Pero una de aquí sería mejor para él». Y reza a san Antonio para que se le pase el encandilamiento.

No se le pasa en absoluto. Cuando ella no está, sale a cazar faisanes para mandárselos en avión (a ella le gustan mucho, sobre todo con cebolla). Cuando ella está allí, se pega a ella como una ostra. Le canta canciones, como Sinatra. (Y en vano lo silencia ella: «*Darling,* olvídalo. Además, canta mejor que tú»). La emprende a puñetazos con los fotógrafos, como Sinatra. Se muestra grosero con los periodistas, como Sinatra. Poco le falta para llamarlos «serpientes reptantes», como Sinatra. Y pensar en lo cordial y amable que era otros tiempos. Pero es tan joven: hay que perdonarlo. Está tan enamorado: hay que entenderlo.

¿Y qué piensa Ava? Que es un chico encantador, por supuesto. Entonces, ¿por qué no se casa con él? «No olviden», dice ella, «que todavía soy una mujer muy casada». ¿Y por qué no se divorcia? Todo lo que necesita es un viaje a Reno, una firma. No llega a ir. Y todas las excusas son buenas: una película que ha de rodar, un vestuario que ha de encargar, el mal tiempo. Algunos dicen que la razón es obvia: Ava sigue llevando a Sinatra en su corazón. ¿Acaso no lo ha visto más de una vez en Madrid cuando él estuvo rodando una película con Sofia Loren? ¿Es que no le gusta escuchar sus discos, que lleva siempre en su maleta? ¿No le dijo al periodista que le preguntó si se reconciliarían: «Ojalá pudiera decirlo, pero no lo sé. ¿Conocen esa canción que dice "¿Qué será, será?" Se ajusta perfectamente a mi caso». ¿No es acaso cierto que Sammy Davis Jr. anda diciendo a todo el mundo que ella y Frankie piensan el uno en el otro igual que antes? ¿O tal vez Walter

Chiari sea demasiado joven para ella y para el actor italiano vale lo mismo que dijo de Dominguín?

La verdad es otra. Ava tiene miedo. Es tan hermosa, irresistible, fascinante, que tiene miedo de no ser amada como lo son miles de mujeres menos hermosas, menos irresistibles, menos fascinantes. Son demasiadas las veces en las que las cosas le han ido mal. Y sabe muy bien por qué: «Es difícil decir por qué salgo derrotada de cada experiencia amorosa, pero a estas alturas no cabe duda de que la culpa es mía. El caso es que soy demasiado exclusiva con el hombre que amo. Lo asfixio con mi amor. Estoy celosa de cada momento que pasa lejos de mí. Mi afán es estar siempre cerca de él, mirarlo, tocarlo. A la larga se cansa, siente la necesidad de que lo consuele una mujer que lo ame menos. Creo que la principal razón del fracaso de mis matrimonios es la siguiente: no sé amar con inteligencia y astucia. Rodeo al objeto de mi amor con una entrega que lo asusta. No hay que ser demasiado sincera con los hombres. No hay que darles demasiado; de lo contrario, te dejarán. ¡Por todos los santos! ¡Qué equivocados están! No soy una buena actriz, pero sí una buena mujer, en todos los sentidos de la palabra. El problema es que ni mis maridos ni el resto de los hombres lo han entendido».

Por eso teme equivocarse, una vez más, teme elegir a un hombre inadecuado para transformarla en una mujer normal, para darle una familia, el hijo en el que piensa como si ya hubiera nacido: «Tengo que estar segura. No puedo darme el lujo de fracasar una vez más. Si eso sucediera, moriría. Y si no muero, me suicidaría».

¿Cuántas otras mujeres razonan así? Hay que reconocerlo: podemos pensar que es simpática u odiosa, que debe ser condenada o absuelta. Pero no podemos negar que es muy desgraciada. Por eso, sobre todo, no la envidiemos.

HERMOSAS Y ENAMORADAS

20. Brigitte Bardot: famosa sin mover un solo dedo

Brigitte Bardot obtuvo su bautismo como diva hace dos meses en Cinecittà, cuando, en su papel de Popea, la hicieron sumergirse en un baño de cuatrocientos cincuenta litros de leche. En la cinematografía mundial, el baño de leche es un privilegio que solo se concede a las vedetes de primer rango. No requiere necesariamente habilidades actorales, pero sí atributos que para el público en general y los productores valen mucho más; un cuerpo deseable y una considerable carga sexual. De hecho, existe una clasificación de baños cinematográficos que representa para la diva en busca de popularidad el termómetro de su capacidad de seducción. Primero: un baño en la piscina. Todas las actrices pueden afrontar sin desdoro un baño en la piscina. Se hace en bañador. Es, por lo tanto, el más fácil y el menos apreciado. Segundo: el baño en el lago o en el mar. También bastante frecuente, requiere, sin embargo, mayores dotes. En efecto, puede realizarse de noche, exige en muchas ocasiones la participación de una pareja y en la mayoría de los casos finaliza con un abrazo en la orilla, circunstancia que solo resulta eficaz si la actriz está dotada físicamente. Tercero: baño de espuma. Es el más extendido en Hollywood, y supone el primer reconocimiento del papel de *vamp.* En efecto, la diva lo afronta en el secreto de la *toilette,* vestida únicamente con un gorro de celofán que protege el pelo; y ello provoca sin esfuerzo la excitación de los espectadores. Cuarto: el baño de leche.

Los ingenuos no deberían apresurarse a definirlo como inofensivo. Cometerían un grave error. El baño de leche tiene la ventaja de combinar las características del baño de espuma con las de un baño de mar: se realiza sin ropa y se realiza en público, en presencia de un grupo de esclavas y sirvientes. Se trata, por lo tanto, de una operación íntima realizada en público. Además, está históricamente establecido que solo las mujeres hermosas y disipadas se complacían en tan costosa y extravagante ablución. No en vano la gente del cine recurre a él con cautela.

De todas las hechiceras que han torturado al público desde los tiempos de los hermanos Lumière, solo cuatro han obtenido este reconocimiento: Claudette Colbert en *El signo de la cruz,* Martine Carol en *Lisístrata,* Silvana Pampanini en *O.K. Nerón* y Sofia Loren en *Dos noches con Cleopatra.* La quinta ha sido, precisamente, Brigitte Bardot. El memorable episodio tuvo lugar durante el rodaje de la película número doscientos cuarenta y cinco ambientada en la Roma antigua que la industria del cine nos ha regalado desde el día en que se rodó *Los últimos días de Pompeya;* y el director se demoró bastante en los detalles de la escena, que, para poner de relieve las gracias de la protagonista, requirió trescientos metros de película y nueve horas de esfuerzo. Cuando terminó la última toma, Brigitte, que solo llevaba puestas unas diminutas bragas, se había resfriado, la leche se había convertido en queso y el hedor se elevaba hasta el cielo. Pero Europa podría presumir de una diva más.

Sentada a una mesa del Élysées-Matignon, el club situado en el corazón de los Campos Elíseos y que acoge, pasada la medianoche, a todos los padres eternos de la cinematografía francesa, Brigitte me cuenta su afortunada aventura mientras se come un filete. El club es una especie de sótano amueblado con el gusto de los nuevos ricos: sillones de terciopelo rojo, damasco verde en las paredes o un negro vestido como un personaje de opereta que, arriesgándose cada minuto a perder su turbante de seda, se inclina para llenar las tazas de un pésimo café. Tendidos en los sofás están los productores más adinerados de París, algunos guionistas de moda y estrellas con gafas oscuras, siempre una excelente estratagema para aquellos que, bajo la apariencia de pretender ocultarse, no piden otra cosa que hacerse notar. Ahí está Eddie Constantine, alto, macizo, acompañado por su mujer, que parece una rana, tan diminuta y nerviosa; está Françoise Arnoul, también definida como la Venus de bolsillo; está Roland Lesaffre, el boxeador rubio de *El aire de París* que por fin se ha casado con la japonesa Yoko Tani, con quien protagonizó hace un año una sensacional fuga a Roma, y está France Roche, la bella periodista que también es actriz y está aquí todas las noches para alimentar la columna de chismes que publica diariamente en *France-Soir*.

Todos se ignoran maliciosamente, pero bastó con que Brigitte apareciera en lo alto de las escaleras para que las conversaciones cesaran de repente y las miradas se posaran en ella. Incluso ahora, cuando ya ha empezado a comer y han pasado unos veinte minutos desde su envidiable entrada, los clientes del Élysées-Matignon siguen prestándole atención. Eddie Constantine se levanta y acude a saludarla. Françoise Arnoul le sonríe casi con simpatía. France Roche anota los colores de su vestido en su libreta. ¿Quién le negaría a Brigitte el atributo de diva? A estas alturas no puede ir a ningún lado y pasar inadvertida. Hace una semana, su presencia en un cine provocó una especie de locura colectiva. Recibe cincuenta cartas al día. Los periódicos pugnan por publicar sus fotografías. Los estudios cinematográficos le ofrecen un mínimo de veinte millones por película. Sin embargo, no ha interpretado un papel importante siquiera. No ha actuado en el teatro (es la única actriz francesa que nunca ha puesto un pie en un escenario). No está a punto de casarse con un príncipe. No participa en concursos televisivos. Ha alcanzado la fama sin haber hecho nada.

Si fuera capaz, podría escribir un folleto: «Cómo hacerse popular sin mover un solo dedo». Brigitte Bardot es el ejemplo más sensacional de hasta dónde puede llegar una chica que, poseyendo únicamente una cara bonita, unas medidas perfectas y una buena dosis de fotogenia, consigue que hablen de ella. Es el producto típico de la publicidad, gracias a la cual basta con aparecer una vez en la portada de un semanario para alcanzar un poco de gloria. Hace tres años nadie conocía su nombre. En aquel momento solo tenía dieciocho años y estudiaba danza clásica con la esperanza de llegar a la ópera antes o después. Sus padres y su bisabuelo, gente rica y conformista, propietarios de una fábrica de gas licuado y de una finca en Louveciennes, se lo toleraban con cierta indulgencia. Lo consideraban una forma inofensiva de evitar que se aburriera y de encontrar un marido que fuera digno de ella: rico y con título. Y ella se conformaba. Tenía lo que quería. Se vestía en los sastres de moda. En verano iba con su hermana a los mejores hoteles de Cannes. Había visitado Italia e iba a Londres al comienzo de cada temporada para ver las carreras de Ascot. En ocasiones posaba para revistas de moda, pero casi por diversión, como *hobby*. Su cuerpo alto y delgado (mide un metro setenta de altura, pesa cincuenta y cuatro kilos y tiene una cintura de cuarenta y ocho) parecía adecuado para hacer de maniquí. No pensaba en ser actriz: desde que, en Juan-les-Pins, la rechazaron en un concurso de belleza por considerarla demasiado delgada y con el pecho demasiado estrecho, se consideraba fea.

Todo ocurrió porque Marc Allégret, que buscaba un nuevo rostro para la película *Les lauriers sont coupés,* vio su fotografía en la portada del *Jardin des Modes* y mandó llamarla. A escondidas de su familia, a la que habría horrorizado la idea de una carrera cinematográfica, acudió, hizo una audición y firmó el contrato. La película no llegó a rodarse, pero la máquina publicitaria ya estaba en marcha.

Brigitte había conocido a alguien que resultaría precioso en su carrera: Roger Vadim, el asistente de Allégret. Roger Vadim Plemiannikov, un apuesto joven, hijo de dos aristócratas rusos que huyeron a París después de la revolución, trabajaba como crítico cinematográfico en *Paris Match* y, como la chica le gustaba, no le resultó difícil inventar un reportaje para el periódico. Ya sabemos cómo funcionan ciertas cosas. Una adolescente de cara divertida y piernas largas constituye para el público corriente un acontecimiento más atractivo que la guerrilla en Marruecos. Sus fotografías aparecieron en un número de 1952 y ocupaban tres páginas completas. Nadie sabía quién era Brigitte Bardot; pero aquella figura en traje de baño y medias de rejilla, de pie en lo alto de un tejado, con el telón de fondo de las chimeneas de París, era tan fascinante que justificaba cualquier publicación. «Este año esta chica será famosa», rezaba el título del reportaje; y para la portada se eligió la fotografía de la desconocida con trenzas cortas sonriendo desde un campo de flores. ¿Qué más hace falta para que la popularidad se ponga en marcha? Inmediatamente después, todos los demás semanarios empezaron a solicitar sus fotografías y, en pocos meses, Brigitte se convirtió en una popular chica de portada. Pronto empezó a sonreír incluso desde las paredes para anunciar una crema antiarrugas. Y, por último, tras abandonar la escuela de danza en medio de la indignación de su familia, empezó a aceptar pequeños papeles en películas. Roger Vadim, que se había enamorado de ella y había pedido su mano a papá Bardot, supo aconsejarla. «Lo importante hoy en día es llamar la atención», le explicó. Y cuando, seis meses después, se casó con él, la chica de portada obtuvo su segundo reportaje fotográfico.

Es prerrogativa de los redactores de *Paris Match* casarse con actrices o chicas que sean famosas de algún modo. A Pierre Galante le tocó casarse con Olivia de Havilland, a Georges de Caunes con Jacqueline Joubert, la locutora número uno de la televisión francesa, y en todas esas ocasiones ya se encargó el periódico de dar el debido resalte al acontecimiento. Esta vez el titular era: «Brigitte ha encontrado marido en *Paris Match*». Brigitte: ¿quién era esa chica? Los fotogramas de las películas en las que aparecía duraban apenas treinta segundos, en ocasiones los cortaban incluso durante el montaje de la película. Pero, de una forma u otra, trabajaba en el cine y no le hace falta mucho para ver su nombre impreso. Brigitte fue celebrada como una vedete y en la siguiente Kermesse des Étoiles, una especie de reunión publicitaria de actores que distribuyen autógrafos y sonrisas con fines benéficos, ella también se contaba entre las estrellas. Ese día tuvo la oportunidad de constatar lo valioso que puede resultar salir del anonimato cuando se pretende hacer carrera. En el recinto de la pequeña figurante se agolpaban más admiradores que en el contiguo de Martine Carol, y la confusión resultante fue tan ruidosa que Martine, molesta, abandonó el acto y se negó a regresar.

Luego vino el festival de cine de Cannes en 1955, y todo el mundo sabe la angustia que sienten los reporteros al comienzo de un festival. Los periódicos reclaman sin demora fotografías de las actrices, ellas siempre tardan en llegar porque aparecer el primer día equivale a minar su prestigio, es mejor dejarse querer durante bastante tiempo. Cuando se inauguró el festival, aún no había ninguna diva presente: Grace Kelly y la Lollobrigida llegarían con cuatro días de retraso. Morgan, Darrieux y Carol estaban ausentes por compromisos laborales o preferían esperar. En el Palacio del Cine, entre los grandes nombres, solo había dos niños, Brigitte Fossey y Pablito Calvo, y una famosa chismosa, Elsa Maxwell, absolutamente inadecuada para aparecer en portada. Pero en tercera fila, encantadora con su vestido de noche escotado y su pelo rubio recogido en un improbable moño, estaba Brigitte Bardot con su marido y un periodista. Había venido para la proyección de *Futures Vedettes,* una peliculilla en cuyo «cast» aparecía por fin su nombre; y los fotógrafos le dedicaron el mayor número de *flashes* de la velada. Al día siguiente, mientras sus prestigiosas colegas creían dar muestras de inteligencia al permanecer ausentes, cientos de ingeniosas Brigittes sonreían desde las mesas de redacción y todos los periódicos, a falta de otra cosa, publicaban sus fotografías. *Paris Match* le dedicó por tercera vez su portada: el rostro terso de la pequeña desconocida, sus grandes ojos castaños de corte felino, sus labios túmidos, apenas teñidos de rosa, sus rizos dispuestos en tirabuzones delante de las orejas valían por sí solos todas las nobles arrugas de la pantalla. La suerte estaba echada; Cannes había consagrado su fácil éxito.

«Estoy muy agradecida a los periodistas», dice Brigitte frente a un plato de ensalada. «No sería nadie si no me hubieran ayudado, y cada vez que veo mi fotografía en un periódico me gustaría escribir al director para darle las gracias. Un artículo vale más que una película y todas esas actrices que se dan tantos aires para dejar que las entrevisten me hacen mucha gracia. Unas estúpidas, eso es lo que son, y unas hipócritas también».

Su marido le lanza una mirada asesina. El éxito no le ha enseñado nada a esta chica excesivamente sincera, y esa es la razón por la que sus colegas, excepto algunas amigas, entre ellas Barbara Laage y Jeanne Moreau, muestran cierta hostilidad hacia ella. «Es solo una niña», dice Roger Vadim para disculparla. «Tengo que explicárselo todo: que los ratones no ponen huevos, que la Luna siempre presenta la misma cara hacia la Tierra, que los aviones vuelan porque tienen motor y, sobre todo, que es arriesgado contarle a todo el mundo lo que piensas de las otras actrices». Brigitte inclina la cabeza y una pátina de sonrojo cubre su rostro. Se dejó fotografiar semidesnuda como Popea, junto con Martine Carol luce los escotes más profundos de París, pero es muy tímida y el más mínimo reproche basta para que las lágrimas le afloren a los ojos. «Yo solo quería decir que...», y nombra a una actriz que «es una idiota por tener celos de mí», dice para compensar. Pero la expresión consternada de su marido le hace darse cuenta de que ha incurrido en una metedura de pata aún mayor. Sus labios empiezan a temblar, el rostro se le pone morado, la copa de vino se le escapa de la mano, manchando irremediablemente su falda de terciopelo azul. Esto es demasiado y Brigitte pierde la cabeza. «Merde!», grita mientras agarra rabiosa una servilleta; el grito resuena en la sala como un disparo de fusil. Los clientes del Élysées-Matignon se vuelven horrorizados, una señora enjoyada se estremece dentro de su estola de visón y la situación es peor que cuando, hace tres meses, mientras intentaba clavar un tenedor en un cuarto de pollo, Brigitte lo vio caer en el regazo de la mujer de un productor.

Grandes lágrimas corren por sus mejillas y es difícil consolarla, hay que esperar a que pase la crisis. Cuando los sollozos cesan por fin, su sonrisa es más feliz que antes, ni siquiera se acuerda de lo que ha pasado. Me dice que no debería juzgarla por esto, ella no sabe comportarse bien en público, es verdad, pero sigue siendo una actriz. El señor René Clair le ha dado un hermoso papel en su última película, *Las maniobras del amor,* y Dios mío, qué miedo trabajar con un hombre tan gélido, pero se las apañó muy bien de todos modos, ya lo veré.

Luego también la invitaron a Hollywood, le ofrecieron un contrato férreo y lo firmó, pero todas las noches lloraba como si tuviera que ir a la silla eléctrica, así que una mañana rompió el papel y no quiso saber nada más del asunto. Ahora gana bastante, en un año ha hecho tres películas, y como protagonista, ¿sabe?, y se está comprando una casa con terraza cerca de los Campos Elíseos; ya no pueden seguir en el pequeño apartamento de tres habitaciones donde antes vivían ella y Roger porque la criada se fue tratándola mal y ahora viven en un hotel. Tiene dos coches, uno rojo para ella y un descapotable blanco para Roger, y sus padres ya no se avergüenzan de saber que trabaja en el cine; su hermana Mijanou, una chica rubia y mucho más guapa que ella, ya está pensando en convertirse en actriz.

«Pero todo esto se lo debo a Roger, no sé qué haría sin él», concluye buscando su mano. Roger se la estrecha con ternura.

De hecho, es él quien le enseña a vestirse, a hablar y a maquillarse. «Chérie», la interrumpe amablemente: «Tengo que decirte algo muy importante. Te maquillas demasiado los ojos, *chérie.* No hace falta que enfatices los bordes así, *chérie,* ni que los alargues tanto hacia las sienes. Son bonitos limpios también». «Pero si son los ojos al estilo de Sofia Loren», contesta. «Me los hicieron así en Cinecittà». «No importa, *chérie.* Quítate esa porquería enseguida», dice, entregándole el pañuelo. Brigitte toma su pañuelo y, obediente, se desmaquilla.

Y es Roger, en última instancia, quien le enseña a actuar y elige sus proyectos. Tiene derecho, por contrato, a leer y aprobar todos los guiones de las películas protagonizadas por Brigitte y a cambiar escenas y líneas cuando lo crea conveniente.

Él no la abandona ni un minuto. Nunca la deja decidir nada sin su intervención. Es el Skofic de la situación y en realidad Bardot no le debe menos que la Lollobrigida le debe a su Milko. Gracias a estos dos cónyuges, la cinematografía europea posee un nuevo personaje: el del marido hábil y devoto que actúa como encargado de prensa de su esposa, la actriz. Toda chica que desee alcanzar el apogeo del baño de leche debería tener uno a su disposición.

21. Hermosas a los treinta

La capacidad de fascinación de las divas no es ningún secreto. Una chiquilla cualquiera aprende poco a poco a maquillarse, a sonreír, a vestirse bien, a caminar de una determinada manera; el resto lo hacen los fotógrafos y la suerte.

El ejemplo más estrepitoso nos lo ofreció Greta Garbo, si lo recordamos. Cuando llegó a Estados Unidos, allá por 1924, Greta Gustafsson era una adolescente bastante regordeta e insípida, con el pelo peinado en rizos. Hay una instantánea de ella en traje de baño (escote modesto, calzas hasta las rodillas) con el que, Dios nos perdone, daba un poco de pena. No en vano el director Clarence Brown, al ofrecerle la audición, exclamó: «Querida muchachita, puede que tenga un temperamento dramático, pero por su físico no se diría. Vuelva dentro de una semana. Mientras tanto, pierda diez kilos, cambie de peinado y maquíllese con un poco de criterio». Una semana después, Greta regresó. Había perdido diez kilos (y cómo lo consiguió, en tan poco tiempo, sigue siendo un misterio) y se había alisado el pelo. Pero su tipo no había cambiado mucho. Tuvo que pasar un año para que Greta se transformara en esa criatura diáfana y exangüe que quedará en la historia de las costumbres y del cine con el sobrenombre de «la Divina». La Garbo no llegó a ser verdaderamente la Garbo hasta que pasó el tiempo.

Pensemos ahora en Marlene Dietrich, que tanto gustó, hace dos generaciones, en *El ángel azul.* Seguramente recordaremos ese fotograma en el que aparece Marlene con la *guêpière,* las manos apoyadas en las caderas, la cabeza echada hacia atrás, las piernas abiertas y enfundadas en medias negras, con las ligas a la vista. En su momento causó una impresión extraordinaria, ese traje provocativo y chabacano le dio la gloria. Hoy nos hace sonreír un poco. ¿O es que queremos comparar a la Marlene de *El ángel azul* con la Marlene de *Shanghai Express?* Como es lógico, estaba menos fresca cuando aprendió a envolverse en pieles de zorro: para compensar, era verdaderamente seductora. El rostro se había suavizado, adquiriendo una nueva expresión, el cuerpo se había endulzado, sus célebres piernas se habían vuelto más bonitas. Podemos ser tan fieles a un recuerdo como queramos: aún hoy, cincuenta años después, las piernas de Marlene son más hermosas que cuando dejó Alemania para hacer fortuna en América.

La tesis que vamos a plantear vale para todas: para Rita Hayworth, que hoy, a las puertas de los cuarenta, con sus primeras arrugas y sus primeros desengaños, resulta sin duda más interesante que cuando era bailaora de flamenco y se llamaba Rita Cansino; para Ava Gardner, que, con sus ojos cansados, seguramente tiene más admiradores que cuando se casó con Mickey Rooney; para Grace Kelly, quien, aunque preocupada por la maternidad, es más expresivamente hermosa que cuando posó para las portadas de *McCall's,* y por último para todas las chicas que fueron Miss Algo y luego acabaron convirtiéndose en actrices de cine. El tiempo, en definitiva, beneficia a las divas. El éxito aumenta su atractivo. A medida que pasan los años y aumenta su gloria, se produce en ellas una metamorfosis física. No es necesario que se operen la nariz, como Martine Carol y Eleonora Rossi Drago, para cambiar sus rasgos. He comparado algunas fotografías de estas cinco bellezas: cómo son hoy y cómo eran hace diez años, cuando no eran famosas. Está claro que son las mismas mujeres, pero ya no se parecen.

La foto de Marilyn Monroe data de 1943, cuando Marilyn era solo Norma Jeane Mortenson, de diecisiete años, casada con un obrero, y aún no había sido elegida Miss Cheesecake. Una chiquilla bonita, *vulgarota* y sin personalidad, como podemos encontrarlas todos los días en la calle. Está demasiado delgada, tiene el pelo castaño, todavía no ha aprendido a hacer girar la garganta hacia atrás y a entrecerrar los ojos: sonríe con la cabeza gacha, como una campesina vergonzosa. Unos años más tarde confesó: «Estaba obsesionada con la idea de ser fea. Me sentía trivial, ridícula, y eso me sentaba mal. Nadie se volvía a mirarme. Luego acabé en Hollywood y no recuerdo exactamente qué pasó. Sé que cuando me peinaron de manera diferente, me enseñaron a vestirme y caminar de cierta manera, cuando aparecieron fotografías mías en los periódicos, entonces empecé a sentirme hermosa y la cosa acabó en que un día me convencí de ello. Hoy no me cuesta ningún trabajo ser quien soy». En Hollywood la habían transformado. La Marilyn que vimos en *La jungla de asfalto* y *Eva al desnudo* era ya una joven que le quitaba el sueño a mucha gente. Sin embargo, todavía no tenía nada que ver con la Marilyn que se casaría con Arthur Miller. Para adquirir personalidad, la señorita Monroe tuvo que esperar hasta los treinta años.

La fotografía de Gina Lollobrigida fue tomada en 1947, cuando participaba en el concurso para la elección de Miss Italia. En ese momento Gina tenía veinte años. Estudiaba canto y quería ser soprano. Era ciertamente guapa, pero sería arbitrario afirmar que valía más que la diva a la que hoy reciben Eisenhower e Isabel de Inglaterra. En Cinecittà nadie la tomaba en consideración. Era la doble de Maria Denis y el director Soldati dijo de ella: «Tienes las mejillas demasiado gruesas, los ojos demasiado redondos, las piernas demasiado cortas. Es inútil que intentes dedicarte al cine. Estás perdiendo el tiempo». Después de las primeras películas, Gina aprendió a cortarse el pelo, a ponerse a dieta y a realzar su busto. Y lo extraordinario es que, en esta metamorfosis, no tuvo maestros. El tiempo funcionó por sí solo.

La Loren que se pavonea con un horrible traje de baño se remonta a 1950. A los diecisiete años, Sofia tenía una cintura de sesenta y nueve centímetros, piernas ligeramente regordetas y el pecho poco desarrollado. A los dieciocho años trabajaba en el cine como figurante por veinte mil liras al mes, junto con su madre, y posaba para fotonovelas como Sofia Scicolone. Decididamente, nadie habría dicho que merecía nada más. Chicas como ella inundaban Roma. Si la hubiera conocido entonces, Jean Negulesco no habría perdido la cabeza por ella, ni habría malgastado su tiempo pintándola en todas las poses. Los estadounidenses no dedicarían espacio a publicar sus impactantes medidas y los directores de Hollywood ignorarían su existencia. La chica de una fotografía tomada seis años después, todos sabemos quién es. Su boca es la misma, pero parece diferente. Sus ojos son iguales, pero parecen más grandes. Ese rostro y ese cuerpo tienen un sabor diferente: son el rostro y el cuerpo de una diva.

Y luego Diana Dors, en una foto de cuando tenía diecinueve años y era mecanógrafa en una compañía de seguros. No es que fuera exactamente fea, pero su aire de *criadota* exuberante no sugería en absoluto que algún día la considerarían una mujer fatal. La cara redonda como una manzana, los *shorts* a punto de explotar, la pose de excursión campestre. Pobre Diana. No tenía siquiera un Rolls Royce, ni el guardarropa más caro de Londres, y nadie la había tirado todavía a la piscina para hacerle una fotografía sensacional. Aún era preciso que la lanzaran como la «respuesta inglesa a Marilyn Monroe» y la convirtieran en rubia platino, fue necesario que perdiera ocho kilos por lo menos para convertirse en la Dors. Y cuando fue la Dors, fue también otra chica. Se la puede considerar explosiva o antipática, una actriz decente o una cretina, pero no se puede negar que posee cierta personalidad, ahora que ella también ronda los treinta años, y sobre todo cuando lleva bikini o vestido de noche... Nos guste o no, se ha convertido en una hechicera: los semanarios publican sus fotografías y, que Dios las perdone, muchas chicas intentan imitarla.

Por último, dediquemos unas palabritas a Kim Novak. La chiquilla gris de la fotografía, no hay duda, es ella. Cuando se la sacaron para el documento de identidad, Kim se llamaba Marilyn Novak y vivía en un pensionado para aspirantes a actrices, el Studio Club. No era nada fea, pero sus compañeros de clase no eran peores que ella. En resumen, era una «chica por hacer» y su encargado de prensa aún no había decidido si iba a ser rubia o morena, opulenta o delgada, destinada a papeles dramáticos o ligeros. Kim vivía de café con leche y *brioches* e incubaba su ambición haciendo gárgaras para corregir su voz. Luego llegó su turno. Marilyn Monroe había huido a Nueva York, decidida a desempeñar el papel de intelectual: se necesitaba a alguien que la reemplazara. Así que adelante: a crear una *vamp.* Cogieron a Kim, le decoloraron el pelo, le impusieron sesenta kilos de peso, un maquillaje ligero que le dejó la boca pequeña y la expresión adormilada. La hicieron actuar junto a William Holden y Frank Sinatra, la enviaron a Cannes para lucir su piel blanca como la leche dentro de un vestido de seda negro. Solo un año de esfuerzo, tras el cual había nacido una estrella.

Ahora bien, sería difícil explicar de qué se derivan estas metamorfosis. Los maquilladores se atribuyen el mérito. Somos nosotros, dicen, quienes las enseñamos a pintarse, a vestirse, a sonreír. Los encargados de prensa dicen que depende de la publicidad que ellos les consiguen. Somos nosotros, dicen, quienes creamos el mito y, cuando una chica ha adquirido cierta popularidad, el público, vencido por la sugestión, la ve aún más hermosa. Los higienistas dicen que depende de los cuidados físicos que se le imponen a una actriz cuando se hace famosa. Somos nosotros, dicen, quienes prescribimos la dieta, quienes establecemos las horas de sueño, quienes imponemos la gimnasia y el uso del yogur. Los psicoanalistas afirman que se trata de un fenómeno de autosugestión. La mujer rica y admirada, dicen, se halla siempre en una posición aventajada frente a una mujer pobre y desconocida. Esta última no se cuida tanto, pues vive en el anonimato. La primera, sin embargo, tiene el compromiso moral de ser hermosa porque sabe que todos la observan y la juzgan. Además, al convertirse en alguien, estas mujeres agudizan su inteligencia y poco a poco comprenden lo que es beneficioso para su personalidad: la evolución mental contagia, de forma automática, la evolución física.

Un director estimado, Huston, confirma la última hipótesis. «En efecto», dice, «cuando se vuelven famosas, toman conciencia de sí mismas y se transforman, como una mariposa que sale de su capullo. Su piel reacciona a la popularidad». Probablemente sean todos estos factores juntos los que contribuyen al desarrollo de un modelo. O quizá la explicación sea más sencilla y tenga razón Dior cuando dice que todo es mérito de la moda. «Un vestido que hace diez años nos parecía extraordinario», dice Dior, «ahora nos parece ridículo. De la misma manera, la imagen de una mujer que nos parecía seductora hace diez años ahora nos parece insignificante. Es preferible mirarla con algunas arrugas más, pero con un sombrero a la última». En esto también hay algo de verdad. ¿Ha probado el lector a observar una fotografía antigua? Entonces no nos pareció tan mal y tal vez hasta la pusimos en un marco. Ahora nos resulta tan risible que nos da vergüenza tenerla y la escondemos en un cajón.

22. Sofia Loren y una maleta llena de espaguetis

He traído a Hollywood una maleta llena de espaguetis para Sofia Loren. Se los he traído desde Roma, me los había dado su madre, y creo que pocos acontecimientos de las últimas semanas han emocionado tanto al frívolo suburbio de Los Ángeles como la noticia de que una periodista italiana le ha traído espaguetis a Sofia. No es que haya realizado un acto noble o una empresa particularmente arriesgada. Sin ofender a Sofia, diré más bien que el encargo me emocionó muy poco, menos desde luego que cuando salí de Milán con tres paquetes de penicilina para entregárselos al cardenal Mindszenty en Budapest. Pero hay ciertas cosas que a los estadounidenses les gustan especialmente y estoy convencida de que no se habrían conmovido tanto si el presidente Gronchi me hubiera confiado una frasca de Chianti para llevársela a su colega Eisenhower. Todo lo que América aprecia y respeta más (el amor maternal, la pasta y las redondeces de una diva) estaba encerrado en esa preciosa maleta gracias a la cual pude darme cuenta de lo popular que es en los Estados Unidos la Loren, a quien por aquí definen como «el más hermoso monumento hecho a mano que poseen los italianos» y también «el mejor producto que los italianos han exportado a ultramar después del aceite de oliva, la pizza y los tenores».

Pude darme cuenta de ello de inmediato cuando llegué al aeropuerto de Idlewild, donde la aduana es más estricta que en ningún otro lugar del mundo y lo primero que os preguntan, al revisar vuestros equipajes, es si lleváis flores o salchichas, vehículos de contagio o infección. Respondí que no llevaba flores ni salchichas, sino solo ocho kilos de espaguetis crudos, debidamente metidos en paquetes de papel encerado. El funcionario de aduanas me miró horrorizado. «Los espaguetis, *miss,* son un alimento y la importación de alimentos está prohibida. Lo siento, *miss,* pero tengo que confiscarle sus espaguetis». Le expliqué que se trataba de espaguetis especiales, absolutamente inocuos y enviados por una madre a su hija: no se podía tirar a la basura el regalo de una madre lejana. El aduanero empezó a titubear, su rostro se suavizó mientras su voz se volvía vacilante: la ley es la ley y debía respetarla, aunque para él fuera causa de dramas internos. Entonces jugué mi última carta y le confesé que los espaguetis eran para Sofia Loren, quien no podía vivir sin la pasta italiana, de lo contrario habría perdido todas esas cosas tan bonitas que él sin duda admiraba. Y en ese momento se produjo el milagro. Las mejillas de mi aduanero se arrebolaron, sus ojos comenzaron a brillar. Cerró la maleta diciendo OK, me estrechó la mano con simpatía y, volviéndose hacia sus compañeros que buscaban furiosos flores, microbios y salchichas, gritó: «She brings spaghetti to Sofia!».

Ni siquiera cuando viví mi desafortunada aventura con Marilyn Monroe y media Nueva York siguió mis penosos intentos de entrevistarla, experimenté un cuarto de hora de publicidad tan abrumador. Rodeada, felicitada, celebrada por funcionarios de aduanas y voluntariosos ciudadanos que me pedían permiso para comunicar la noticia por teléfono a la prensa, hice la entrada más embarazosa que un italiano podría hacer en Idlewild. Cuando partí hacia Los Ángeles, hasta el comandante del avión sabía que, entre el equipaje y los pasajeros, había una chica con unos espaguetis destinados a Sofia. Cuando bajé en el aeropuerto de Los Ángeles, un empleado de TWA corrió a recibirme y con voz ahogada me preguntó dónde guardaba los espaguetis de Sofia y si podía reunirme con los reporteros que querían más detalles sobre mi importante misión. Al día siguiente mi hazaña era narrada escrupulosamente en las columnas de *gossips:* «16 pounds of spaghetti for Sofia», «From Rome to Los Angeles with spaghetti for Sofia», «Italian journalist in Hollywood with spaghetti for Sofia».

No tuve el valor de decepcionar a mis entusiastas colegas explicándoles que no había venido a Hollywood para llevarle espaguetis a Sofia. No me lo habrían perdonado. Ni siquiera tuve necesidad de anunciar mi llegada a Sofia porque al amanecer del día siguiente me despertó una voz italiana al teléfono que no era otra que la voz agresiva de Sofia, quien con deje romano me espetó: «A ver, esos espaguetis ¿nos los vamos a comer o qué? Me están dando la murga desde ayer para saber si los he recibido». La próxima semana, para celebrar el final del rodaje de su primera película de Hollywood, Sofia organizará un cóctel y una cena a base de espaguetis en su villa de Brentwood. Podemos estar seguros de que no faltará ni un solo divo ni una sola diva de todos los que viven entre Bel Air y Beverly Hills. La celebridad de que disfruta en la sociedad de Hollywood solo es comparable con la que tuvieron Ingrid Bergman y Vivien Leigh en sus mejores momentos. Pocas actrices extranjeras han tenido tanto éxito en los Estados Unidos como esta napolitana de Roma que, impulsada por una audaz ambición y un incontenible apetito, pasea su exuberancia física por el mundo.

Un actor famoso, Cary Grant, está perdidamente enamorado de ella. Amenaza con divorciarse de su tercera esposa, se desespera como un crío y pierde peso visiblemente. Cary Grant y Sofia se conocieron en España, trabajando juntos en la película *Orgullo y pasión,* luego se encontraron en Hollywood, donde él está rodando una película con Deborah Kerr. Pronto rodarán dos películas más juntos y el asunto se está poniendo serio. Cary Grant está acostumbrado a tener mujeres muy hermosas como compañeras, desde Bergman hasta Grace Kelly. Pero nadie le ha visto nunca hacer las tonterías que ahora está haciendo por Sofia. La llama diez veces al día, le llena el camerino de vino rosado, ha puesto a su disposición su villa en Palm Springs, donde puede ir aunque él no esté, y su esposa Betsy Drake está tan irritada que hizo las maletas y se fue a Londres hasta que se le pase la borrachera. La borrachera no da señales de remitir y Sofia acepta la corte con graciosa condescendencia, pero un poco asustada al mismo tiempo. Tiene miedo de que los columnistas se den cuenta y, aunque el asunto es bastante halagador, piensa que la fama de rompecorazones podría perjudicarla.

Cary Grant, en efecto, no es el único que suspira por ella. Sea cierto o no, los periódicos cinematográficos también han anunciado el enamoramiento de John Wayne, con quien Sofia rodó *Arenas de muerte* en África. La presencia de Sofia en Hollywood es fuente de innumerables dramas románticos. Otro que ha perdido la cabeza es el productor Don Hartman, quien la contrató para la película *Deseo bajo los olmos,* que Sofía está rodando estos días. Don Hartman es un hombre rubio de unos cuarenta años que no suele dejarse llevar por las emociones. Intenté preguntarle qué pensaba de Sofia y lo vi ponerse rojo como un tomate. Luego cerró los ojos, repitió tres o cuatro veces: «Dazzling, fantastic», y se alejó con cara de tristeza. Le pregunté a Cecil DeMille, quien dijo: «Me gustaría poder contratarla para mi próxima película». El imperturbable Spencer Tracy dijo: «El Vesubio, el Etna y el Krakatoa juntos. Capaz por sí sola de garantizar el éxito de una película».

Una vez pasado el encandilamiento por Grace Kelly y Marilyn Monroe, habiendo estas emigrado irremediablemente hacia la literatura y un principado, la fanfarria de Hollywood suena ahora para Sofia. Ha cerrado en los Estados Unidos el mayor negocio que jamás haya hecho un extranjero en la historia del cine. Los contratos que ha firmado con las cuatro mayores productoras norteamericanas superan los tres millones de dólares (casi dos mil millones de liras italianas), además de un porcentaje de medio millón de dólares (trescientos veinte millones de liras italianas) sobre las ganancias. La Paramount la ha contratado para cuatro películas; la 20th Century Fox, para tres películas; la Columbia, para otras tres películas, y la United Artists, para una película. Tres de ellas ya las ha rodado y por cada una recibió una remuneración de doscientos mil dólares (ciento treinta millones de liras italianas). Ha actuado o está a punto de actuar junto a las estrellas más famosas del mundo: Alan Ladd, Cary Grant, Frank Sinatra, John Wayne. Pronto será el turno de William Holden, con quien realizará *La llave,* una película de guerra.

A sus veintitrés años, es quizá la actriz mejor pagada de los Estados Unidos y su popularidad crece día a día. Basta ver cómo todas las noticias que le conciernen quedan registradas en las columnas de *gossips.* A estas alturas, puede conseguir todo lo que quiere, y me pregunto si se da cuenta de ello, absorta como está en no causar «mala impresión» y en rechazar las ofertas de matrimonio de sus celebérrimos pretendientes. «No acabo de entender lo que me está pasando», dice Sofia. «Todos repiten que soy importante y me tratan como si lo fuera, colmándome de elogios y dinero. Pero yo no me lo creo y a veces tengo miedo de ser víctima de una mastodóntica broma. Por la mañana, cuando me levanto y camino por la casa, y miro por las ventanas el jardín y la piscina, me pongo a rezar. Tengo la impresión de que todo va a desaparecer como por encanto y de que no es algo real, sino un escenario de cartón piedra». Sin embargo, lo que le ha ocurrido hasta ahora bastaría para confirmar que no está soñando. El 9 de abril, cuando Sofia Loren aterrizó en el aeropuerto de Los Ángeles, había tal multitud de productores, agentes cinematográficos, fotógrafos y periodistas que, como alguien escribió, «era como asistir a un concierto de Elvis Presley».

Sofia venía a Estados Unidos por primera vez. La acompañaban su hermana Maria, su secretaria Jean Shaw, una rubita de Filadelfia que le enseña *sofistication* e inglés, su peluquera Maria Angelini y el productor Carlo Ponti. Llevaba consigo seis baúles de ropa (unos ochenta cambios), sesenta y cinco pares de zapatos, veinte sombreros (que nunca usa), treinta muñecos de la suerte. Viajaba, en otras palabras, con el equipo y el *entourage* de una gran diva. Pero cuando se asomó a las escalerillas y vio aquella multitud esperándola, temblaba como una adolescente en su primera cita romántica. «He asistido a muchos festivales», dice Sofia. «Una vez participé incluso en el Rallye del Cinema. De modo que ya me han abrumado y aplaudido, tengo una cierta costumbre. Pero en los festivales y en el Rallye no estaba sola, había muchos otros actores. Lo que me pasaba a mí más o menos les pasaba a ellos también. Esta vez, sin embargo, estaba absolutamente sola, en un país como los Estados Unidos. Y lo único que deseaba era marcharme».

No se marchó. Bajó por las escalerillas, siguió sonriendo como un autómata, afrontó a los periodistas en una memorable rueda de prensa y lo ocurrido en aquella ocasión explica en parte su éxito. Los periodistas son despiadados en los Estados Unidos, no se recrean en cumplidos. Las preguntas que habían preparado para Sofia eran crueles en ocasiones. «¿Es cierto que antes de dedicarse al cine no tenía ni un *penny?*». Y Sofia: «Sí, señor. Yo era una de las chicas más pobres de Nápoles. Siempre estaré agradecida a quien me contrató por primera vez como figurante, por veinte mil liras al mes». «¿Es cierto que antes de ser actriz posó para una especie de cómics? ¿Quiere explicarnos de qué se trata?». Y Sofia: «Es verdad. Se trata de fotonovelas, que son novelas fotografiadas. Se publican las fotografías de una escena y una pequeña nube blanca sale de la boca de los personajes. Las palabras están escritas en letras mayúsculas en el bocadillo. Supongo que en los Estados Unidos habrá más o menos algo parecido». Hablaba bien inglés y eso también causó buena impresión. Luego, la pregunta que todos tenían guardada: «¿Es cierto que durante la ocupación aliada en Nápoles era usted la mascota de un grupo de soldados y que cantaba y bailaba para ellos?». Y Sofia: «Es verdad. Era su mascota porque me daban pan blanco y chocolate y tenía hambre». «Si estos soldados vinieran a visitarla, ¿los recibiría?». Y Sofia: «Me encantaría, siempre que me reconocieran. Verá, señor, cuando aquellos soldados me daban chocolate, yo solo tenía nueve años».

Hubo una pausa de silencio incómodo. A nadie se le había ocurrido hacer un cálculo tan sencillo, y ni siquiera un diplomático habría sido capaz de responder con tanta gracia a tan maliciosa insinuación. Al día siguiente más de uno comentó: «Miss Loren se comportó como una auténtica dama. Contestó oportunamente y sin enfadarse. Pocas actrices hemos visto con tanta dignidad». Como en el caso de Marilyn Monroe, a los periodistas estadounidenses les gustó que Sofia surgiera de la nada y no se avergonzara de ello. Los norteamericanos tratan con respeto a quienes alcanzan el éxito después de vivir experiencias duras y humillantes y, por lo tanto, el interés que suscitó esta italiana superó todas las expectativas. *Life* le dedicó su portada y seis páginas («Sofia en el apogeo de su ajetreada carrera»). Los periódicos le regalaron columnas («A highly explosive package of perfection from Naples is invading the United States»). La historia de su vida se contaba por todas partes y, por supuesto, se hablaba de sus medidas: 38, 24, 38 pulgadas, es decir, en centímetros: 97, 59 y 97.

Se llegó a escribir que, si Marilyn era tridimensional, ella era tetradimensional porque también había que tener en cuenta «esos ojos verdes en los que se siente perdido quien se demora en contemplarlos».

Entonces comenzó el festival de los cócteles, que en los Estados Unidos constituyen la medida de la popularidad. Cuanto más lleno de celebridades está un cóctel, más digna de consideración es la persona en cuyo honor se ofrece. También es importante el lugar donde se realiza el cóctel y el número de botellas que se consumen. Tengamos en cuenta que el *welcome-party* de Sofia tuvo lugar en Romanoff's, que es actualmente el local más chic de Beverly Hills. Asistieron quinientas personas y se bebieron trescientas botellas de whisky. Allí estaban Gary Cooper, Spencer Tracy, Barbara Stanwyck, Joan Crawford, Clifton Webb, Robert Mitchum, Doris Day, James Stewart, James Mason y, por supuesto, Cary Grant. También estaban Louella Parsons, Hedda Hopper y Chiquita Pignatelli, las tres brujas que dan «the OK that counts», la aprobación que cuenta. Ataviada con un vestido de cóctel negro, falda amplia y tirantes de *strass,* un collar de diamantes en el cuello, y un abrigo de piel de armiño sobre sus hombros bronceados, Sofia hizo su entrada sin un minuto de retraso y dijo de inmediato, con astuta humildad: «Por favor, disculpen mi turbación. Hace apenas dos años la mera idea de que algún día pudiera verles de cerca y pedirles un autógrafo me volvía loca. No puedo creer que estén aquí por mí».

Barbara Stanwyck, conquistada, la abrazó. Gary Cooper dio un paso adelante y dijo: «Hay una cosa, Miss Loren, que deseo con todas mis fuerzas, y es hacer una película con usted». Las tres brujas le dieron «the OK that counts». Parsons escribió: «No se parece a ninguna otra actriz que haya conocido, y es sorprendente que no mueva un solo dedo para hacerse notar». Y con esto quiso lanzar una pulla a Jayne Mansfield, la rubia que pretende sustituir a Marilyn y que, durante toda la velada, estuvo junto a Sofia para que se fotografiara su casi indecente escote. (Tanto es así que, al día siguiente, Miss Mansfield fue llamada al orden por su productor, quien le conminó a que no volviera a participar en un cóctel en el que estuviera presente la Loren, bajo pena de despido). Pignatelli escribió: «Su alegría y su jovialidad son contagiosas. Es infantil, explosiva y valiente». La única nota maligna la escribió Hopper, después de que, haciendo cabriolas bajo un sombrero rematado con una rosa gigantesca, le preguntara a Sofia hasta qué punto le gustaba ser actriz: ella misma, Hedda, también lo había sido hace muchos años. Sofia respondió, no se sabe si con malicia o con candidez: «Oh, sí, señora. Me gusta tanto que quiero seguir siendo actriz hasta que tenga su edad». Hopper se desquitó escribiendo: «Perfectamente encantadora y muy cansada. Durante dos horas y media la acribillaron a preguntas y *flashes*. De no ser la robusta campesina que es, seguramente se habría desmayado».

Después de esta experiencia, Sofia ya no ha vuelto a ir a reuniones mundanas, y, por lo demás, no le habría sido posible. El trabajo en Hollywood es más duro para una actriz que en otros lugares y no se le permite tener los ojos morados y las piernas pesadas cuando se presenta en el set. Para evitar encontrarse con demasiada gente, Sofia abandonó incluso el Hotel Bel Air donde ocupaba cuatro bungalós, y buscó una casa apartada. La casa que eligió pertenece al director Charles Vidor, que ahora vive en Roma. Situada a cuarenta minutos en coche de Hollywood, en el barrio de Brentwood, se cuenta entre las más refinadas y lujosas de los alrededores de Los Ángeles. Vidor se la hizo construir en medio de una finca de veinte hectáreas de bosques y jardines, con arroyos, estanques e islas; la fachada da a South Cliffwood Road, una carretera por la que nunca pasa nadie, y el único ruido es el canto de los pinzones. Quiso que tuviera dos plantas, paredes de piedra, tejado de pizarra, catorce habitaciones y, por supuesto, una enorme piscina en el centro de un prado cortado a la inglesa. La amuebló con gusto europeo, colocando muchos cuadros firmados, incluido un Van Gogh, y teléfonos en todas las habitaciones.

La chica de Pozzuoli la ha alquilado durante seis meses por el descomunal precio de nueve millones de liras y vive allí con su hermana Maria (que ahora estudia canto con Frank Sinatra), su secretaria, su peluquera y tres sirvientes a los que llama «mis fámulos»: Hans, el criado alemán; Marie, la cocinera bávara, y Helen, la criada australiana. Entre los tres le cuestan medio millón de liras al mes. Tanto esplendor la excita mucho; sin embargo, no tiene tiempo para disfrutarlo como le gustaría: su horario de trabajo es muy exigente. Sofia se despierta cada mañana a las cinco y, a las cinco y media, el Cadillac negro de la Paramount ya está delante del número 266 de South Cliftwood Road para llevarla a los estudios de Paramount, donde se rueda *Deseo bajo los olmos,* basada en la tragedia de O'Neill y dirigida por Delbert Mann, el joven y talentoso director de *Marty.* La película es en color. Sofia interpreta el papel de Anna, la ambiciosa campesina culpable de infanticidio. El papel de Anna es difícil, Delbert Mann es un director exigente, sus dos compañeros, Burl Ives (ganador del óscar de interpretación) y Anthony Perkins, son muy buenos actores. El terror de no estar a la altura de la situación obliga a Sofia a una preparación casi desesperada: durante más de una hora no deja de repasar el guion. A las siete y media Sofia va al departamento de maquillaje: la película exige trajes de época y ella lleva una peluca. (Tiene el pelo muy corto. Maria Angelini la convenció para que se lo cortara y le devolviera su color, que es castaño con reflejos rojizos, mientras que antes lo llevaba decolorado). La operación de maquillaje dura otra hora. «Me parto de risa», dice Sofia, «cuando me dicen que si qué ojos y qué boca. Me lleva media hora hacerme estos ojos y esta boca». A las nueve ya está lista en el plató y empieza a rodar. Trabaja hasta las doce y media o la una, luego le conceden cuarenta minutos para descansar en su camerino.

El camerino de la Loren es más bien un pequeño apartamento, como el de los demás actores: dos habitaciones elegantemente amuebladas y equipadas con todas las comodidades, incluidos una cama, un baño y una cocina. En la sala de estar, Don Hartman se ha preocupado incluso por cambiar la tapicería y escogió un satén rosa melocotón con una raya azul claro. También le ha puesto un gramófono con sus discos favoritos. Antes de Sofia, vivió en este camerino Deborah Kerr y, antes, Jane Russell y Dorothy Lamour. Clark Gable vive en la puerta de al lado y ocasionalmente se encuentra con ella y se sonroja cada vez que la ve. Bob Hope, June Allyson y William Holden viven enfrente. No es raro que Sofia se pase su rato de descanso junto a la ventana para ver si aparece William Holden, su actor favorito. Lleva aquí dos meses y medio y todavía no ha podido intercambiar una sola palabra con él. Dado que William Holden nunca se deja ver, Sofia suelta una palabrota y luego come algo. La comida norteamericana no le gusta: todas las mañanas se trae de casa un paquetito con el almuerzo, huevos duros, ensalada y mango, una fruta que le gusta «porque sabe a manzana, pera e higos juntos y es tan bonita como una fruta francesa del siglo XIX».

A la una y media Sofia vuelve al plató, lista para empezar de nuevo. Trabaja hasta las seis y media, luego se quita el maquillaje, se sube a su Cadillac y se va a casa. Invariablemente, está destrozada de cansancio; por eso resulta difícil que salga a algún restaurante de moda o a un *night-club.* Cena junto con las otras tres mujeres de la villa de Brentwood, se acuesta y desde la cama ve un rato la televisión, que luego se queda encendida toda la noche porque «estar en esa casa sin hombres le da miedo y necesita escuchar algún ruido». A veces llama a su madre a Roma. Los sábados y domingos los tiene libres. Sofia pasa el fin de semana durmiendo, o en la piscina, o en Palm Springs, en la villa de Cary Grant, a donde acude con su hermana y su secretaria. Esto significa que le queda poco tiempo para ver a gente y hacer vida de sociedad. Después del cóctel en Romanoff's, solo conoció a Anna Magnani, con quien nunca había tenido contacto en Italia.

Magnani está «rodando» en la Paramount, justo en el plató contiguo al de Sofia, *Viento salvaje,* una película de Cukor, con Anthony Quinn y Tony Franciosa, el nuevo marido de Shelley Winters. Nadie traspasa las puertas de ese plató, atrancadas como las de una prisión y custodiadas por la policía como si Eisenhower viviera dentro. Magnani no es nueva en Hollywood, no le interesa intimar con sus colegas y vive recluida como Greta Garbo. Sofia la conoció por casualidad y apenas tuvo tiempo de recibir de ella un cumplido apresurado y benévolo. Como Sofia se sintió intimidada, el encuentro les pareció un poco frío a algunos. Al informar de ello, los columnistas inventaron que Sofía y Magnani habían discutido y Sofia lloró de rabia. Ni siquiera la dulzura de Cary Grant pudo consolarla.

Sofia ve a Cary Grant con bastante frecuencia. Ve también a John Wayne, al director Stanley Kramer y a Frank Sinatra, que en el estreno de *Orgullo y pasión* le dijo, abandonando su máscara huraña: «Eres muy buena. Me has hecho llorar». Walter Chiari, que se halla en los Estados Unidos bajo contrato con la Metro Goldwyn Mayer y que de vez en cuando viene a Hollywood para perseguir a Ava Gardner, que aún no se ha decidido a pedirle el divorcio a Sinatra para casarse con su testarudo enamorado, también la visitó una vez en Brentwood. Walter Chiari está feliz en Estados Unidos y le gustaría quedarse. Le preguntó a Sofia si a ella también le gustaría. «No lo sé», contestó Sofia. «Tal vez si me casara con un estadounidense». «¿Y te casarías con un estadounidense?». «Por supuesto, si estuviera enamorada de él».

La frase es interesante y merecería profundizar en ella si no hubiera llegado de Italia un señor que no admite esta clase de hipótesis. Como es natural, no puedo decir quién es ese señor porque Soia es impulsiva y me tiraría a la cara todos los espaguetis que tanto emocionaron a este país. Y como ella sabe bien, a mí los espaguetis no me gustan, ni crudos ni cocidos. Esa noble empresa fue totalmente desinteresada. Ni por un momento pensé en comérmelos o en obtener beneficio de ellos.

23. Ingrid Bergman, una mujer paciente

Algo infinitamente honesto

Cuando le mencioné el nombre de Lars Schmidt, el sueco que desde hace tiempo confiesa su amor por ella y con quien Ingrid Bergman parece decidida a olvidar el drama de un matrimonio fallido, no se mostró avergonzada ni ofendida. Sus mejillas se sonrojaron levemente y una sonrisa traviesa tembló en sus labios. Le dije: «Los periódicos ingleses han hablado de su amistad con el señor Schmidt. ¿Se ha sentido molesta por ello?». Respondió con compostura: «¡Oh, no! Todos han sido de lo más amables». Luego dije: «Muchos dicen que este matrimonio se celebrará. Lo escribiré en mi artículo». Esta vez no contestó, sino que echó la cabeza hacia atrás, riendo como solo ríe una mujer feliz o una mujer enamorada que disfruta escuchando algo que le agrada. Entonces añadí: «¿Es cierto?».

En ese momento temí que se enfadara, o que me pidiera que no publicara «patrañas» así. Muy al contrario, siguió riéndose, agitando las manos en tono de broma, como aprendió a hacer en Italia, y con voz cantarina y una alegría inusitada en los ojos, respondió: «Yo no digo nada, no digo nada...». Nunca la había visto tan satisfecha, y había algo infinitamente honesto en esa forma de evitar una respuesta precisa, en autorizarme tácitamente a escribir que ella no decía que no.

Esto sucedió la semana pasada. Estábamos en su caravana, aparcada en una avenida frente al palacio de Buckingham, donde Ingrid rodaba las últimas escenas de la película *Indiscreta,* antes de viajar a Italia, donde permanecerá quince días con los niños. Una nube gélida envolvía Londres, eran las nueve y media de la noche y los focos cinematográficos rasgaban con cuchilladas de luz amarilla la oscuridad de Hyde Park, mientras una multitud de ingleses pacientes esperaban en el frío para ver de cerca a Ingrid Bergman. La escena que Ingrid había rodado era breve: salía de la verja de un parque con Cary Grant y caminaba por la acera mirando a su compañero a los ojos. Ingrid lo había repetido seis veces, arriesgándose a coger una neumonía. Llevaba un vestido de noche de satén ligero y temblaba por los escalofríos: su aliento se condensaba alrededor de su boca en nubes azuladas. Sin embargo, trabajaba con entusiasmo, como si le fuera fácil repetir, con aquel frío, la tierna escena de amor: muchas veces, en Londres, había caminado por una acera mirando a Lars Schmidt a los ojos. Refugiada en la caravana, durante un descanso, se movía con aire de quien guarda un secreto, y su cara jovial, que no necesita maquillaje, coincidía muy poco con el retrato que los periódicos llevan meses haciendo de ella, cuando nos la pintan destrozada por el dolor y resignada a las derrotas.

Ingrid pareció intuir lo que yo estaba pensando. «¡Ya lo sé!», exclamó, «la gente cree que soy una persona triste, metódica y hogareña. No soy una persona triste: soy muy alegre y me gusta divertirme. No soy metódica: nunca he organizado mi vida, y si tuviera que volver a vivirla, la repetiría exactamente como ha sido, con todos mis errores. No soy hogareña, aunque dé gran importancia a tener una familia. Soy una mujer aventurera, acostumbrada a hacer disparates. Si no lo fuera, a estas horas todavía seguiría en Suecia, tomando el té de las cinco en un club de mujeres. Me encantan las emociones y las novedades; por eso soy actriz, me gusta ser actriz y no renunciaré a ser actriz ni siquiera cuando sea vieja, cueste lo que cueste».

Estaba encantada de hablar de la carrera que ha recuperado a los cuarenta y un años, edad en la que las divas suelen perder el favor del público. Me hablaba de la nueva película que tiene previsto rodar en Formosa (la 20th Century Fox, en efecto, parece haber renunciado a llevar al equipo americano a Taipéi tras los obstáculos planteados por los nacionalistas chinos). La película se llamaba *La posada de la sexta felicidad:* la historia de una joven que acaba haciéndose monja tras vivir una inolvidable historia de amor. Ingrid estaba encantada de ir a Formosa porque nunca había estado allí e iba a trabajar junto con Curd Jürgens, a quien había conocido en Alemania cuando Roberto estaba filmando una película.

Decía «Roberto» con naturalidad, sin rencores, porque no tiene nada contra él y nadie la ha oído pronunciar jamás una palabra descortés hacia Rossellini, a quien todavía llama «mi marido», corrigiéndose a lo sumo con una sonrisa: «Lo siento, mi exmarido». No había en ella rastro alguno del drama familiar anunciado al mundo como el estallido de una guerra. Dijo que a partir de ahora viviría en Italia seis meses al año pero que tenía intención de dejar la casa de Roma, porque su marido, «lo siento, mi exmarido», se la había quedado y además ella prefería instalarse en París. «Estoy realmente decidida a formar un hogar en París, junto con los niños». Hablando de los niños, se ensombreció: «Es la única tristeza que me inquieta: la idea de no estar lo suficientemente cerca de ellos». Pero la tristeza duró solo unos segundos: pronto se animó al explicar que desde Formosa iría a Hollywood a despedirse de sus amigos. Dijo que no tenía nada en contra de Hollywood y que volvería si fuera necesario para hacer alguna película allí. Si no vivía en los Estados Unidos era porque se sentía irremediablemente europea: «Soy una sueca que se siente cómoda en las capitales europeas». Lars Schmidt también es un sueco que se encuentra a gusto en las capitales europeas y casi siempre vive en París. Fue entonces cuando mencioné su nombre y sus mejillas se sonrojaron mientras esa sonrisa traviesa temblaba en sus labios.

En realidad, parecía preparada para oírme abordar este tema que, día a día, se va volviendo menos secreto. Ya nadie duda de que, tras obtener el divorcio o la anulación de su matrimonio con Rossellini, Ingrid Bergman se casará con este rubio de rostro afable, sonrisa tímida y mirada astuta y azul tras unas gafas de carey. En Londres, Lars Schmidt ya no es un personaje misterioso y todos los reporteros reconocen sin esfuerzo esa figura alta y atlética, con la corbata torcida, como le ocurre a los tipos distraídos que no dan importancia a la vestimenta, y esos movimientos torpes de quien no está acostumbrado a la notoriedad y se avergüenza de pertenecer, a su pesar, a la crónica de actualidad. Con algo de insistencia se han conseguido recopilar incluso algunos datos sobre este Lars Schmidt, por más que no sea pintoresco y ofrezca pocas anécdotas a quien escribe. Lars tiene cuarenta años, pertenece a una excelente familia sueca, nació en Gotemburgo, donde es propietario de una villa del siglo XIX, llena de muebles antiguos y de sirvientes. Nunca se ha casado, en parte porque le aterrorizaba la responsabilidad de formar una familia y en parte porque quiere mucho a su madre, que vive en Gotemburgo. Sus aventuras románticas nunca han estado ligadas a nombres de mujeres famosas. Le gusta estar solo, aparentemente es introvertido y controlado: nadie consigue jamás sacarle de sus casillas ni sonsacarle confesiones. Habla muy poco, aunque puede llegar a ser un brillante conversador con quienes le agradan. Durante la guerra fue un soldado valiente, pero detesta los gestos de audacia inútil. Las mujeres lo consideran atractivo, aunque no sea precisamente guapo: su encanto proviene de la inaccesibilidad de la que logra rodearse a causa de su timidez. Es metódico, profundamente burgués. «Uno de esos tipos», ha dicho un inglés que lo conoce, «que se irrita al ver que alguien aprieta el tubo de pasta de dientes en el lugar equivocado y se compra todos los zapatos de la misma clase». Es muy rico, en parte porque su familia siempre ha tenido dinero, en parte porque él lo ha acumulado con un hábil manejo de los negocios. Posee la concesión de una marca de automóviles, publica libros y se dedica sobre todo a la producción teatral. El escenario es su pasión, la financiación de obras dramáticas le obliga a viajar constantemente entre los Estados Unidos, Suecia y el resto de Europa. Esta vida errante, esta costumbre de frecuentar gente extravagante, como los actores, constituye el único lado vivaz de su personalidad de hombre vestido de gris.

Lars conoció a Ingrid Bergman en París y esto ocurrió hace más de dos años, cuando ella protagonizaba *Té y simpatía* y él preparaba la versión teatral francesa del *Diario de Ana Frank* y de *La gata sobre el tejado de zinc.* Ingrid siempre había sido su actriz favorita, dado que ambos eran suecos, a Lars Schmidt no le resultó difícil reunirse con ella después de un espectáculo. La simpatía fue mutua. A Ingrid, la compañía de ese apacible hombre de treinta y ocho años que hablaba su idioma le pareció «relajante y agradable». Al día siguiente, haciéndole un favor, posó para unas fotografías publicitarias junto a los actores del *Diario de Ana Frank.* Volvieron a verse un par de veces. Ingrid pasaba en aquel momento por un período de soledad, su matrimonio con Rossellini se desmoronaba día a día. Seguía amando al turbulento italiano por quien había afrontado el escándalo de los puritanos americanos, pero sabía que lo había perdido. De esta manera, la amistad de Lars la ayudó más de lo que ella misma creía. Luego se perdieron de vista.

Volvieron a verse, inesperadamente, en mayo del año pasado, en el vestíbulo del hotel Raphaël de París, donde ambos se alojaban sin saberlo. «Me consoló volver a verlo», le confesó Ingrid a alguien. El caso es que se reencontraron en el momento justo. Roberto Rossellini ya estaba en India: se rumoreaba que estaba enamorado de Sonali Das Gupta, que aquello supondría definitivamente el divorcio. Ingrid volvió a aceptar la comprensión afectuosa de Schmidt y casi sintió felicidad cuando Lars le confesó que la amaba. Luego vino la separación legal de Rossellini, y los encuentros de Ingrid con aquel hombre del norte adquirieron cierto matiz de ternura. Schmidt siempre estaba en París, vivía en el Hotel Raphaël, donde también vivía Rossellini, y ambos se conocían y se trataban con gran respeto y simpatía, aunque no le ocultara a él tampoco que, si Ingrid hubiera estado libre y lo hubiese aceptado, le habría ofrecido su apellido. Ingrid, reservada como es, no decía nada, pero no era raro oírla confesar que, una vez cerrado el capítulo de Roberto, no tendría problema en volver a casarse. «Sí, es muy posible», le escribió a un amigo. «No tengo la intención de terminar mi vida sola». Sin embargo, cuando, durante una rueda de prensa en París, el corresponsal del *Daily Mirror* le preguntó si iba a casarse con Lars Schmidt, ella respondió con irritación: «Sabía que acabarían haciéndome esta pregunta absurda. El señor Schmidt es solo un amigo. Lo veo porque me gusta hablar sueco y en París eso es bastante difícil». Schmidt, interrogado al teléfono por un periodista londinense, contestó: «He leído las declaraciones de Ingrid. Está claro que no puedo responder de forma diferente a ella». El periodista preguntó si Ingrid pensaba ir a Suecia. Schmidt respondió: «He oído decir que tiene intención de pasar parte de sus vacaciones en Estocolmo». El periodista le preguntó si la invitaría a su casa de Gotemburgo. Schmidt replicó: «¿Qué tal el tiempo en Londres? Me pregunto a menudo si llueve».

Ingrid no fue a Suecia: fue a Londres a rodar la película *Indiscreta* y poco después surgieron rumores en los Estados Unidos acerca de un posible coqueteo entre ella y su compañero de reparto Cary Grant. No hubo coqueteo entre los dos actores: Ingrid conocía a Grant desde los días de *Notorius* y se veía con la estrella por amistad. En cambio, que el romance con Lars era una realidad quedó claro cuando este hizo escala en Londres durante cuatro horas, interrumpiendo un viaje a Nueva York. A horas intempestivas llegó al hotel de Ingrid Bergman una llamada telefónica desde el aeropuerto. Bergman estaba ya en la cama y respondió con voz adormilada, pero, cuando reconoció el acento de Lars, se espabiló de repente, se vistió rápidamente y llamó un taxi para reunirse con él lejos de miradas indiscretas. Después de las fiestas de Navidad, de regreso de Nueva York, Lars Schmidt volvió a hacer escala en Londres. No se había molestado en apuntarse en la lista de pasajeros con un nombre falso y los periodistas lo estaban esperando. Sin tapujos, le preguntaron si se reuniría con Ingrid Bergman allí. Lars respondió de mal humor: «Tal vez me tropiece con ella al cruzar la calle». Luego les dio la espalda y se fue al Claridge Hotel para evitar chismorreos; Ingrid, en cambio, se alojaba en el Connaught Hotel.

No se tropezó con Ingrid Bergman. Ingrid lo estaba esperando y, a partir de ese momento, pasaron casi todo el tiempo juntos. Lars, que normalmente solo se aleja de París por motivos profesionales, permaneció en Londres más tiempo del necesario para fundar el International Playwrights Theatre, y cuando no tenía más remedio que viajar a París, Ingrid aprovechaba los sábados por la tarde para tomar un avión e ir a reunirse allí con él. Roberto Rossellini también estaba en París. Así que los tres coincidían en el ya habitual Hotel Raphaël y una noche se vio a Roberto, Ingrid y Lars cenando juntos con cierta alegría.

En Londres, en cambio, Lars siempre estaba solo con ella y todas las mañanas la acompañaba a los estudios Elstree y por la noche la llevaba al cine, a un restaurante o a algún *night-club.* Los vieron en el Mata Hari comiéndose veinticuatro ostras cada uno y bebiendo champán y bailando con las cabezas muy juntas. Los vieron en el Captain Owen Cunningham's Oyster Bar, donde muchos afirmaron haber escuchado a Ingrid decir en voz lo suficientemente alta como para que los vecinos no se perdieran una palabra: «Cariño, te necesito... Sabes cuánto te necesito ahora...». Un periódico publicó esta frase. Ingrid no pidió que rectificara: «Que escriban lo que quieran. Me da igual. Estoy bien con Lars y es lo único que importa». Sin embargo, evitaba que la retrataran con él con demasiada frecuencia y corría por la calle para evitar los destellos de los flashes.

Lars Schmidt abandonó Londres la semana pasada. Se dirigía a Estocolmo y nadie sabe cuándo ni dónde volverá a ver a Ingrid, quien se quedará en Formosa o donde sea que se ruede su nueva película durante nada menos que un mes. Pero quienes lo conocen dicen: «Lars es muy capaz de ir a verla al fin del mundo y de casarse con ella en un consulado». De hecho, no faltan quienes opinan que esta boda se celebrará antes de lo que generalmente se cree. Bob Webb, jefe del departamento de publicidad de la compañía que produjo la película *Indiscreta,* me dijo: «Puede escribirlo sin miedo: se casarán muy pronto. Y si me equivoco, me cortaré la cabeza». Una amiga de la Bergman que pide que no se mencione su nombre me dijo: «No sé si Ingrid está realmente enamorada de Lars. Mi sospecha es que todavía está enamorada de Rossellini. Pero Lars le ofrece lo que Roberto no pudo darle: comprensión, seguridad y paz. Lars nunca le pediría que controlara su carrera: acepta a Ingrid tal como es, está dispuesto a cumplir todos sus deseos, incluido el de tener siempre éxito como actriz de cine y de teatro. Lars está dispuesto a amar a sus tres hijos e Ingrid no está dispuesta a renunciar a los niños. Lars está dispuesto a seguirla a cualquier parte: a Hollywood si ella quiere ir a Hollywood, a Gotemburgo si ella quiere ir a Gotemburgo. Lars es una persona madura, y seria. Ingrid es perfectamente consciente de que casarse con él será un gesto de sabiduría y seguro que no pierde el tiempo».

El hecho mismo de que Ingrid pretenda anular su matrimonio con Rossellini sin esperar al divorcio, lo que requeriría un año de espera, demuestra que esta boda es inminente. Se dice, en efecto, que no es Rossellini quien acelera los procedimientos de anulación, sino que es la propia Bergman la que más prisa tiene. La misma alegría serena que inunda a Ingrid hace sospechar que la hipótesis es todo menos absurda. Mientras echaba la cabeza hacia atrás riendo y evitaba negar un tercer matrimonio, tuve la impresión de que quería burlarse cortésmente de nosotros, como lo hizo la víspera de su separación de Rossellini, cuando se había ido a dormir besando a Roberto en la frente como si el día siguiente fuera a ser un día como cualquier otro. Se lo dije y ella se rio con más fuerza, y de nuevo no se molestó en negarlo, pero canturreó: «*No comment,* lo que digo es *no comment*», como hacen los diplomáticos que utilizan esta expresión para evitar mentir y dejar claro que algo sucede.

Inolvidable Rossellini

Había ido a buscarla a Choisel, el pueblo a cincuenta kilómetros de París donde vive con su tercer marido y sus hijos, y no la había encontrado. Así que acudí al despacho de Lars Schmidt, en el número 35 del boulevard Malesherbes, para pedirle que me concertara una cita con ella, y tampoco encontré a Lars Schmidt. La secretaria me contestó con evasivas que el señor Schmidt no estaba y la señora Schmidt tampoco, y yo sabía que me estaba mintiendo y me enfadé. Tras espetar a la secretaria que ciertas historias eran ridículas y hasta groseras, pues al fin y al cabo no quería matarlos, me dispuse a marcharme maldiciendo mi trabajo y su celebridad cuando Ingrid me agarró de los hombros y exclamó con voz divertida: «Ustedes los italianos. Sabía muy bien que se enfadaría, así que estaba decidida a hacerle una jugarreta. No saldré, pensé, hasta que se haya enfadado de verdad». Luego me empujó a la oficina de Lars y, riéndose, me explicó que era verdad que Lars no estaba allí, ella también lo estaba esperando para llevarlo de vuelta a Choisel, todas las noches viene a esperarlo para llevárselo allí y él nunca está. Y yo la miraba sorprendida, y me costó algunos minutos convencerme de que se trataba realmente de Ingrid Bergman.

La Bergman que yo conocía era una mujer en el umbral de la madurez, de rostro pálido y ojos en los que temblaban toda la desilusión y la tristeza del mundo. Sonreía melancólica, mientras unas pequeñas arrugas le marcaban las comisuras de la boca. La Bergman que ahora tenía frente a mí parecía en cambio una adolescente despreocupada y su rostro, sin lápiz labial ni polvos, estaba terso, bronceado. Sus ojos eran alegres, serenos. Parecía tener las mejillas algo más marcadas. El pelo, que antes llevaba muy corto, le caía ahora largo hasta los hombros, sujeto por dos pinzas en las sienes, como hacen las chicas que suelen lavárselo ellas mismas. Por supuesto, se lo había lavado ella misma, secándoselo al sol. Llevaba una falda de lana, una chaqueta holgada a rayas rojas y negras sobre una camisa de seda blanca de hombre con gemelos dorados en los puños y zapatos planos, de campo. Se la veía extraordinariamente fresca y hermosa, una se preguntaba a quién se parecía: tal vez a una turista sueca que viene a París por primera vez y quiere trabar amistad con todo el mundo, tal vez a sí misma cuando interpretaba *Intermezzo* y aún tenía veinte años, entusiasmo e ilusiones, tal vez simplemente a una mujer feliz. Mirarla, sin embargo, me inspiraba una sensación de paz: ni siquiera me acordaba de cuánto me había enfadado.

Se lo dije a Ingrid, y ella sacudió la cabeza pensativamente: «La diferencia entre ustedes los latinos y nosotros los nórdicos está ahí. Os enfadáis por nada y lo demostráis. Perdonáis fácilmente y lo demostráis. Nosotros nos enojamos solo cuando sucede algo grave y no lo demostramos; perdonamos con dificultad y no lo demostramos. De esa manera, parece que sois los únicos que sufrís o experimentáis alegría, pensáis que somos más fríos y no entendéis que sufrimos con la misma violencia, amamos con la misma violencia y todo se nos queda aquí». Y se daba golpecitos en el estómago. «Se lo decía también a Roberto; no tenéis paciencia, nosotros, en cambio, sí. Cuando estuve en Roma todo el mundo decía paciencia, paciencia, y nadie la tenía. Yo no decía nada, pero tuve muchísima. Nosotros nos contentamos con nada, vosotros estáis descontentos con todo. Vosotros sois improvisadores, nosotros somos metódicos. Nos cuesta mucho conseguir el amor porque nos da vergüenza decir te amo. Nos cuesta mucho disfrutar del sol porque el nuestro es un país de niebla. Nos cuesta mucho cultivar la tierra porque la nuestra es una tierra llena de piedras. Y cuando logramos obtener pacientemente el sol, el amor y la tierra, ni siquiera movemos los labios para decir que nos alegramos de ello». Se interrumpió, mirándose las uñas con atención; tal vez estuviera pensando en Rossellini y en Schmidt; tan compleja disertación no era más que un pretexto para explicar lo que la había cambiado. Pero cuando continuó, parecía estar hablándose a sí misma: «A veces me pregunto cómo crecerán mis hijos, si se parecerán más a mí o más a Roberto. Ojalá no se parecieran a ninguno de los dos».

Dijo Roberto de nuevo y lo dijo con naturalidad, como si estuviera hablando de un conocido cualquiera o de un primo olvidado. Después repetiría ese nombre varias veces, y siempre con la misma naturalidad, sin rencor ni vergüenza. Roberto pertenece al pasado, como Italia, los escándalos, las humillaciones y una carrera que parecía terminada. El presente, en cambio, se llama Lars Schmidt, Francia, una carrera resucitada, una vida tranquila; y en su rigurosa lógica de nórdica, Ingrid sabe bien que no debemos permanecer apegados a los recuerdos. «La felicidad», dijo de repente, «depende de la buena salud y de la mala memoria. Yo gozo de ambas».

A esas alturas hablaba sin que se lo pidieran, como si yo fuera una amiga y nos hubiéramos encontrado por casualidad, en la calle o en un tren, y no en una oficina a donde había ido a buscarla. No esperaba a que le hiciera preguntas, y yo me limitaba a escucharla, sin preguntarle nada. «Hay muchas cosas», dijo, «que me hacen feliz. Una, por ejemplo, es el hecho de vivir en París. Siempre he soñado con vivir en París, desde que era niña, y Estocolmo era demasiado pequeña para mi miedo a la soledad y mis ambiciones. Incluso Roma era demasiado pequeña, y Londres en cierto sentido también. Si no viviera en París, tendría que vivir, para sentirme feliz, en Nueva York. Tengo miedo del silencio y de la oscuridad. Necesito sentir la luz, el ruido y la bulliciosa multitud de una metrópoli. No soy una chica de campo, soy una mujer de ciudad. No se deje engañar por el hecho de que viva en Choisel. Choisel es la casa donde Lars y yo viviremos incluso cuando seamos viejos, a los cuarenta años un hombre y una mujer quieren una casa donde puedan vivir incluso cuando sean viejos. Y yo tengo cuarenta años, y llevo veinte años dando tumbos por el mundo sin poder decir: esta es la casa donde moriré. Me gusta Choisel, la he amueblado con amor infinito, debería ver lo bonita que es mi cocina moderna, lo bonitas que son las habitaciones de los niños, lo bonito que es el salón, donde he colgado todos los cuadros que pintaba papá, papá era un buen pintor, y el retrato de mamá, el del gorro de piel y el manguito. Y lo bonito que es el parque, tan grande, y qué bonito el estanque a donde van los niños a pescar. Sin embargo, todas las mañanas me subo al coche y vengo a París. Cualquier excusa es buena para venir a París: llevar a los niños al colegio, recogerlos por la tarde, ir de compras, visitar a Lars. Y Lars también es de la misma opinión. Él también siempre ha soñado con vivir en París. Estocolmo también se le quedaba pequeña a él. Un día, antes de casarnos, Lars y yo nos preguntamos si podríamos regresar a Suecia. Decidimos que no. Lars y yo amamos Suecia. Lars ha comprado una pequeña isla frente a la costa de Fjäellbacka, no lejos de Gotemburgo, su ciudad natal. Solo hay una casa en la isla: la nuestra. No hay ni una sola cabaña ni tienda. No hay electricidad ni teléfono. Ya es un milagro que haya agua potable. Se tarda media hora en llegar a la costa en lancha a motor. Pues bien, estamos orgullosos de nuestra isla, este año también llevaremos allí a los niños, que luego irán a Santa Marinella a pasar el resto de sus vacaciones junto a Roberto. Pero no podríamos vivir allí para siempre. Ni Lars ni yo estábamos destinados a vivir en una isla para siempre».

No dejaba de repetir Lars como si explicarse a sí misma, sin explicar al mismo tiempo a Lars, careciera de sentido. No era difícil darse cuenta de por qué se siente tan cómoda con él. Desde luego, no solo porque sea un hombre de su país, porque no se enfade, porque sufra sin demostrarlo, porque tenga una paciencia infinita y tardara seis meses en decirle que la amaba; al fin y al cabo, estos atributos también caracterizaban a su primer marido. Se siente cómoda porque Lars se le parece mucho: tiene sus gustos, sus ambiciones y su espíritu de aventura. Lars, por ejemplo, también tuvo un matrimonio infeliz y caótico. Lars también emigró de Suecia para buscar el éxito en los Estados Unidos.

Corría el año 1939 e Ingrid acababa de llegar a Hollywood cuando él se embarcó clandestinamente en un barco con destino a Nueva York. Quería llegar a Broadway, y si no lo consiguió fue solo porque un submarino inglés hundió por error su barco y tuvo que alcanzar la costa a nado. Pero en 1946, después de la guerra, Lars Schmidt fue uno de los primeros europeos en cruzar el Atlántico, y esta vez conquistó Broadway con la misma facilidad con la que Bergman había conquistado Hollywood.

Es evidente que los empresarios teatrales no llegan a ser tan célebres como una estrella de cine, pero, en su entorno, Lars Schmidt lo era sin necesidad de casarse con Ingrid Bergman. Ya en 1950 lo llamaban «el hombre que se maneja en el teatro como Napoleón se manejaba en la guerra». Schmidt producía obras en los Estados Unidos, en Francia, en Inglaterra, en Suecia, en Alemania, y lo más extraño de todo era que su itinerario geográfico y profesional iba siguiendo poco a poco los países por los que pasaba Ingrid Bergman. «Si hemos de creer en lo que se llama destino», dijo una vez Ingrid, «he de concluir que mi destino era conocer a Lars Schmidt. Tuvimos contacto durante años con las mismas personas. Vivimos durante años en el Hotel Raphaël. La noche que me lo presentaron, en una comida en Maxim's con motivo de *Té y simpatía,* tuve la neta impresión de haberle visto ya muchas veces antes. Se lo dije y me respondió: "Por supuesto. Siempre nos vemos en el ascensor. Usted tiene la habitación 24 y yo la 36"». Y, dado que están hechos sin duda el uno para el otro, era inevitable, a fin de cuentas, que ese matrimonio acabara celebrándose.

«Otra razón por la que me siento feliz», decía Ingrid Bergman, «es que todos me quieren como antes y me han perdonado, admitiendo que hubiera algo que perdonar. Me llegan continuamente cartas afectuosas desde Italia y, a estas alturas, también en los Estados Unidos la gente es amable conmigo. El mes pasado volví a Hollywood, oficialmente, junto con Lars. Volví para la entrega de los óscar y habían pasado diez años desde que dejé Hollywood. Ese viaje tuvo para mí un significado casi simbólico. Era como si se hubiera cerrado un ciclo de mi vida y me hubiera encontrado a mí misma de nuevo. Dado que Lars estaba conmigo, ni siquiera tuve miedo. Me sentía contenta, muy contenta de ir a Hollywood. Todo me parecía precioso: las avenidas bordeadas de palmeras, los ratones sobre las palmeras, los bungalós con las piscinas que tanto me aburrían, las puertas que se cierran, los teléfonos que funcionan. Y la fiesta que me dedicaron, ¡menuda fiesta! Todos me llamaban y me abrazaban, me sentía como un hijo pródigo y un poco avergonzada. Así como habían exagerado al condenarme, ahora exageraban al perdonarme. Supongo que lo habrá leído usted». (Ingrid tal vez aludía a la frase del senador Edwin Johnson, quien la había llamado, diez años atrás, «una madre desnaturalizada y apóstol de la degradación». Bill Davidson, periodista de *Look,* escribió al senador Johnson para saber qué pensaba del hecho de que Bergman regresara a los Estados Unidos y este le contestó: «Es algo que me hace inmensamente feliz. Nadie podría estar más contento que yo». O bien estaba pensando en el tardío arrepentimiento de Elsa Maxwell, quien se disculpó públicamente con ella por sus antiguos y terribles insultos. Lo que está claro es que ninguna mujer ha sido recompensada jamás por las ofensas recibidas como la señora Schmidt. «Hoy en día», afirma Cary Grant, «solo hay seis nombres en Hollywood que pueden convencer a un banco americano para que financie una película a ciegas: cinco son nombres de hombres. Uno, de una mujer: Ingrid Bergman»).

«Desde Hollywood», dijo Ingrid, «fui con Lars a San Francisco, donde mi hija mayor estudia en un internado. Mi hija mayor siempre ha sido mi único motivo de arrepentimiento, una espina en el corazón. Hace dos años, cuando vino por primera vez a Europa para volver a verme, casi sentí miedo: en el aeropuerto apenas pude contener las lágrimas, yo que nunca lloro delante de la gente. Pero esta vez todo fue muy sencillo y alegre. Jenny tiene ya veintiún años». Se miró las uñas: «¡Dios mío, cuando pienso que tengo una hija de veintiún años! Es una mujer, en definitiva, y ahora comprende lo que antes no podía comprender. Estoy muy orgullosa de ella. Por ejemplo, todos insistían en que fuera actriz, y si hubiera querido, habría sido sencillo. Con su nombre y su belleza, las puertas de Hollywood estaban abiertas de par en par para ella. Pero Jenny no quiso. Quiere hacer carrera por lo que es, independientemente de ser hermosa y de ser mi hija. Jenny no es vanidosa. Tendría que haber visto lo mucho que se enfadó cuando estaba en Santa Marinella y los periódicos publicaron su foto en bikini. Jenny es una auténtica estadounidense: sea cual sea la carrera que siga, estoy segura de que tendrá éxito. Quizá se dedique a la publicidad. Lars también se lo ha aconsejado. Lars y Jenny se llevan muy bien. Robertino, Isabella y la pequeña Ingrid también se llevan muy bien con Lars».

Volvió a mirarse las uñas porque cuando habla de sus hijos siempre queda algo absorta, persiguiendo quién sabe qué ideas. Ama a esos niños de una manera casi dolorosa. «No hay nada intelectual», dice Jean Renoir, «en el amor que Ingrid siente por sus hijos. Cuando está con ellos, parece una perra con cachorros». Siempre se los lleva consigo. Incluso cuando filmaba sus películas en Inglaterra, los niños vivían con ella en el hotel. Cada día, a la hora del almuerzo, va a esperarlos frente al colegio italiano y se los lleva a comer a un restaurante. En la práctica solo se separa de ellos una vez por semana. En efecto, todos los sábados Rossellini va a recogerlos para pasar el fin de semana juntos y los trae de vuelta el lunes, según el acuerdo establecido por el tribunal de París. «Nos hemos comprometido», dice Ingrid, «a hacernos el menor daño posible». Y podría jurarse que el matrimonio con Schmidt no se habría celebrado si ella no hubiera estado segura de que esa coexistencia evitaba el descontento y las complicaciones.

«A Lars le gustan mucho los niños», prosiguió Ingrid. «Entiende, por ejemplo, que toda nuestra existencia está condicionada por los niños. Incluso cuando me invitaron a actuar en Broadway, me di cuenta de que me era imposible aceptar. Si a una obra le va bien, permanece en cartel en Broadway un año por lo menos. Y no puedo mantener a los niños en Nueva York durante un año. Le prometí a Roberto que les daría una educación italiana. Les prometí que los criaría como italianos y Dios sabe que lo son: tres diablillos italianos sin paciencia. Tienen una niñera italiana, yo solo hablo italiano con ellos. Incluso Lars, con quien yo hablo en sueco, intenta hablar italiano con ellos. Debo decir que Lars siente debilidad por Robertino. Juntos suelen hablar de fútbol. ¿No vio a Robertino cuando fue a Choisel? Qué pena. Es un chico extraordinario, verá, tan inteligente como Roberto». Y fue la última vez que pronunció ese nombre, con su fría indiferencia.

Ya era de noche y yo llevaba casi dos horas escuchando sin interrumpir a esta increíble mujer que hace fáciles incluso las cosas terriblemente difíciles, cuando un hombre muy alto y esbelto, con el pelo color miel y un rostro sonrosado como los de los nórdicos que sufren a causa del sol, entró en la oficina. Iba vestido de gris oscuro, con suma elegancia, mantenía los hombros erguidos como los hombres que practican deporte o tienen mucha confianza en sí mismos. Su mirada, detrás de sus gafas doradas, era plácida y azul. Al verlo, las mejillas de Ingrid se sonrojaron como las de una estudiante de secundaria que se topa inesperadamente con su enamorado. Se levantó de un salto y le dijo: «Lars, querido, aquí tienes a quien te bautizó como el hombre de gris». Schmidt me miró con una sonrisa curiosa. «Vaya, conque es usted», dijo, «¿sabe que ahora incluso en Suecia me llaman el hombre de gris? Se ha convertido en una auténtica obsesión. Un día estaba hablando con Luchino Visconti, y de repente me toca el traje y observa: "Anda, si de verdad vas vestido de gris". "Sí", le digo yo. "¿Y siempre vistes de gris?". "Sí", digo, "tengo un sastre en Barcelona que desde hace diez años me hace siempre un traje gris igual y me lo manda a París sin necesidad de que me lo pruebe". "Es un apodo que te sienta bien", dice Luchino Visconti y de repente descubro que me gusta el apodo». «A mí también me gusta», dijo Ingrid, «tiene algo de respetable y tranquilo. Me gustan las cosas respetables y tranquilas».

Lars siguió mirándome con esa sonrisa curiosa. Luego me dijo: «Tiene usted que despejarme una duda. Debe confesarme quién le ha dicho que siempre aprieto el tubo de pasta de dientes por el lado que corresponde. Solo dos personas lo sabían: Ingrid y mi madre. E Ingrid me jura que no se lo ha dicho». Le expliqué que nadie me había delatado un secreto tan importante, lo de la pasta de dientes lo había adivinado, como en un test psicológico: todo hombre correcto y educado aprieta el tubo de pasta de dientes sin aplastarlo al azar. Schmidt se rio contento. «Ha sido usted muy amable, pero su retrato está incompleto. No soy tan maniático. Soy soñador y distraído. ¿Sabe lo que hice un día con el tubo de pasta de dientes? Me lo puse en la cabeza como si fuera un tubo de brillantina. Lo extendí por el pelo a fondo y solo cuando me miré atentamente al espejo me di cuenta de que algo andaba mal». Ingrid le escuchaba con orgullo. Aquí está el hombre con el que siempre había soñado: alguien que extiende a fondo la pasta de dientes, pero en el pelo en lugar de en el cepillo de dientes.

«Lars es muy divertido», exclamó. «Nunca me habría casado con un hombre aburrido». «Ingrid también es divertida», dijo Lars Schmidt, «nunca me habría casado con una mujer aburrida. Mire lo que me ha dado». Y sacó dos cuadernos. En las hojas del primero había una caricatura de una mujer desnuda y borracha que decía: «Public opinion no longer worries me» (la opinión pública ya no me asusta). En las hojas del otro aparecía este encabezamiento: «Esta empresa mía no busca beneficios. Como es natural, fue concebida con otros criterios, pero, lamentablemente, este es el resultado». «Esa es de Ingrid y esta es mía», dijo Lars Schmidt, entregándome las dos hojas como si fueran tarjetas de visita. Ingrid se había puesto colorada, a causa del primer dibujo, por supuesto. Lars, en cambio, se lo pasaba en grande, y causaba cierta impresión ver a ese hombre, generalmente tan impenetrable, sentado en su escritorio y rodeado de carteles de las obras más trágicas que había producido, riéndose a carcajadas. Uno no podía dejar de preguntarse, también en su caso, a quién se parecía: ciertamente no a un director de teatro, no desde luego a un político como algunos han escrito. Eso era, ahora lo sabía: parecía un dramaturgo o un novelista. Y esta vez también probé a adivinar. «Usted», dije, «tiene aspecto de alguien que escribe».

Schmidt me miró asustado. «¿Quién se lo ha dicho?». «Nadie», contesté, «¿por qué?». «Porque es verdad», respondió él a su vez, «pero nadie lo sabe. En mi vida siempre he tenido una sola ambición: escribir teatro. De hecho, mi primera aproximación a la escena fue escribiendo obras, luego me convertí en empresario porque temía que fueran malas. Todavía están en un cajón. Pero algún día escribiré una obra realmente buena. De hecho, quizá la empiece el próximo verano cuando vaya a la isla con Ingrid y los niños». Y le dijo en broma a su mujer: «Querida, tendrás que hacer muchas películas y ganar lo suficiente para mantener a un marido escritor».

Schmidt me explicó luego que este año ha producido cinco obras, pero que para el próximo solo tiene una: *The Pleasure of His Company,* de Sam Taylor, con Fernand Gravey como protagonista. «Llevaré *My Fair Lady* a Copenhague esperando que tenga el mismo éxito que en Estocolmo, y luego quiero descansar. Estoy cansado; todas las mañanas me levanto a las siete, hay días que no encuentro ni una hora para sentarme a la mesa. Y, como comprenderá, antes eso me llenaba mi vida, no tenía otras metas ni intereses. Ahora tengo esposa y mejores cosas que hacer». «Yo también», dijo Ingrid envalentonada. «Nada de películas. Tengo marido y, por tanto, algo mejor que hacer». Entonces recordé que, durante todo ese tiempo, no habíamos hablado de películas. ¿Tenía planes? ¿Era cierto que iba a ir a Moscú a rodar *Anna Karenina,* una película para la televisión estadounidense? «De ninguna manera», dijo Ingrid. «Pagaría por saber quién se inventa semejantes tonterías. A mí, por lo menos, nadie me ha dicho nada. Después de *La posada de la sexta felicidad* no he encontrado ningún guion que me guste, realmente no tengo nada que hacer excepto una comedia alegre con Cary Grant. Pasaré unos meses en una dichosa inactividad».

Ahora ya se había puesto de pie y tuve de repente la sospecha de que había otra razón por la que parecía tan cambiada y por la que pensaba pasar unos meses inactiva. ¿Estaría realmente esperando un hijo, como insinuaron los periodistas estadounidenses a su llegada a Nueva York? «Ya estamos con esa historia de los niños. Como soy una mujer prolífica, todo el mundo me pregunta siempre si estoy esperando un hijo», murmuró Ingrid. Había agachado la cabeza y cierto pudor le impedía hablar del asunto. «Cariño, espero ser yo el primero al que le digas si estás esperando un bebé», dijo Schmidt, conmovido e irónico. «¿Es verdad?», insistí. «Oh, no comment», dijo Ingrid. Conozco los *no comment* de Ingrid: hace un año y medio, cuando le pregunté en Londres si estaba a punto de casarse con Lars Schmidt, se echó a reír y dijo: «No comment». Así que le pregunté si se trataba de un *no comment* como el de Londres. Ingrid se rio de la misma manera y respondió con el mismo tono de voz: «No comment».

FUERA DE TODO ESQUEMA

24. Yul Brynner, fascinante cruce entre una gitana y un mongol

Su cabeza calva enriquece a estas alturas nuestras conversaciones cotidianas, igual que las supuestas infidelidades de Felipe de Edimburgo, la crisis de Gaza y el juicio Montesi. Todo el mundo habla de ello, incluso la gente que se considera seria. Personas poco sospechosas de frivolidad hacen de este tema un problema de costumbres. Él también, dicen, es un símbolo de nuestro tiempo, como James Dean y Marilyn Monroe. Su rostro asiático nos persigue a través de pantallas, periódicos y vallas publicitarias. Es el hombre del día. No puedes ignorarlo, aparte del hecho de que es una estrella. Y nadie niega que las estrellas son figuras relevantes de nuestra época, del mismo modo que los dictadores, los grandes sastres y las reinas que aún poseen un trono.

De modo que vamos a ocuparnos de Yul Brynner, lanzado por encargados de prensa poco imaginativos como el calvo más fascinante del mundo: altura, un metro setenta (no mucho), sesenta y nueve kilogramos, ojos magnéticos, edad incierta, pasado oscuro y color de cabello, quién sabe. Desde hace doce años no tiene un pelo en la cabeza. Cada mañana, cuando se afeita la barba, desliza la afeitadora eléctrica hasta lo alto de su cráneo, lo rodea, lo alisa, lo limpia hasta dejarlo brillante y blanco como un huevo. De hecho, por si no lo saben, es calvo porque así lo quiere. Tiene pelo, al parecer. El único enigma sigue siendo su color. ¿Rubio, moreno, castaño? Quién lo sabe. Quienes conocieron a Yul Brynner cuando no era famoso y podía peinarse como un hombre cualquiera se niegan a revelarlo, en una conspiración de astuto silencio. Resignémonos a desconocerlo.

Su fortuna es reciente. Hace dos años, en Europa nadie sabía quién era. Es difícil decir de dónde se deriva la popularidad que lo ilumina. No es especialmente guapo. Tiene un cuerpo achaparrado, piernas cortas, orejas de soplillo y una nariz ancha. No es joven. No es elegante. Se ríe con desgana, siempre está enfurruñado. Faltaríamos a la objetividad si afirmamos que es muy simpático. Para ser honestos, su ostentosa calvicie resulta un poco molesta. Y, sin embargo, se habla de él como del nuevo Rodolfo Valentino. Su fama corre el riesgo de eclipsar la de Marlon Brando, que está en declive, y la de James Dean, definitivamente embalsamada.

Durante una encuesta realizada en los Estados Unidos, veinte millones de mujeres de entre trece y setenta y cinco años declararon que lo preferían a cualquier otro actor de cine. Deborah Kerr, que sabe bastante de hombres, dijo después de ser su compañera en una película: «Te mira con unos ojos que te dan ganas de convertirte en su esclava». Una declaración sin duda comprometedora. Ingrid Bergman, que trabajó con él en *Anastasia,* declara: «Es tan dramáticamente romántico. Cuando te dice "hello", te llega el corazón». Rita Moreno se vuelve loca hablando de él: «Es un infierno, os lo aseguro». Mary Martin, a quien debe su carrera, suspira: «Es un animal fascinante; lo compararía con una pantera». El productor Paul Fleigay añade: «Dadnos un tipo así cada cinco años y la industria de Hollywood nunca perecerá». El propio Brynner, en cambio, no dice nada. Cuando le preguntaron por qué, en su opinión, gustaba tanto a las mujeres, respondió encogiéndose de hombros: «Y yo qué sé. No soy una mujer».

Un psicólogo malicioso explicaría el fenómeno con mayor sencillez: ese Yul Brynner gusta precisamente porque es feo, porque está calvo, porque es desagradable y no se esfuerza por dejar de serlo. Un observador astuto comentaría el asunto con cortés cinismo: Yul Brynner es el producto típico de la publicidad. Inventad un personaje, acuñadle una serie de adjetivos repletos de sugestión, imponedlo a la multitud. Al cabo de un año lo considerarán irresistible. Un crítico más honesto y trivial podría señalar hechos más simples. Ante todo, Yul Brynner es un excelente actor, interpreta con inteligencia y tiene el magnetismo necesario para hechizar a la gente. Además, posee el llamado encanto exótico, frente al que la mayoría de los ingenuos no puede permanecer insensible. Por último, tiene una personalidad inusual, misteriosa y desconcertante. No se sabe casi nada sobre él. No hay noticia sobre este señor que tenga sabor a autenticidad. Su biografía está repleta de lagunas y es incierta. Su vida parece entretejida de episodios inventados. Lo bueno es que ningún periodista ha podido comprobar jamás que se tratase de episodios inventados. Y eso, nos guste o no, es más que suficiente para hacer de él un tipo interesante.

Él cuenta que nació en Sajalín, una isla siberiana, en 1915 (si es cierto lo que dijo hace cinco años a un periodista estadounidense) o en 1920 (si es cierto lo que dijo hace ocho meses a un periodista parisino). Su madre, según dice, era una gitana rumana que venía de Rusia. Murió, según dice, al traerlo al mundo, una circunstancia que les sucede a menudo a los hombres misteriosos. Su padre, según afirma, era mongol: un ingeniero de minas que se había desplazado al este para gestionar determinadas minas de plomo. Pero tenía la ciudadanía suiza. Se llamaba, dice Yul, Taidje Khan pero se cambió el apellido a Brynner, que era más fácil de pronunciar. Yul afirma haber pasado los primeros años de su vida en China, y concretamente en Pekín. Posteriormente su padre lo confió a los cuidados de su abuela y el niño llegó a Europa, trasladándose a París. Su abuela era una persona extravagante: le enseñó a tocar la guitarra y a hablar los idiomas más difíciles.

Si es cierto lo que nos cuentan los encargados de prensa, Yul Brynner habla perfectamente chino, japonés, mongol, ruso, francés, rumano, inglés, alemán, italiano y español. Pero nadie lo ha puesto nunca a prueba. El consejero espiritual del rey de Camboya, Mahatara Vira Dharmavara, que lo visitó en Hollywood en la época de *El rey y yo,* afirma haber hablado con él en mongol, japonés y chino. Pero nadie pudo verificar la autenticidad de esta afirmación; de esta manera, el venerable visitante sigue siendo el único testigo de la sabiduría políglota de Yul. En cuanto a su abuela, no puede decirnos nada: Yul era aún un niño cuando murió. Papá Brynner también está muerto. Por lo tanto, hay que confiar en Yul cuando afirma que, a los trece años, definitivamente solo en el mundo, se escapó del orfanato y se dedicó a recitar poemas en las *boîtes* de Montmartre. Además de cantar, era mozo de cocina y a veces camarero, otra circunstancia bastante común en la categoría de hombres raros. Luego, a los catorce años, debutó como acróbata en el circo Médrano.

Yul nunca había volado en el trapecio, pero logró que lo contrataran con un pequeño engaño. Les dijo a los Médrano que había olvidado el oficio al quedar conmocionado tras ver una caída de su padre, y que tendría que empezar de nuevo desde cero como si nunca hubiera puesto un pie en un circo. «Siempre me gustó tirarme faroles», comenta, «y la verdad es que empecé muy pronto a tomar el pelo a los crédulos». Una confesión que nos deja cuando menos recelosos. Lo cierto es que se convirtió en un valiente acróbata y realizó una gira por Europa con la compañía, en la que no hizo mal papel. También estuvo en Italia, y no es improbable que lo hayan visto dando vueltas en el aire, gritando *hop-là,* en algún barracón. A los diecisiete años, mientras actuaba sin red de seguridad, se le rompió una cuerda y cayó al vacío. Podría haberse matado, pero es hombre de suerte. Simplemente se rompió las piernas, los brazos, los hombros, algunos dedos, algunas costillas y el hueso sacro. No hay ninguna duda al respecto. Las radiografías lo demuestran.

El accidente interrumpió para siempre su carrera como acróbata. Después de seis meses en el hospital, Yul tuvo que resignarse a trabajar como payaso de extrarradio. El acróbata fracasado tiene todos los números para convertirse en un payaso patético, pero, como cómico, Yul no era gran cosa. «Siempre he tenido», dice, «mucho sentido del ridículo». Así que se resignó a aceptar un trabajo como portero en el teatro de Georges y Ludmilla Pitoëff y el encuentro con estos dos grandes artistas fue decisivo para él. De repente descubrió su vocación de actor. Consiguió una audición. Gustó. Obtuvo un papel en la comedia. Con el dinero que ganó pudo matricularse en la Sorbona. Estudió, dice, Filosofía y Ciencias Políticas. Parece que logró obtener su título. Lo cierto es que, en aquel momento, todavía vivía en la sombra: no le faltaba ni un solo pelo.

En 1939 la compañía Pitoëff se disolvió y ese mismo año estalló la guerra. Sin saber qué más hacer, Yul quiso ofrecerse como voluntario para el ejército francés. No lo aceptaron a causa de sus antiguas fracturas. Sus huesos remendados no le permitieron dedicarse a labores bélicas. Entonces recordó que tenía un padre, le escribió para conseguir el dinero necesario para el viaje y fue a visitarlo a Pekín. Solo permaneció en China unos meses: el tiempo necesario para conocer al director Michael Chéjov, un hombre que siempre tuvo buen olfato para descubrir actores con talento. Chéjov iba a viajar a los Estados Unidos para representar algunas tragedias de Shakespeare. Cuando llegó el momento de irse, le pidió a Yul que lo acompañara. Y Yul se fue. Llegó a Nueva York en septiembre de 1941 y no tuvo un debut arrollador. Antes de subir siquiera a un escenario la compañía languideció y se disolvió. Yul no tuvo más remedio que unirse a un grupo estudiantil de teatro aficionado que recorría los estados de la Unión representando *Noche de Reyes.* No actuaba. Por veinticinco dólares a la semana conducía el autobús en el que se desplazaba la compañía. Cómo logró, desde el asiento del conductor, volver a encaramarse al escenario es uno de los muchos misterios que contribuyen a dar color a su personaje.

Un año después lo encontramos, inesperadamente, en la televisión de Nueva York: director en la CBS. Quienes trabajaron con él en esa época afirman que era un joven de pelo rizado, colérico y lleno de iniciativa. En los programas que realizó siempre había un atisbo de originalidad. En el curso de uno de estos espectáculos conoció a Mary Martin, una de las actrices de teatro más conocidas que ha tenido Estados Unidos en los últimos veinte años. Mary Martin buscaba un joven singular para el papel masculino de *Lute Song,* obra que estaba a punto de estrenarse en Broadway. Se fijó en su mirada eléctrica, en su sonrisa cruel, en esos hombros de luchador; llegó a la conclusión de que si aceptaba afeitarse como requería el papel, sería un excelente compañero de reparto. Yul ya era entonces ambicioso. Abandonó la televisión y se limpió el cráneo redondo con siete pasadas de navaja. Luego se presentó ante Mary Martin: brillante y suave como una manzana. Mary no se demoró en ulteriores comentarios. Solo dijo: «Bárbaro. Lo bastante bárbaro. No cabe duda de que harás carrera».

En *Lute Song* Brynner obtuvo, gracias a esa cabeza rapada, un gran éxito personal. Los periódicos empezaron a interesarse por él, y las mujeres, a cortejarle. La atracción por lo repelente está enormemente extendida. La primera en sucumbir a esa calvicie artesanal fue una actriz de mucho talento: Virginia Gilmore, quien se casó con él. Virginia era una verdadera artista, y a estas alturas, si no se hubiera casado con Yul Brynner, sería famosa. En cambio, abandonó su carrera y le dedicó su vida. A muchas mujeres les decepcionará saber que, después de doce años, aún siguen casados y que Yul es un marido fiel y perfecto. Tienen un hijo de nueve años, Rocky, y son felices. «La verdad es», dice la señora Brynner, «que con Yul nunca te aburres. Es como vivir con fuegos artificiales; entiende de todo. Además, lo sostiene una seguridad mágica y siempre sale victorioso de las situaciones más difíciles. También está convencido de que es un gran hombre, pero, en él, eso no molesta en absoluto. Exhibe su megalomanía con un descaro lleno de humor. Por eso, creo, siempre consigue lo que quiere y nunca pierde el ánimo. De lo contrario no podría explicar por qué, cuando no teníamos un dólar, nuestro frigorífico siempre estaba lleno de caviar y champán».

Es el único testimonio que tenemos sobre el carácter de Yul. Por orgullo, por prudencia o por coquetería, al señor Brynner no le gusta confiar en los demás y de su vida privada lo único que se sabe es que le encanta alimentarse de vodka y de carne cruda, que descansa muy poco, pues se acuesta a medianoche y se levanta a las cinco de la madrugada, y que su pasatiempo favorito es fabricar sillas y mesas. Nunca deja entrar a nadie en su casa, ni siquiera a sus compañeros, ni siquiera a los productores. Brynner siempre responde con rudeza a los periodistas que le hacen preguntas indiscretas. Un día una periodista de *Screenland* le preguntó si era cierto que, en invierno, dormía sin mantas. Yul levantó la vista con desdén y preguntó a su vez: «¿Por qué? ¿Le gustaría dormir conmigo?». La pobre se sonrojó. «Claro que no», respondió ella indignada. «Pues entonces, ¿qué más le da?», replicó Brynner.

Otro no se habría atrevido a exhibir este lenguaje. En los Estados Unidos, los columnistas son poderosos, capaces de arruinar o exaltar a una estrella en ciernes con una sola frase. Pero cuando esto sucedió,

Yul Brynner ya estaba seguro de sí mismo. El mundo entero hablaba de su cabeza rapada. A diferencia de Sansón, que perdió todos sus bienes cuando se quedó sin pelo, esquilarse al cero a él le había traído victorias. No pasó mucho tiempo hasta que Rodgers y Hammerstein, que buscaban un intérprete para *El rey y yo,* le ofrecieran el papel principal de la obra. «Y os digo», afirma Hammerstein, «que nunca he visto a un actor encajar en su papel con tanta naturalidad». Precedido por un hábil montaje publicitario, el espectáculo fue el acontecimiento de la temporada. En la noche del estreno, las mujeres más hermosas de Nueva York se sentaron entre el público, conmocionadas por una excitada curiosidad. Cuando Yul apareció en escena, descalzo, con el torso desnudo, vestido solo con un par de pantalones rojos y dorados, un coro de suspiros reprimidos se elevó en el aire. Cuando recitó el famoso breve monólogo: «Una mujer debe ser como una flor untada de miel, destinada a un solo hombre; el hombre debe ser como una abeja que vuela, dueño de tomar toda la miel que quiera», se escucharon risitas encantadas y descaradas. Yul interpretó el papel de un rey que cuenta con ochenta y dos esposas y no comprende cómo, en otras partes del mundo, hay hombres que se contentan con una sola: «Eso significa que están enfermos». Aparte de la ficción escénica, tenía toda la apariencia de no sentirse oprimido por esta plétora de deberes conyugales.

Fue suficiente para garantizar el éxito de un hombre, además de un actor. Tras el estreno en Broadway, el antisansón era uno de los personajes más deseados en los Estados Unidos y millones de idiotas acudían a la peluquería para hacerse un «peinado a lo Yul Brynner». La comedia *El rey y yo* estuvo en Broadway durante cuatro años seguidos y la Metro hizo inmediatamente después su versión cinematográfica, con Yul Brynner como intérprete principal junto a Deborah Kerr. La película, en color y en cinemascope, costó medio millón de dólares, pero recaudó diez veces esa cantidad. Había que remontarse con la memoria al caso de *Lo que el viento se llevó* para encontrar semejante éxito de taquilla.

Desde entonces, Yul «el Calvo» vive en una atmósfera de cuento de hadas y a su alrededor florecen los mitos y el dinero. Los directores se lo disputan: han descubierto que, con esos ojos y esa cabeza, se le puede confiar cualquier papel. Incluso puede actuar con esmoquin. Incluso se le perdona que lleve el cuello de la camisa como un vaquero del Lejano Oeste. Y de este modo, Litvak lo quiere junto a Bergman en *Anastasia,* DeMille lo exige en su superproducción *Los diez mandamientos,* donde obtiene el papel de Ramsés II. También lo escogieron como director y actor de la película *Los bucaneros,* donde interpretó el personaje de Jean Lafitte, el sanguinario pirata criollo que ayudó al general Jackson a arrebatar Virginia a los franceses.

¿Qué importa si es mongol o suizo, si habla chino o rumano o no, si fue acróbata o simplemente cartero? Cuantas más mentiras dice, más se espesa el misterio: el encanto surge de buena gana del malentendido. Nada les gusta más a las mujeres que ser engañadas. Sin embargo, un grave peligro amenaza al muy audaz Yul. Para *Los bucaneros* tendrá que dejarse crecer el pelo, o al menos llevar una peluca. ¿Y si con esto se volviera guapo y simpático? ¿Qué pasaría si la innovación se convirtiera en una imprudencia fatal? Pobre Yul. Seríamos testigos de su muerte civil. Que la suerte le acompañe.

25. Anna Magnani, cien mujeres a la vez

La puerta del salón se abrió violentamente, como si la hubiera abierto el brazo de un hombre resuelto. Primero entró un gato birmano, del tamaño de un perro, luego un perro lobo, del tamaño de un ternero, y luego entró ella. La ceñían un par de pantalones azules y una camiseta celeste, y sus diminutos pies calzaban unas pantuflas bordadas. Sin tacones, así vestida, era pequeña y frágil, y cuando se detuvo en medio de la habitación, entre ese perro y ese gato que parecían enormes a su lado, me pareció casi indefensa, como un niño que se muestra atrevido de pura timidez y necesita ayuda. En cambio, su mirada lanzaba dardos, terrible, y poniendo las manos en las caderas dijo: «¿Dónde está esa periodista?». Su voz era seria y divertida al mismo tiempo, una gota de ironía gorgoteaba en ella. Pero había atención, y no ironía, en ese rostro sin maquillar, que logra ser hermoso incluso en momentos en que parece feo, en esos ojos oscuros que escudriñan a las personas para saber si puede confiar en ellas o no. Tensaba sus mejillas hundidas, sin el menor velo de polvos, pálidas cuando está triste y sonrosadas cuando está alegre, y su pelo negro, que ningún peluquero podrá domar jamás, estaba cargado de electricidad.

«Me lo he lavado hace un rato para aclararme las ideas», dijo con una carcajada que dejó al descubierto sus dientes blancos e irregulares. «Lo lavo mientras me baño, es más rápido. La última vez que fui a la peluquería fue para teñirme de rubio. Llegué demasiado temprano a una cita, estaba aburrida esperando, así que pensé en volverme rubia. ¡Madre mía! Al día siguiente volví y pedí que me lo tiñeran otra vez de negro». Parecía esforzarse para que tanto yo como ella misma nos sintiéramos cómodas, por establecer inmediatamente una corriente de cordialidad, y se parecía muy poco a la diva misteriosa que había conocido años atrás en casa de un actor romano, acurrucada en un sillón, con las piernas juntas debajo de la cabeza, la barbilla apoyada en las rodillas, mientras guardaba silencio. El salón estaba lleno de gente que hablaba solo para que ella los escuchara, en una competencia de estúpida adulación, y ella los miraba fijamente, sin verlos, mientras guardaba silencio. «Dime, Nannaré: ¿en qué estás pensando?», le preguntaba el actor con petulancia, y todos aguzaban ansiosamente el oído para oír al menos su voz. Pero ella parpadeaba y no contestaba. Era como si una pared de cristal la protegiera del resto del mundo, impidiéndole cualquier comunicación con los demás, y que el caer más o menos simpática no le importara en absoluto. Luego, de repente, se puso de pie, con un largo suspiro que podía ser de dolor o de burla. Ese día también vestía pantalones, pero de terciopelo negro, y una chaqueta de punto blanca. Llevaba zapatos planos, pero me pareció, entonces, muy alta y fuerte, sin necesidad alguna de ayuda. «Buenas noches», dijo, tendiendo cortésmente la mano. Y se fue lentamente, sin añadir nada más, mientras nacía en nosotros un injustificado sentimiento de culpa.

Anna Magnani no es una mujer: son cien mujeres a la vez, cada una de las cuales cambia de color como las figuras de un caleidoscopio, y a veces aparece cordial, a veces secreta, a veces tan salvaje como la gente más superficial acostumbra a pintarla. La que estaba frente a mí era, por ejemplo, una señora paciente y amable, que se movía con la gracia de una duquesa en la corte del rey, acariciaba a su lobo con la ternura debida a un recién nacido y decía: «Adoro a los animales porque no te hacen daño. Estuve llorando una semana cuando los rusos metieron a Laika dentro del Sputnik, recé a la Virgen para que no la dejara morir. Cuando murió, quedé tan consternada como si hubieran fusilado a un niño. Por la noche no pude comer».

Esta señora que siempre depara sorpresas vive en el último piso del Palazzo Altieri, donde Carlo Levi situó gran parte de su novela *El reloj*, en el corazón de Roma. Es una casa que te ayuda a entenderla. Magnani la ha decorado con gusto de intelectual, aunque diga con una mueca: «No me gustan los intelectuales. Me gusta la gente inteligente. Es muy diferente». En el dormitorio solo hay una cama con una manta de encaje blanco en verano y una piel de guanaco en invierno, una cómoda del siglo XVIII, una silla y una mesa antiguas. La sala de estar, por el contrario, está repleta de objetos frágiles y raros: jarrones de porcelana china, bolas de cristal sobre el piano, libros clásicos junto a la estatuilla dorada del óscar (que no debes tocar porque trae mala suerte), cuadros firmados en las paredes: De Pisis, Cézanne, Cocteau, así como su colección de retratos, que empezó a reunir a los dieciséis años, cuando Boni la retrató con un turbante y una leve sonrisa en su rostro terso y perfecto, siendo todavía una actricilla en sus comienzos, de gira por Argentina. A Magnani, sin embargo, le gusta el que le hizo Leonor Fini, una de las pocas mujeres en el mundo a la que considera «soportable»: «Verá, no me gusta estar con mujeres porque no soporto los chismes. Nunca he sido una chismosa». El despacho, por último, se parece más al estudio de un escritor que al de una diva.

Hay un retrato de Eleanora Duse, pero también hay una máquina de escribir, con una cinta gastada. Escribir no es para ella un pasatiempo de aficionada: es un trabajo. «¿Sabe por qué no me gusta que me entrevisten? Porque me viene a mí el deseo de entrevistar: siento tanta curiosidad por los demás como los demás por mí. Estoy convencida de que detrás de todos los que vienen a hacerme preguntas hay un personaje fascinante y una historia que contar». Sus amigos literatos (tiene muchos) dicen que es una escritora sensible y aguda. Al fin y al cabo, es la única mujer del mundo del cine, creo yo, que ha escrito un artículo de su puño y letra. Era un artículo sobre su primera estancia en América y estaba tan bien escrito que el director del periódico no cambió ni una coma. «No soporto a los actores que ponen su nombre en la parte superior de un artículo escrito por un periodista», afirmó, «no es digno para ellos. Es más: resulta ridículo». Por eso siempre ha rechazado las ofertas de quienes querían compilar la historia de su vida ofreciéndole cifras hiperbólicas: una revista americana llegó a ofrecerle sesenta millones. «No es cierto que me negara a publicar la novela de mi vida», dijo la Magnani, «es una novela que me gusta, con todas sus idas y venidas y sus capítulos tristes. Pero no quiero que lo escriban otros porque solo yo puedo hacerlo de manera honesta».

Por eso, incluso cuando viaja, lleva consigo la máquina de escribir, y «si un recuerdo me invade, lo escribo con un dedo. Solo sé escribir con un dedo». Ha completado treinta folios hasta la fecha. Y me dijo con orgullo que eran «treinta buenos folios», o por lo menos eso le había dicho alguien que entendía. También dijo que le habría gustado dejármelos para que los leyera, pero que los había perdido. Rebuscó por todas partes para encontrarlos. No ha conseguido encontrarlos y eso la irrita porque, pese a tener fama de mujer caótica y loca, es en cambio una mujer muy ordenada que sufre cuando ve una mota de polvo o un zapato tirado en un rincón. Por la noche, cuando se va a acostar, coloca la alfombrita a quince centímetros del borde de la cama, ni un centímetro más, ni un centímetro menos, y perfectamente paralela, de lo contrario se pone nerviosa al despertar; y si invita a alguien a cenar y la criada se va a dormir sin lavar los platos, cuando los invitados se han ido los lava ella misma y los seca, y también limpia el suelo y airea las habitaciones. «Nunca podría vivir en una casa que no estuviera tan reluciente como un espejo», dijo, vaciando el cenicero, donde solo había dos colillas, y quitando de encima del piano un vaso que yo habría debido colocar sobre la mesa. Lo crean o no, es un ama de casa y se encarga del piso de su hijo.

Desde octubre pasado, Luca, que ahora tiene dieciséis años, dejó el internado en Suiza y se vino a vivir al Palazzo Altieri, junto con su madre. El apartamento de Luca está en el mismo piso que el de ella, pero tiene entrada independiente porque Luca ahora es un hombre y es justo que reciba a los amigos que quiera y viva su vida. No hay nada en el mundo que Magnani no hiciera por Luca. Ese niño, hermoso y enfermo, es la gran tragedia de esta mujer admirada y adulada, que podría tener lo que quisiera y no puede tener lo único que le importa: un hijo que camine como los demás. Sanará, le dicen. Las operaciones que le han hecho en las piernas en Suiza han salido bastante bien. Pero la tragedia persiste y a Magnani no le gusta hablar de ello, por un razonable pudor y por miedo a que pueda hacerle daño, porque Luca es demasiado inteligente y sensible, y además porque una cosa es Anna Magnani y otra muy distinta su hijo. No lo dijo, tal vez porque pensó que no sería amable. Pero podía intuirse al observar su rostro, que, al hablar de Luca, se volvió cerrado y hostil como cuando la había visto en el salón del actor romano, y sus ojos recuperaron su brillantez, como cuando hablaba de Laika, la perrita que murió en el interior del Sputnik. Miró a su alrededor esperando que la conversación cambiara, pero no a propósito, porque habría sido desagradable. Tenía que ocurrir un milagro, eso es todo. Y ocurrió el milagro: sonó el teléfono.

Con un suspiro de alivio que no pudo reprimir, Magnani corrió hacia el teléfono. Agarró el auricular como si fuera un salvavidas y estuviera a punto de ahogarse. Por la dicha de mantenerse a flote se subió a un sillón balanceando las piernas y su voz volvió a sonar cristalina; mientras hablaba se retorcía el pelo como hace cuando está muy contenta y decía: «Gracias, de ninguna manera», como si estuviera rehuyendo un regalo que no consideraba merecido. «Era Orson Welles», dijo cuando colgó el auricular. «Quiere hacerme una entrevista para la televisión norteamericana. Dice que soy la mejor actriz del mundo». Se rio como si hubiera contado un chiste, luego se puso seria y dijo: «No es verdad. Ni siquiera soy una gran actriz, y le diré por qué. No sé cómo construir un papel, no sé cómo plantear un personaje. Si el personaje es auténtico y me conmueve, es decir, si lo siento como yo misma, entonces soy capaz de interpretarlo. Pero si me huele a teatro y a cuerdas, es decir, si es una marioneta a la que hay que infundir vida artificialmente, entonces no puedo. Una actriz debería poder hacerlo en cualquier caso».

Por esta razón interpreta de buena gana los personajes de Tennessee Williams, porque Tennessee Williams ha comprendido el secreto y solo le ofrece papeles escritos especialmente para ella. «Todo lo que escribe Tennessee se convierte en un milagro para mí. Es el hombre más grande del mundo», dice Anna Magnani, juntando sus manos sobre su corazón. «Recuerdo cuando vino a verme por primera vez, con el guion de *La rosa tatuada* todavía escrito a mano, sin las correcciones.

Me leyó el guion y yo habría llorado de gratitud. Sin conocerme, lo sabía todo sobre mí». A estas alturas, el dramaturgo estadounidense lleva años escribiendo para Anna Magnani y el entusiasmo de este intelectual de Broadway es el más importante homenaje que puede recibir una actriz por la que el país norteamericano al completo, desde Hollywood hasta Nueva York, ha perdido la cabeza. Para Magnani, Williams también escribió *Orpheus Descending.* «Quería que la representara en Broadway, pero ¿cómo voy a estar tanto tiempo en los Estados Unidos, lejos de Luca? Y los perros, ¿dónde iba a meter a los perros? Y además no me sentía segura con mi inglés. Odio los fracasos. Así que Tennessee hizo que la interpretara una estadounidense, pero quedó decepcionado y nunca olvidaré el cumplido que me hizo por ello». Williams le dijo a la Magnani: «Anna, ¡qué difícil es escribir un personaje para ti y ponérselo encima a otra persona!».

Ahora Williams ha escrito otra comedia para ella y esta vez Magnani hará por fin su debut en Broadway, tal vez al lado de Marlon Brando. La obra se llama *La primavera romana de la señora Stone.*

«Imagine usted», exclamó la Magnani, «la historia de una mujer perdida como un animal callejero, henchida de amargura y de ilusiones...», y su rostro dramático se convirtió de verdad en el de un animal callejero y los sufrimientos de la señora Stone se convirtieron en sus sufrimientos. Pero de repente se detuvo, con una carcajada: «Ahora me hace usted actuar en mi propia casa también», dijo. Cambió de tema y explicó que estaba encantada de irse a Nueva York el próximo otoño: «Jesús, esos rascacielos: ¡parecen brazos tocando a Dios!». Dijo que adora Nueva York como adora Roma, pero por razones diferentes: «Nueva York tiene un encanto viril, Nueva York es un hombre. Roma, en cambio, es una mujer hermosa: lánguida, perezosa...». Y cerró lentamente los ojos, estiró los brazos, echó la cabeza hacia atrás para explicarme cómo veía Roma. Luego abrió los ojos, retiró los brazos, enderezó la cabeza, algo irritada por haberse dejado llevar así. Dijo que no le gustaba viajar, pero al mismo tiempo quisiera ver el mundo entero. «¡Entero!», gritó, abrazándose los hombros como si estuviera abrazando al mundo. Había tropezado otra vez en su mímica, y apretó fuertemente sus brazos alrededor de su esbelto cuerpo como si fueran los brazos de otra persona y nuevamente parecía estar esperando un milagro que la sacara de su vergüenza, y el milagro se produjo.

Sonó el timbre y esta mujer imprevisible que odia a las mujeres corrió a abrirles la puerta a dos amigas, periodistas además, que venían a cenar con ella. «Son mujeres inteligentes y no son chismosas», dijo, leyendo dentro de mi cerebro. Sus amigas estaban muy contentas, le decían que estaba muy guapa esa noche, y Magnani resoplaba con impaciencia: «Dejaos de tonterías. ¡Como si yo pudiera ser guapa! Y además la belleza no cuenta. Quitaos los abrigos, os he preparado polenta con salchichas, beberemos champán». Empezó a poner la mesa, sin ayuda de la criada, y ya se había olvidado de Nueva York, de Tennessee Williams y del mundo. Y cuando la polenta con salchichas estuvo sobre la mesa, en platos de porcelana finísima, colocados sobre un mantel de encaje, me pareció entender bastante a esta desaliñada señora que sabe conciliar las cosas más irreconciliables. «Bueno», dijo, «así es como soy». Y mientras lo decía, con aspecto de disculparse, volví a notarla indefensa y necesitada de ayuda.

26. Errol Flynn, el último de los locos años veinte

Si la muerte no fuera un asunto irremediable y grave incluso para alguien como él, que disfrutaba tomándole el pelo, y si su asunción entre los ángeles no fuera algo dudosa, nos gustaría pensar en un Errol Flynn que, asentado sobre una nube, echa un vistacito rápido a su funeral y luego sigue, con una sonrisa de asentimiento, las frases hipócritas con las que lo conmemoran. El funeral de la estrella más coherente y lapidada de Hollywood tuvo lugar el domingo 18 de octubre de 1959 en el cementerio de Forest Lawn, lugar donde están enterrados los difuntos más afortunados del mundo, desde Rodolfo Valentino hasta Jean Harlow, y donde la idea de la muerte está abolida. Baste decir que no hay cruces ni estatuas de ángeles afligidos y, sobre las verdes praderas de hierba salubre, los enamorados van de pícnic, lo cual es una manera de decir mucho más, como afirma Errol Flynn en su libro *My Wicked, Wicked Ways,* que Putnam (el editor de *Lolita)* aún no ha impreso por razones morales.

Como corresponde a una estrella de este calibre, en Forest Lawn estaban todos los actores de Hollywood, algunas viudas oficiales de luto (la primera, Lili Damita, lleva doce años encerrada en una clínica psiquiátrica), e incluso quienes no tenían demasiadas ganas de llorar, expertos como son en el arte dramático, lloraron: a pesar de que el difunto se mereciera lágrimas de verdad. Las flores eran tan abundantes como las que él solía mandar a una chica hermosa para, digamos, llevársela a cenar. Y en la voz del oficiante se apreciaba cierto embarazo mientras decía: «Era el mejor de todos nosotros. Era bueno, honesto y sincero. Una parte de Hollywood pasa a estar enterrada con él». Los rostros de sus viudas, traicionadas mil veces y acreedoras de pensiones alimenticias, lo escuchaban con cierta perplejidad. Pero justo en ese momento, nos gusta pensar, el espíritu de Errol Flynn, que ha muerto a los cincuenta años con un vaso de ginebra en una mano y una joven de diecisiete años, Beverly Aadland, en la otra, esbozó una sonrisita de asentimiento; porque él era, en efecto, el mejor de todos: honesto y sincero.

Por ejemplo, le entraban ganas de beber: pues bebía hasta que el esófago le ardía y se le nublaba el cerebro. Quien esto escribe tuvo un día la oportunidad de preguntarle cómo había sido capaz de interpretar con tanta habilidad el papel del borracho Mike Campbell en la película *Fiesta*. Me contestó: «Muy sencillo. Estaba borracho». Y ante la pregunta sobre una supuesta renuncia al alcohol por su parte, respondió indignado: «Se trata de una vulgar calumnia. La enfermedad más grave de nuestro tiempo es la de ser alérgicos al alcohol con frecuencia. Yo también lo soy, pero con un esfuerzo de voluntad puedo superar tan vil alergia». Si le entraban ganas de dedicarse a las mujeres, siempre que tuvieran menos de veinte años, se entregaba a la tarea con gran seriedad: a costa de reventar su corazón enfermo y de ser citado ante los tribunales por secuestro técnico, secuestro simple y atribución de paternidad. Cuando los periodistas le preguntaron si no era demasiado mayor para Beverly Aadland, respondió con convicción: «Puede que yo sea demasiado mayor para ella, pero ella no es lo suficientemente joven para mí».

Le entraban ganas de hacerse el fanfarrón y el héroe, y lo hacía participando en revoluciones que no le concernían en absoluto, aunque admitiera: «No es cierto que sea un tipo valiente. Tengo menos coraje que un conejo aquejado de complejo de inferioridad. Pero es que los demás son más cobardes que yo». Por último, le entraban ganas de derrochar dinero en tonterías, y lo derrochaba. Se calcula que, en treinta años, despilfarró cuatro mil quinientos millones de liras: cuando murió, acababa de deshacerse de su yate Zaca y de la pequeña isla frente a la costa de Jamaica, que se vendió por ochenta mil míseros dólares cuando a él le había costado trescientos mil. «Tengo un verdadero talento», decía, «para gastar dinero, más que para ganarlo. Tengo la intención de gastar mis últimos años entre mujeres, compras y peleas». Las peleas eran su fuerte, sin duda alguna.

Por respeto a su incuestionable virilidad, no dudaba en liarse a puñetazos cada vez que alguien lo provocaba e incluso cuando alguien no lo molestaba en absoluto. Una vez, en Los Ángeles, la emprendió a golpes durante cuarenta y cinco minutos con el director John Huston, un antiguo boxeador, y un año después, cuando volvieron a verse, Errol Flynn le preguntó al director: «Por cierto, Johnny, ¿por qué diablos nos peleamos?». «No lo sé», dijo Huston. «Yo estaba sentado en un rincón cuando me agarraste de la corbata y me invitaste a salir». «¡Vaya! Debía de estar borracho», dijo Errol Flynn, «pero hice bien. Desde que te sacudí, has empezado a hacer películas estupendas». Sin embargo, se rumorea que, a pesar de su altura de 1,86 metros y su circunferencia torácica de 1,05 metros, también recibió lo suyo. Para su desdoro, le atizó una buena tunda, por ejemplo, el millonario Dan Topping en casa de Sonja Henie por haberla besado, o el millonario Duncan Mac Martin en un bar de Nassau por haber abrazado a su esposa, quien le dio un golpe con un huevo duro en la boca, rajándole un diente. Pero es muy probable que se trate de insinuaciones maliciosas, como la historia que cuenta el crítico Whitney Bolton y que, por deferencia a la memoria de un hombre sabio, preferimos no creer. Whitney Bolton dice que Errol Flynn solía encender una lámpara azul en la puerta de su casa en el valle de San Fernando cuando no quería que lo molestaran. Lo que para él significaba: «Advertencia: estoy con una chica y me estoy tomando una copita». Pero una tarde lluviosa, Whitney Bolton se refugió en la casa sin hacer caso a la lámpara azul y Errol Flynn estaba en la cama, solo como una tenia, y tomándose un café con leche mientras leía un libro titulado *Decadencia y caída del Imperio Romano.* Como les ocurre a todos los hombres despreocupados por el mito de la respetabilidad, no era raro, además, que lo desmintieran hechos que demostraban su pureza de corazón, como el detalle de que se conmovía hasta las lágrimas cuando le decían que era un excelente actor y que quería a sus hijos legítimos. Pero gran parte de la leyenda que creó a su alrededor era auténtica. Por ejemplo, afirmaba haber estado entre los cazadores de cabezas en Nueva Guinea, para la trata de esclavos, y nadie le creyó ni un ápice. Luego, en 1942, el escritor Mark Hellinger fue enviado como corresponsal de guerra a Nueva Guinea y allí se topó con un cazador de cabezas que le preguntó si conocía a un sinvergüenza llamado Errol Flynn. Mark Hellinger dijo que sí, y el cazador de cabezas gritó: «Pues dígale que, si se le ocurre asomar el hocico por aquí, lo mato. Me compró cinco esclavos que me pagó con una bolsa de monedas que según él eran dólares y en realidad eran fichas telefónicas de la feria de St. Louis». Mark Hellinger le transmitió el mensaje a Errol Flynn y este dijo: «Ese negro es un mentiroso. No eran fichas de la feria de St. Louis. Eran fichas de la exposición de San Francisco».

La leyenda de Errol Flynn, a quien, abandonando las habituales comparaciones de Hollywood, podríamos definir incluso como el último de los barones de Münchausen, dio comienzo en Tasmania, donde nació de una madre muy respetable y un padre muy respetable, profesor de Zoología y Biología en el Queen's College de la Universidad de Belfast, en junio de 1909. Esta cuenta que, para desmentir a los sociólogos, gozó de una excelente educación: estudió en el Lycée Louis-le-Grand de París y en la St. Paul's School de Londres. Añade que se escapó de allí al menos doce veces para trabajar como lavaplatos en un barco mercante, buscador de perlas en Japón y traficante de opio en Hong Kong, y hay testigos oculares que lo juran. Juran asimismo que llegó a Hollywood sin que lo impulsara la sagrada llama del arte y sin tener la menor idea de interpretación. «Estaban filmando *El motín del Bounty* y alquilaron mi barco. Un sujeto con gafas dijo: "Este tipo tiene buena planta, nos vendrá bien para el papel de Fletcher Christian". Así que me pusieron en la cabeza una peluca rubia con muchos rizos que me hacía parecer una vieja p... y me convertí en uno de ellos». Poco después interpretó *El capitán Blood* y se convirtió en un héroe espadachín al estilo de Douglas Fairbanks. «Durante años y años me pagaron solo por tirar estocadas, romperles la cara a los malos y gritar "¡A la carga!". Y admito que exageraron un poco. Pero cuando alguien te paga, ¿por qué andarte con remilgos?».

Estaba casado en ese momento con Lili Damita, una francesa a la que en Hollywood llamaban «la muñeca ardiente». «Ardía tanto, amigos, que para refrescar mis quemaduras tuve que hacerme a la mar y comprar el yate Zaca, que se convirtió en mi verdadero hogar. Zaca en Tasmania significa "paz"». Lili era mayor que él. El precursor de *Lolita* no repetiría ese pecado de sentido común. En 1943, un año después del divorcio, fue llevado ante los tribunales por secuestro técnico de dos menores: Peggy La Rue Satterlee y Betty Hansen. «Desconozco qué es eso de secuestro técnico. Un secuestro es un secuestro. Y además fueron ellas las que vinieron al Zaca, no juntas, ya se entiende. Peggy quería ver la luna en toda su belleza a través del ojo de buey de mi litera, pero no tenía dieciséis años, señor juez; en su permiso de conducir ponía veintidós. A Betty me parece que la conocí en un cóctel y dice que ni siquiera me quité los zapatos. Esto es mentira, señor juez, porque siempre me quito los zapatos. En cualquier caso, Betty no tenía permiso de conducir y no sé su edad. Sé, sin embargo, que para ella fue un crucero agradable y también instructivo».

En el juicio, Errol Flynn fue absuelto y el juez le dijo al jurado: «Gracias por su trabajo. Yo me lo he pasado bien y espero que ustedes también». En el pasillo del juzgado, sin embargo, había una vendedora de cigarrillos «que no estaba nada mal», Nora Eddington, y Flynn se casó con ella. Curiosamente, para un hombre guapo y famoso como era él, su nombre nunca estuvo vinculado al de una diva importante o al de ninguna millonaria, sino solo al de coristas, vendedoras de cigarrillos, aspirantes a modelos, reinas de los concursos de belleza. Como todo hombre con clase, Errol Flynn no era un esnob y aplicaba rigurosamente el concepto de democracia. A este principio solo faltó dos veces: cuando intentó cortejar a Soraya, quien, sin embargo, no se dignó a mover las pupilas por él, y cuando se comprometió con la princesa rumana Irene Ghica, de quien decía: «Es una cocinera terrible, pero no conoce un solo abogado para demandarme». Pero puso remedio, en cualquier caso: la abandonó de manera coherente la víspera de la boda y se casó con la bailarina Patrice Wymore, de veinte años, de quien dijo: «No es que sea realmente mi tipo. ¿Pero qué queréis que haga? La quiero».

La boda se celebró en Niza y una pequeña banda tocaba «Oklahoma!», mientras, con un clavel blanco en el ojal de su frac, él entraba en el templo luterano. Y la recepción acababa de empezar cuando dos abogados le entregaron la citación por secuestro simple de la francesa Danielle Dervin, de quince años.

«Esa quería tres mil dólares», dijo, «y se supone que iba a donarlos a organizaciones benéficas, pero mi impresión es que quería beneficiarse a sí misma. Así que quise verla; no porque pretendiera ser completamente inocente, pero quise verla. Pero cuando descubrí que tenía pelos en las piernas dije, ah, no, nena. Soy inocente. Nunca en mi vida he salido con una mujer que tuviera pelos en las piernas». Fue absuelto.

Le encantaba meterse en líos «porque no quiero arrepentirme de nada cuando muera». Y para librarse de los líos de una mujer, se metía en los líos de una guerra, posiblemente civil. «Siempre he sentido cierta debilidad por las causas, las cruzadas y esas cosas. Bajo mi piel todavía hay un hombre que cree en el hombre y en la humanidad y siempre es agradable ver a un tipo común y corriente ganar una causa. Las causas de los tipos comunes y corrientes son mis causas».

Así, en 1938, viajó a España como enviado especial del editor Randolph Hearst para una cadena de doscientos periódicos: permaneció como agregado en la Brigada Lincoln durante dos meses hasta que regresó herido. Obviamente, las malas lenguas dijeron que su herida no era de bala, sino que se había lastimado huyendo del cuarto de una mujer casada; pero nadie pudo negar que había estado en España de verdad y que además era un buen periodista, con un estilo irresistible que era una sátira a medio camino entre el estilo de Hemingway y el de Damon Runyon, como demostró en 1959 participando en la revolución castrista. «Estaba de paso en el mar Caribe con mi Zaca y de repente me dije: vamos a ver qué tal le va a Fidel. Así que meto en mi maletín un poco de vodka, una pastilla de jabón y dos camisas, un poco de vodka, un cepillo de dientes y un poco de vodka y voy a donde está Fidel, pero no a recoger mi corona de laurel. Eso sí, desmiento que Fulgencio Batista exclamara: "Ya está, chicos. Flynn está con el enemigo, podemos irnos a dormir". Camina que te camina llegué a una refinería que se llama Centroamérica, pero no era Centroamérica, era una refinería. Allí dentro, me dicen, estaba Fidel Castro. Y lo estaba. También estaba su secretaria Celia Sánchez con una pistola calibre 32 en la cintura. Miro la pistola y luego miro a Celia, quien está construida con medidas diferentes al modelo habitual entre las cubanas. En su caso era un modelo alargado, un militar bien formado, calculando a ojo de buen cubero 90-60-87. En cuanto a Castro, esperaba encontrarme con una especie de Julio César, pero no era una especie de Julio César. Viéndole, parecía como si no estuviera pasando nada, y, además, detrás de él están los curas como en la mayoría de los asuntos latinoamericanos. En cualquier caso, nos hacemos amigos y yo le llamo Fidel, o compadre, él me llama Errol y nada más».

Cuando terminó la revolución, los periodistas esperaban a Errol Flynn en el aeropuerto de Nueva York y Errol Flynn llegó con una rubia que había recogido quién sabe dónde, un pañuelo de guerrillero cubano y un brazo colgado del cuello. Dijo: «Desmiento haber sido herido en una parte del cuerpo poco honorable para un guerrero. Solo me he herido el brazo y nada más, mirad». Luego dijo que Fidel quería regalarle un avión para que volviera a Nueva York, pero él las revoluciones las hacía gratis y por eso se compró un billete en un vuelo regular. Por último, imprimió sus artículos acompañados de fotografías del fotógrafo John Mac Kaye demostrando así su participación efectiva en la guerra de Cuba, pero Castro se ofendió e hizo saber que nunca había visto a ese tal Flynn y que su revolución iba en serio, que Flynn se ahorrara las mentiras. Hollywood se indignó: lo lapidaron. Pero Errol Flynn, que en realidad había exagerado un poco, se encogió de hombros filosóficamente. Hacía tiempo que ya no creía en la gratitud humana y que había dejado de tener amigos. Así que cerró su casa en el valle de San Fernando, con lámpara azul y todo, y dejó Hollywood para volver a deambular por Europa. En una ciudad donde las adúlteras se hacen pasar por madres incorruptibles, y los maridos cuestionables se hacen pasar por padres incorruptibles, y ambos intentan tomarnos el pelo dejándose fotografiar con sus hijos en el acto de cocinar un suflé, él ya no podía seguir viviendo. Era un héroe de los años veinte, los locos años veinte, cuando las estrellas llegaban a las fiestas vestidas solo con un traje de baño, montadas en un elefante empolvado de color rosa, y luego se sumergían en piscinas llenas de hectolitros de colonia francesa, aguada con whisky. Era un personaje a lo Fitzgerald que podía permitirse un esmoquin de damasco floreado sin que los Marlon Brando impecablemente vestidos de gris pudieran sospechar en él una extravagancia menos que normal. Separado de Patrice Wymore, se fue a Vancouver con Beverly Aadland, de diecisiete años.

Desde luego, no resultó muy chic morir en Vancouver, una pequeña ciudad fronteriza con Oregón, tan burguesa frente al esplendor aristocrático de Cannes, Roma o Biarritz. El caso es que podía permitirse incluso este pequeño error de gusto: no estaba en Vancouver por razones de trabajo. Cuando su corazón, quebrado por el alcohol y los esfuerzos más inútiles, dejó de latir, estaba contando chistes a los millonarios Caldough. Eran, dicen los Caldough, chistes horriblemente escabrosos pero sanos. Durante la divertida aventura que fue su vida, solo se manchó de pecados veniales: tiroteos de salvas, adolescentes sin escrúpulos, la costumbre de enjuagarse los dientes con coñac. Cosas que al juez superficial parecen dignas de absoluto desprecio pero que para el juez agudo y benigno esconden a su manera cierta sabiduría.

El oficiante que conmemoraba su fallecimiento con frases hipócritas en el funeral de Forest Lawn debería haber añadido, para los ciudadanos de Hollywood, estas palabras: «Miren a su alrededor. Solo nos había quedado un pecador como Dios manda y lo hemos perdido».

27. Joan Collins, una niña tímida va al colegio

Como no puede ser de otra manera, sobre la chica menos decorosa y más insolente de Hollywood (veintiséis años, un metro sesenta y tres de altura, cincuenta y siete kilogramos, estado civil soltera, nombre Joan Collins) se cuentan numerosísimas historias. La menos digna de confianza, teniendo en cuenta su última película, donde hace un estriptis casi completo, y las anteriores donde, puntualmente, aparece al menos en traje de baño, cuenta que es tímida. «She is a shy girl. Oh, really! So shy!». Encargados de prensa enfermos de puritanismo, amigos de la familia que temen por su reputación, enamorados rechazados o demasiado aceptados, todos compiten por demostrar que Joan Collins es muy *shy*, es decir, tímida, y para apoyar esta improbable tesis aportan pruebas tan irrefutables como conmovedoras. «Dense cuenta», dicen, «de que, cuando llega a casa por la noche, Joan cierra la puerta con tres vueltas de llave, atranca las ventanas con palos de hierro y luego se atrinchera en el dormitorio». «Dense cuenta», dicen, «de que un día Joan irrumpió en el *drugstore* Schwab's y rompió el escaparate con un frasco de perfume que había comprado allí, gritando que no le gustaba cómo ese perfume atraía a los hombres, que no dejaban de ir tras ella».

«Dense cuenta», dicen, «de que en una película donde se vio obligada a ser fotografiada en una bañera llena de un velo de espuma, Joan exigió un traje de baño de plástico para no sentirse desnuda».

Joan Collins, a quien se puede acusar de cualquier cosa menos de hipocresía, rechaza tales insinuaciones con desdén. «En primer lugar», dice, «pedí el traje de baño de plástico porque llevaba cuarenta y dos horas desnuda en la bañera y el agua me estaba estropeando la piel. Pero era un bañador de lo más transparente. Además, no tiré el frasco de perfume contra el escaparate porque atraía a los hombres hacia mí. Lo lancé porque seguía atrayéndolos cuando ya estaba acompañada, lo que provocaba situaciones de lo más incómodas. Soy una chica perezosa: nunca he podido salir con más de un hombre a la vez. Por último, si cierro la puerta y las ventanas, es para que no entren hombres en mi casa. Por la razón que ya he dicho, detesto tener demasiada gente a mi alrededor. Y me atrinchero en el dormitorio porque en el dormitorio prefiero que me molesten lo menos posible. Dense cuenta de que en el dormitorio solo tengo dos teléfonos: uno rosa y otro blanco. El blanco, que desconecto antes de levantar la barricada, tiene un número que solo conocen ciento diez personas. El rosa, que funciona siempre, tiene un número reservado para apenas cinco o seis amigos íntimos».

Los paladines de su honorabilidad no se desalientan. «Cuenta esas cosas», dicen, «porque le gusta estar sola y piensa escoger con tranquilidad de espíritu al que será su marido y le dará muchos hijos. Joan es una chica muy sensata». Joan replica: «No me gusta en absoluto estar sola porque sola me aburro; tanto es así que salgo cada noche con un pretendiente diferente y no llego a casa hasta las tres de la madrugada. No pienso elegir ningún marido, y mucho menos tener hijos. Los niños son malos para mi carrera y los maridos que me gustarían o son demasiado mayores o están demasiado casados. No soy sensata ni pretendo llegar a serlo. Quiero divertirme hasta que sea vieja: es decir, hasta los veintiocho o treinta años. A esa edad, si soy capaz, podría intentar sentar la cabeza, pero, maldita sea, ¿qué significa sentar la cabeza? Significa matrimonio. ¿Y qué significa el matrimonio para una actriz? Significa divorcio. No tengo nada en contra del divorcio desde un punto de vista teórico. Pero desde un punto de vista práctico, saben bien lo que me ocurrió».

Lo que ocurrió, en efecto, fue que, a los dieciocho años, Joan se casó con el actor inglés Maxwell Reed, doce años mayor que ella y ciertamente no destinado a llegar a ser alguien. Maxwell era un hombre terriblemente celoso, y cuando Joan se dio cuenta de que también era un lastre para su carrera, pidió el divorcio. Maxwell se negó. Joan insistió. Maxwell dijo: «*All right.* Te lo concedo si me pasas una pensión alimenticia». El juez dijo: «Por regla general, caballero, es el marido quien paga la manutención a la esposa. Usted está sano, caballero, y puede ganarse la vida». Maxwell dijo: «Sí, pero ella fue la que me engañó con unos y con otros. Fui un marido fiel y hasta lavaba los platos. El ofendido soy yo y quiero mil doscientos cincuenta dólares al mes de mi mujercita». Mil doscientos cincuenta dólares equivalen aproximadamente a ochocientas mil liras. «Me tocó llegar a un acuerdo», dice Joan. «Tuve que darle 4 250 dólares en efectivo y luego abrir una pequeña cuenta de 1 500 dólares en el Banco de Inglaterra. Ahora entenderán por qué temo el divorcio. No soy Barbara Hutton. Necesito el dinero que gano: para joyas, ropa, coches. Saben, me encantan esa clase de cosas: a nadie se le ocurre insinuar que soy un ama de casa. También me encanta ser famosa y, sobre todo, me encanta ser sexi. Por esa razón también, verán, me he dejado de dietas para adelgazar. Judy Holliday me enseñó una vez una dieta para bajar de peso: tenía que comer exclusivamente huevos. Comí huevos durante un año y, cuando estaba a punto de cacarear como una gallina, Roberto Rossellini me eligió para una película que al final no hizo y se llamaba *La esposa del mar.* «Pero deberías tener un poco más de curvas», dice. Consigo tener más curvas y descubro que le sienta bien al escote. Seamos claros, el *sex appeal* no es el escote. Es la forma con la que miras y caminas. Pero, en cuanto a caminar, ¿de qué te sirve menear lo meneable si lo meneable escasea? Yo no renuncio a lo meneable. Para el estreno de la película *Una isla al sol,* en Londres, al que también iba a asistir la princesa Margarita, me hice un vestido que era una obra maestra de meneo. Me prohibieron usarlo. Y no fui al estreno. Lo siento por Margarita. Al fin y al cabo, es mi princesa. Ya saben, soy inglesa. Pero ya saben, tengo ideas propias».

La inglesa menos inglesa que Inglaterra ha exportado jamás a los Estados Unidos nació en Londres en 1933, en el seno de una familia de tradición teatral. Su padre, Will Collins, era empresario de espectáculos de variedades. Su abuela, Hettie Collins, era cantante y estrella de vodevil, y todos sus tíos y primos tenían algo que ver con el escenario. «Por eso», dice Joan, «la idea de ser actriz me parecía completamente normal y la abuela Hettie me ayudó. Cuando tenía dieciséis años, me dijo: "Hija, tienes piernas de desfile, pecho digno de apuestas, carita de hada. La cara, seamos claros, importa poco. De todos modos, lánzate". Así que me lancé y me matriculé en la Academia de Arte Dramático. La abuela Hettie me dijo: "¡Déjate de academias! Debuta de una vez, idiota". Así que hice mi debut: en el papel de un joven delincuente. La abuela Hettie dijo: "Qué tonta eres. No se trata de que te vistas de chico, con pantalones y todo. Se trata de vestirte de mujer y lo menos posible". Entonces empecé a vestirme como una mujer y también a maquillarme como una mujer, mucho pintalabios y mucho rímel, quiero decir, y trabajé de modelo para fotógrafos. Esta vez salió bien: inmediatamente me eligieron para una película histórica, *Lady Godiva,* aquella mujer que montaba a caballo vestida solo con sus largos cabellos. Los míos no es que fueran muy largos. Terminaron dándome muchos más papeles y llamándome "The Sexiest Body in England" y también "The Dangerous Lady", y Howard Hawks, el que descubrió a Jane Russell, me fichó para la 20th Century Fox y me dio el papel protagonista en la película *Tierra de faraones,* junto a Sydney Chaplin».

La carrera cinematográfica y personal de Joan Collins dio comienzo con esta película que se rodó casi íntegramente en Roma, en 1954. Joan, en aquella época, era rubia. Llevaba un gato con correa y se pintaba las uñas, cada una de las cuales medía tres centímetros y medio de largo, de oro puro. En via Veneto y Cinecittà no tardaron en preguntarse quién era aquella loca espléndida, y también se lo preguntaron Faruk y Sydney Chaplin. Faruk le enviaba un ramo de rosas todos los días, Sydney le pidió que fuera con él a ver a su padre, a su villa en Suiza. Joan vaciló. «Ya saben, una chica sin marido corre el riesgo de comprometerse visitando a los familiares del chico con el que coquetea. El chico se lo toma en serio, tal vez, y luego a la chica le toca casarse con él». A pesar de todo, fue con él y Sydney Chaplin, anticipándose al veredicto de los fotógrafos de veinticuatro naciones que dos años más tarde provocarían un referéndum sobre ella, dijo que desde un punto de vista técnico Joan era la chica más hermosa del mundo, parecía un cuadro de Tiziano. Con esta comparación con Tiziano, Joan aterrizó en Hollywood y su popularidad se consolidó en dos o tres semanas. «En Hollywood seguí saliendo con Sydney: aunque no mucho. Sydney se pasa todo el tiempo jugando a las cartas y a mí me aburre. Así que un día, en casa de Gene Kelly, Sydney me presenta a Arthur Loew, y mientras Sydney juega a las cartas, yo salgo con Arthur, que resulta ser de lo más simpático».

Arthur Loew, hijo del gran productor y director de la MGM, está hoy casado con la viuda de Tyrone Power, Debbie Minardos. Pero en ese momento estaba soltero, tenía treinta y dos años y buscaba esposa. Todas las noches llevaba a Joan a Las Vegas en su avión personal y le hacía un regalo cada mañana. Le regaló incluso un abrigo de visón blanco y una pulsera de diamantes y zafiros del tamaño de cacahuetes. Luego se la presentó a sus padres y a esas alturas la boda parecía cosa segura, pero Joan dijo: «Lo de los padres es un malentendido. Tengo una cara tranquila y normal, parezco una persona hogareña y los hombres siempre quieren llevarme a conocer a sus padres. En cuanto al visón y la pulsera, son cosas que a una mujer soltera siempre le vienen bien, y el gesto de Arthur no tiene ningún significado para mí». Así que lo dejó plantado para dedicarse de lleno a Bob Wagner. «Pero él también tenía ideas matrimoniales y por eso se lo dejé a Natalie Wood». Le siguió Nick Hilton, el exmarido de Elizabeth Taylor. «Y me gustó mucho porque es de esos que nunca se toma nada en serio. Puso a mi disposición su Rolls Royce con chófer sin hablar siquiera de noviazgo». Luego fue el turno de Buddy Bregman, el músico, al que ella besó más de una vez en público, gesto que Joan rectificó de inmediato: «¿Y eso qué importancia tiene? Beso a todos cuando saludo: hombres y mujeres. Soy una chica extrovertida. ¿Es que aún no se han dado cuenta de que solo quiero ser actriz? Cada año me dan el premio a la actriz más prometedora de Hollywood, y si no dejo de perder el tiempo con cuentos de hadas sobre bodas, me arriesgo a ser una promesa y nada más durante el resto de mi vida».

En realidad, ya ha dejado de perder el tiempo. Ha hecho películas de éxito como *El sexo opuesto, El ómnibus perdido, Una isla al sol, Un marido en apuros, El vengador sin piedad.* Ha tenido compañeros como Gregory Peck, James Mason, Harry Belafonte, Paul Newman, Richard Burton. Y a quienes le preguntan el secreto de tal éxito, ella responde abriendo de par en par sus grandes ojos: «*My goodness,* ¿es que aún no lo ha comprendido nadie? ¡Soy capaz de ser cínica!».

APÉNDICES

Notas biográficas

Brigitte Bardot (1934)

«Es la única actriz francesa que nunca ha puesto un pie en un escenario. No está a punto de casarse con un príncipe. No participa en concursos televisivos. Ha alcanzado la fama sin haber hecho nada». De familia burguesa, empezó a estudiar danza y recitación desde muy joven sin tener claro el objetivo de convertirse en actriz. Posa como modelo para prestigiosas revistas de moda, obtiene pequeños papeles cinematográficos, en 1953 en Cannes, en bikini, logró afirmarse por su menuda belleza, su carácter rudo y su expresión malhumorada, que en los años sesenta contribuirían a crear el mito de «B. B.», hermosa y desinhibida. Se casa muy joven con Roger Vadim, su director-pigmalión, quien la guía en su carrera y la consagra como *sex symbol.* Después de divorciarse de este, mantuvo a lo largo de los años distintos romances con grandes actores, cantantes y protagonistas de la *jet set* internacional (Trintignant, Bécaud, Vallone, Distel, Sachs, Gainsbourg, Rizzi). La han dirigido grandes realizadores (Allégret, Vadim, Cocteau, Malle, Godard), ha protagonizado papeles dramáticos y brillantes, en 1961 ganó el premio Donatello a la mejor actriz extranjera. A partir de los años setenta empezó a retirarse de la escena y se convirtió en activista por los derechos de los animales, creando su propia fundación.

Ingrid Bergman (1915-1982)

Actriz sueca, tras iniciarse en el teatro, se afianzó en el panorama cinematográfico norteamericano y europeo a partir de los años cuarenta. En Hollywood participó en importantes producciones que se convirtieron en éxitos internacionales *(Casablanca, Por quién doblan las campanas, Notorious)*. En Italia la dirigió Rossellini *(Stromboli, Juana de Arco)*. Estando ambos casados, inician una intensa relación que provocará que ella sea condenada por la América puritana y alejada de Hollywood. Se casa por segunda vez con el director romano, con quien tiene tres hijos. Después del divorcio, Hollywood la rehabilita y encuentra la serenidad con su tercer marido, el productor de teatro sueco Lars Schmidt. Con él la actriz vive plenamente su vínculo con sus hijos y su nunca abandonada pasión por la actuación. Murió el día de su sexagésimo séptimo cumpleaños a causa de un cáncer de mama. En su prestigiosa carrera ha ganado numerosísimos premios, entre ellos tres óscares, cuatro Globos de Oro, un Bafta y dos David de Donatello. Tiene una estrella en el paseo de la fama de Hollywood.

Yul Brynner (1920-1985)

Actor ruso naturalizado suizo, tras una juventud dedicada a las más dispares profesiones (entre ellas la de acróbata de circo), empezó a trabajar en Broadway en los años cuarenta. En los años cincuenta llegó al cine, donde interpreta papeles dramáticos y brillantes y participa en grandes éxitos internacionales, entre ellos algunas superproducciones *(Los diez mandamientos, Anastasia, Los siete magníficos, Salomón y la reina de Saba)*. Hombre misterioso y fascinante, se convierte en un *sex symbol* por su mirada inconfundible y su cabeza rapada. La actriz Deborah Kerr dijo de él: «Te mira con unos ojos que te dan ganas de convertirte en su esclava». En 1957 ganó el premio óscar al mejor actor. Murió en 1985 a causa de un cáncer de pulmón.

Joan Collins (1933)

Actriz británica, nacida en el seno de una familia burguesa ligada al mundo del teatro y de la interpretación, estudió en la Royal Academy of Dramatic Art de Londres. Desde los años cincuenta impone su belleza y talento en papeles históricos y brillantes. Actúa con Richard Burton, Gregory Peck, Paul Newman. Pragmática y determinada, quiere divertirse, tener mil amoríos sin llegar a casarse, ser famosa y sexi: «¿De qué te sirve menear lo meneable si lo meneable escasea? Yo no renuncio a lo meneable». En los años setenta y ochenta empezó a trabajar en televisión y logró un éxito extraordinario interpretando a Alexis Colby en la telenovela *Dinastía.* En 2015 recibió el título de Dama de la Orden del Imperio Británico.

James Dean (1931-1955)

Actor de vida dolorosa, breve e intensa, supo encarnar las inquietudes de toda una generación y alcanzar tal fama como para entrar en el olimpo de Hollywood. El American Film Institute lo situó en el puesto decimoctavo entre las mayores estrellas de la historia del cine. Huérfano de madre, creció con sus tíos en una comunidad cuáquera de la América provinciana. Desde adolescente tuvo que luchar contra sus demonios: complejos físicos, un perenne sentimiento de abandono, de inferioridad y de culpa, un incontenible desasosiego que se alterna con momentos de silencio y abúlica frustración. Extremadamente sensible, presa de arrebatos histéricos y violentos, quiere encontrar su lugar en el mundo, «hacerse notar, ser amado y halagado». Curioso, devorado por el deseo de saber y superarse, se entrega con ritmo frenético a cualquier disciplina que lo interese en cada momento. Se acercó a la actuación durante la universidad, y luego decidió ir a Nueva York, donde comenzó la etapa más intensa de su vida, sobre todo gracias a la ayuda de su agente. Obtiene muchos pequeños papeles para la televisión y, mientras tanto, es admitido en el Actors Studio. Se impone en la escena de Broadway *(See the Jaguar, El inmoralista),* obtiene numerosos papeles no acreditados en el cine, hasta que Elia Kazan lo escoge como protagonista de *Al este del Edén,* papel que lo consagra como estrella («Su arte brota de los sentimientos. Y la infelicidad lo hace madurar»). A este le siguen los éxitos de *Rebelde sin causa* y *Gigante* (que terminó de rodarse pocos días antes de su muerte). Vive relaciones sentimentales atormentadas, condicionadas también por su angustia sin límites. La más dolorosa, la de Anna Maria Pierangeli, quien al romper con él exacerba la sensación de abandono que siente desde la infancia. En los últimos años de su vida estuvo obsesionado por el pensamiento de la infelicidad y de la muerte. «Lo curioso es que no consigo imaginarme teniendo cincuenta años algún día». Y, en efecto, con solo veinticuatro años, falleció en un terrible accidente en el que su Porsche se estrelló a ciento cincuenta kilómetros por hora contra otro coche que circulaba en sentido contrario. Fue el primero en obtener, tras su muerte, varias candidaturas póstumas: al óscar, como mejor actor por *Al este del Edén* y por *Gigante,* y al Globo de Oro, como mejor actor en 1956.

Errol Flynn (1909-1959)

Nacido en Tasmania (Australia), fue un auténtico «personaje a lo Fitzgerald», protagonista de los locos años veinte y de la época dorada de Hollywood. Practicó decenas de oficios antes de llegar a la interpretación, elegida por puro cálculo económico: «Llegó a Hollywood sin que lo impulsara la sagrada llama del arte y sin tener la menor idea de interpretación». A pesar de ello, se reveló como un buen actor y en las décadas de 1930 y 1940 se ganó el favor del público actuando en películas como *El capitán Blood, La carga de la Brigada Ligera, Robin de los bosques, El príncipe y el mendigo, La dinastía de los Forsyte, Fiesta.* Elegante, excesivo, fanfarrón, no puede vivir sin alcohol y sin mujeres, sobre todo muy jóvenes (lo que le valdrá dos cargos de violencia sexual). Vive una vida aventurera y siempre anda metido en líos, ama el mar, su yate y lanzarse de cabeza a las situaciones. Alcohólico, murió fulminado de un infarto a la edad de cincuenta años. Como pecado venial final, quiso que lo enterraran con doce botellas de whisky.

Ava Gardner (1922-1990)

Criada en el seno de una numerosa familia sureña, obligada a trasladarse a Virginia a causa de la indigencia, vivió una infancia de duro trabajo y en contacto con la naturaleza. Muy joven se fue a Nueva York a buscar empleo; contra su voluntad, aterrizó en Hollywood. Sin ser consciente de su belleza, muy poco instruida, tiene modales y gestos groseros y vulgares, y sueña con una vida sencilla y con formar una familia. Gracias a los estudios y a sus matrimonios fallidos con Mickey Rooney, Artie Shaw y el apasionado y doloroso con Frank Sinatra, se transforma: pierde sus escrúpulos y se vuelve independiente, aunque siempre se sintió atormentada por un perenne sentimiento de inadecuación e inferioridad en el trabajo. Desde los años cuarenta actúa en películas de éxito *(Forajidos, Las nieves del Kilimanjaro, Mogambo, La condesa descalza, La noche de la iguana).* Su carrera despega, su vida privada acumula constantes fracasos, y sin embargo «los hombres siempre han tenido una importancia definitiva en su vida. La carrera, nunca». Después de sus divorcios y del estigma de unos Estados Unidos puritanos e intolerantes que, a causa de su relación con Sinatra, entonces casado, la tildaban de pecadora inmoral, se lanza a una vida mundana vertiginosa y a numerosos coqueteos (Walter Chiari, el torero Dominguín). Abandona Hollywood y se traslada a Europa (Madrid, Londres), donde muere. Oriana Fallaci reconstruye la historia de este *sex symbol,* del que «podemos pensar que es simpática u odiosa, que debe ser condenada o absuelta. Pero no podemos negar que es muy desgraciada. Por eso, sobre todo, no la envidiemos».

Audrey Hepburn (1929-1993)

Actriz británica, de nobles ancestros, durante la Segunda Guerra Mundial logra estudiar danza y asistir al conservatorio. Acabada la guerra, en Londres, continúa con su formación avanzada en danza, que se ve obligada a abandonar debido a su constitución física, particularmente frágil. Se orienta hacia la interpretación, y empieza a aparecer en algunos musicales y a darse a conocer. Colette la elige para *Gigi*, la joven aterriza en Broadway y su ascenso da comienzo. El éxito le llegó a principios de los años cincuenta. Actúa con actores de éxito en películas que han pasado a la historia del cine: *Vacaciones en Roma* con Gregory Peck, *Sabrina* con Humphrey Bogart y William Holden. Hollywood se fija en esta nueva estrella, que se erige como la anti-Marylin: con su figura delgada y efébica, y su expresión de gracia y donaire. Con el tiempo se convierte en un icono de estilo: Dior diseña una colección inspirada en ella; Givenchy se convierte en su íntimo amigo. Vuelve al teatro y actúa con Mel Ferrer, su primer marido: ella es aún muy joven y se entrega plenamente a él, quien la protege y la guía en la vida y en la carrera. Anhela tener un hijo, pero no puede hacer realidad su deseo. Mientras tanto su carrera parece imparable: *Guerra y paz, Una cara con ángel, Historia de una monja, Desayuno con diamantes, Charada, My Fair Lady.* A finales de los años sesenta inició su adiós a los escenarios, prefiriendo dedicarse a su segundo marido y a su muy querido hijo. En 1988 fue nombrada embajadora oficial de Unicef. Desde entonces hasta su muerte su compromiso estuvo íntegramente encaminado a la labor humanitaria. Durante su carrera ha ganado numerosos premios, entre ellos dos premios óscares como mejor actriz y el premio humanitario Jean Hersholt. Tiene una estrella en el paseo de la fama de Hollywood.

Sofia Loren (1934)

Actriz que, convertida en un icono del cine italiano, conquista el panorama mundial. Nacida en Roma, vivió los duros años de la guerra entre Pozzuoli y Nápoles. Después de haber participado en varios concursos de belleza y posado para numerosas fotonovelas, a principios de los años cincuenta conoció al productor Carlo Ponti (con el que se casó unos años después), quien le abrió las puertas del cine, primero italiano y luego hollywoodiense. La han dirigido los más grandes directores de su tiempo (De Sica, Soldati, Risi, Monicelli, Scola, Lumet, Chaplin, Cukor) y ha trabajado con estrellas internacionales (Sordi, De Sica, Mastroianni y además Brando, Grant, Wayne, Gable, Peck, Newman, Holden, Lancaster, Sinatra, Heston). Películas como *Miseria y nobleza, El oro de Nápoles, La ladrona, su padre y el taxista, La chica del río, La bella campesina, Pan, amor y..., Dos mujeres, Ayer, hoy, mañana, Matrimonio a la italiana* la dan a conocer al cine americano. «El más hermoso monumento hecho a mano que poseen los italianos», dirán en el extranjero. Es capaz, ambiciosa, inteligente y espontánea, un huracán de vitalidad que conquista Hollywood con su físico exuberante y sus dotes interpretativas. Madre de dos hijos, desde los años setenta va reduciendo cada vez más su presencia en los platós para dedicarse a apariciones televisivas. A lo largo de su carrera ha ganado dos óscares y muchos otros premios prestigiosos (Globo de Oro, León de Oro, Grammy Award, Coppa Volpi, Oso de Oro). Tiene una estrella en el paseo de la fama de Hollywood y el American Film Institute la ha clasificado en el puesto vigésimo primero entre las más grandes estrellas del mundo.

Anna Magnani (1908-1973)

Actriz de renombre internacional, ha sabido consolidarse con su personalidad romana, presentándose como la antidiva por excelencia. No reconocida por su padre, abandonada por su madre, fue criada en Roma por su abuela y sus tías, en condiciones de extrema pobreza. Desde muy joven asiste a la escuela de arte dramático Eleonora Duse, dirigida por Silvio D'Amico. Empieza a trabajar en el teatro y en la revista y luego llegan sus primeros papeles en el cine. Demuestra que sabe afrontar con talento papeles ligeros y dramáticos. Empieza a trabajar con De Sica y en el vodevil de Totò. Tras el nacimiento de su único hijo, con *Roma, ciudad abierta,* se convierte en una de las mayores intérpretes del neorrealismo y adquiere fama mundial. El éxito prosigue con *Noble gesta* y *Assunta Spina.* Actúa en la película *El amor* (Rossellini), en *Vulcano,* en *Bellísima* y *Nosotras las mujeres* (Visconti). Con *La rosa tatuada* empezó a trabajar con Tennessee Williams y en el cine de Hollywood, lo que la consagra como una de las más grandes actrices del mundo. En Italia Pasolini la dirige en *Mamma Roma.* «Nannarella» se caracteriza por una titánica sabiduría interpretativa, por su despiadada sensibilidad e inteligencia, aspereza y dulzura, desconfianza y generosidad: «Anna Magnani no es una mujer: son cien mujeres a la vez». Ha ganado el óscar a la mejor actriz (la primera de habla no inglesa), varios Nastri d'argento y David de Donatello.

Marilyn Monroe (1926-1962)

Modelo, actriz, cantante, productora, icono de sensualidad, primer verdadero *sex symbol* y diva inmortal. Norma Jeane Mortenson, la anónima chiquilla de infancia difícil en un orfanato, empieza su carrera como modelo y, tras hacerse popular como *pin-up,* obtiene un salvoconducto para el mundo del cine. En Hollywood empieza a nacer el mito: le cambian el nombre, el color y el corte de pelo y le enseñan a mirar, a hablar, a caminar. Llegan las primeras películas y a principios de los años cincuenta la consagración con *Niágara* (1953). A partir de ese momento Marilyn se dedica a actuar y cantar, pero quiere mejorar porque la competencia es feroz. Discute con la Fox (con la que siempre ha tenido una relación tormentosa), abandona Los Ángeles, se marcha a Nueva York y empieza su etapa más comprometida e intelectual, estudiando en el Actors Studio. Muy cercana al fotógrafo Milton Greene, que se convirtió en su sombra omnipresente, fundó con él una productora. Entre mil coqueteos y relaciones más o menos serias, se casó tres veces: siendo muy joven, por interés; con Joe DiMaggio y luego con Arthur Miller, a quien ama inmensamente: él, la parte racional y culta de la pareja, que la guía e instruye; ella, toda instinto y entusiasmo, encuentra por fin la seguridad que anhelaba. Con el paso de los años, la depresión, el abuso de alcohol y drogas, los problemas de salud y los repetidos abortos minan su equilibrio, a pesar del enorme éxito de películas como *Los caballeros las prefieren rubias, Cómo casarse con un millonario, La tentación vive arriba, El príncipe y la corista, Con faldas y a lo loco, El multimillonario y Vidas rebeldes* y los muchos premios que obtiene. Entre finales de los años cincuenta y principios de los sesenta, después de que termine su matrimonio con Miller, tiene aventuras con el presidente John Fitzgerald Kennedy y con su hermano Bob. La encuentran muerta en su casa, probablemente por suicidio, con tan solo treinta y seis años. Ha vivido una carrera y una vida entre el éxito y un sentimiento de inferioridad e inadecuación; entre el miedo constante a parecer ridícula y la capacidad y astucia de utilizar una sensualidad arrolladora y una ingenuidad que desarma: «Nadie se imagina en cambio que Marilyn Monroe puede ser también, o sobre todo, una mujer que sabe lo que quiere y se sale con la suya gracias precisamente a los equívocos que los demás alimentan sobre su personaje».

Fuentes

1. «Ora che ha sposato l'anti-Marilyn Monroe», *L'Europeo,* 41, 10 de octubre de 1954.
2. «La Hepburn e Ferrer due teste e un cuscino», *L'Europeo,* 7, 12 de febrero de 1956.
3. «Una ragazza triste che vive tutta sola», *L'Europeo,* 4, 26 de enero de 1958.
4. «Bello e selvatico», *L'Europeo,* 40, 30 de septiembre de 1956.
5. «Il suo primo amore fu così triste», *L'Europeo,* 41, 7 de octubre de 1956.
6. «Rivale di Marlon Brando fin dall'inizio», *L'Europeo,* 42, 14 de octubre 1956.
7. «La madre della Pierangeli non lo volle come genero», *L'Europeo,* 43, 21 de octubre de 1956.
8. «Lilli, Terry, Lori, Katy, Natalie, e alla fine la burrascosa Ursula», *L'Europeo,* 44, 28 de octubre de 1956.
9. «Era troppo fatale per la sorridente Liz», *L'Europeo,* 45, 4 de noviembre de 1956.
10. «Ho odiato Marilyn come una moglie gelosa», *L'Europeo,* 5, 29 de enero de 1956.
11. «L'abito della sposa macchiato di sangue», *L'Europeo,* 28, 8 de julio de 1956.

12. «Un'ora fitta fitta col marito di Marilyn», *L'Europeo,* 48, 1 de diciembre de 1957.
13. «Il bimbo di Marilyn nascerà in ottobre», *L'Europeo,* 25, 23 de junio de 1957.
14. «Il miliardario si dimette», *L'Europeo,* 51, 20 de diciembre de 1959.
15. «Non la sposerò e non mi sposerò», *L'Europeo,* 44, 28 de octubre de 1956.
16. «Ava Gardner e gli uomini», *L'Europeo,* 8, 24 de febrero de 1957.
17. «I primi due mariti la facevano impazzire», *L'Europeo,* 9, 3 de marzo de 1957.
18. «Frank Sinatra: un dramma dal principio alla fine», *L'Europeo,* 10, 10 de marzo de 1957.
19. «È ancora innamorata del suo terzo marito», *L'Europeo,* 11, 17 de marzo de 1957.
20. «Brigitte Bardot è famosa senza aver fatto nulla», *L'Europeo,* 15, 7 de abril de 1956.
21. «Diventano belle a trent'anni», *L'Europeo,* 7, 17 de febrero de 1957.
22. «Ho portato alla Loren otto chili di spaghetti», *L'Europeo,* 26, 30 de junio de 1957.
23. «Sposerò presto l'uomo in grigio», *L'Europeo,* 7, 16 de febrero de 1958; «Una cicogna in casa Schmidt», *L'Europeo,* 22, 31 de mayo de 1959.
24. «Questo affascinante incrocio fra una zingara e un mongolo», *L'Europeo,* 13, 31 de marzo de 1957.
25. «Reciterà a Broadway con Marlon Brando», *L'Europeo,* 8, 23 de febrero de 1958.
26. «Un peccatore di Hollywood», *L'Europeo,* 43, 25 de octubre de 1959.
27. «Una timida va a scuola», *L'Europeo,* 46, 15 de noviembre de 1959.